普通高等教育“十二五”应用型本科规划教材

Java语言程序设计

编　著　臧文科
编委会　许文杰　马　骁　齐　峰

内容简介

本教材内容详尽，取舍和安排恰当、循序渐进，讲解通俗易懂，实例丰富，并注重培养解决实际问题的能力。

全书从Java语言基本的概念开始讲述Java语言，包括Java语言的开发环境建立；Java数据类型、运算符、表达式与流程控制、数组和方法等。用比较易于理解和接受的讲叙方法、恰当的内容安排对Java面向对象程序设计的基本概念，如类、对象、接口、继承和多态等进行了深入浅出的讲解。通过大量的编程实例对Java的编程应用进行讲解。对Java语言的特点，如异常处理、多线程应用等作了详细的讲解。对Java的输入输出处理等通过实例进行了深入的说明。

本书最后针对时下流行的Android开发，从Java角度做了一定讲解，希望能够从中获得对Andorid开发的基本认识。

图书在版编目(CIP)数据

Java语言程序设计/臧文科编著. —西安：西安交通大学出版社，2014.12(2015.7重印)
ISBN 978-7-5605-6942-0

Ⅰ.①J… Ⅱ.①臧… Ⅲ.①JAVA语言-程序设计-高等学校-教材 Ⅳ.①TP312

中国版本图书馆CIP数据核字(2014)第307138号

书　　名 Java语言程序设计
编　　著 臧文科
责任编辑 李　佳　曹　昳

出版发行 西安交通大学出版社
(西安市兴庆南路10号　邮政编码710049)
网　　址 http://www.xjtupress.com
电　　话 (029)82668357　82667874(发行中心)
(029)82668315(总编办)
传　　真 (029)82668280
印　　刷 北京京华虎彩印刷有限公司

开　　本 787mm×1092mm　1/16　**印张** 19.375　**字数** 473千字
版次印次 2014年12月第1版　2015年7月第2次印刷
书　　号 ISBN 978-7-5605-6942-0/TP·650
定　　价 45.00元

读者购书、书店添货、如发现印装质量问题，请与本社发行中心联系、调换。
订购热线：(029)82665248　(029)82665249
投稿热线：(029)82669097　QQ：8377981
读者信箱：lg_book@163.com

前言

FOREWORD

本书从Java语言最基本的入门概念开始讲述Java语言，包括Java语言的开发环境建立；Java数据类型、运算符、表达式与流程控制、数组和方法等。用比较易于理解和接受的讲叙方法，适当的内容安排对Java面向对象程序设计的基本概念，如类、对象、接口、继承和多态等进行了深入浅出的讲解。通过大量的编程实例对Java的编程应用进行讲解，包括：图形绘制和图像显示，图形用户界面中的基本控制组件、容器和布局、常用的对话框和菜单设计的应用、Java Applet小应用程序、JDBC数据库编程、JSP网络编程等进行了讲述。对Java语言的特点，如异常处理、多线程应用等作了详细的讲解。对Java的输入输出处理等通过实例进行了深入的说明。本书最后针对时下流行的Android开发，从Java角度做了初步阐述，希望能够从中获得对Andorid开发的基本认识。

本书每章都安排了大量有针对性的练习和编程实训题，便于教师教学和检验学生的学习效果。书中内容比较详尽，内容的取舍和安排恰当、循序渐进，讲解通俗易懂，实例丰富，并注重培养解决实际问题的能力。本书可作为高等院校"Java程序设计"课程的教材和教学参考书，特别适合Java语言的初学者使用，也可作为对Java编程感兴趣的读者的参考书。

本书编写过程中，得到了毕雪、任丽艳、毕莹、马风芳、孙佃良、郭启攀等同学的大力支持，他们认真仔细地核对了书中的内容，在此表示感谢。由于时间仓促和水平所限，书中难免有纰漏之处，请各位读者批评指正。

编　者

2014年10月

JAVA YUYAN CHENGXU SHEJI

Java 语言程序设计

目录

CONTENTS

第 1 章 Java 引言

第 2 章 Java 编程基础

第 3 章 面向对象编程

第 4 章　图形用户界面

第 5 章　Web 编程

第 6 章　网络编程

第 7 章 Java 数据库编程

第 8 章 移动编程

参考文献

第1章 Java 引言

JAVA YINYAN

1.1 Java 概述

1.1.1 现代编程语言的诞生:C 语言

C 语言的产生震撼了整个计算机界,它从根本上改变了编程的方法和思路。C 语言的产生是人们追求结构化、高效率、高级语言的直接结果,可用它替代汇编语言开发系统程序。当设计一种计算机语言时,经常要从以下几方面进行权衡:

- 易用性与功能性
- 安全性和效率性
- 稳定性和可扩展性

C 语言出现以前,程序员们不得不经常在有优点又有欠缺的语言之间做出选择。例如,尽管公认 FORTRAN 在科学计算应用方面可以编写出相当高效的程序,但它不适合编写系统程序。BASIC 虽然容易学习,但功能不够强大,并且谈不上结构化,这使它应用到大程序的有效性受到怀疑。汇编语言虽能写出高效率的程序,但是学习或有效地使用它却不容易。而且,调试汇编程序也相当困难。

另一个问题是,早期设计的计算机语言(如 BASIC,COBOL,FORTRAN 等)没有考虑结构化设计原则,使用 GOTO 语句作为对程序进行控制的一种主要方法。这样做的结果是,用这些语言编写的程序往往成了"意大利面条式的程序代码",一大堆混乱的跳转语句和条件分支语句使得程序几乎不可能被读懂。Pascal 虽然是结构化语言,但它的设计效率比较低,而且缺少几个必需的特性,因而无法在大的编程范围内使用。

因此,在 C 语言产生以前,没有任何一种语言能完全满足人们的需要,但人们对这样一种语言的需要却是迫切的。在 20 世纪 70 年代初期,计算机革命开始了,对软件的需求量日益增加,使用早期的计算机语言进行软件开发根本无法满足这种需要。学术界付出很多努力,尝试创造一种更好的计算机语言。此时,促使 C 语言诞生的另一个,也许是最重要的因素,即计算机硬件资源的富余为其诞生带来了机遇。计算机不再像以前那样被紧锁在门里,程序员们可以随意使用计算机,可以随意进行自由尝试,因而也就有了可以开发适合自己使用的工具的机会。所以,在 C 语言诞生的前夕,计算机语言向前飞跃的时机已经成熟。

许多人认为 C 语言的产生标志着现代计算机语言时代的开始。它成功地综合处理了长期困扰早期语言的矛盾属性。C 语言是功能强大、高效的结构化语言,简单易学,而且它还包括一个无形的方面:它是程序员自己的语言。在 C 语言出现以前,计算机语言要么被作为学术实验而设计,要么由官僚委员会设计。而 C 语言不同。它的设计、实现、开发由真正的从事编程工作的程序员来完成，反映了现实编程工作的方法。它的特性经由实际运用该语言的人们不断去提炼、测试、思考、再思考，使得C语言成为程序员们喜欢使用的语言。确实，C语言迅速吸引了许多狂热的追随者，也受到许多程序员的青睐。简言之，C语言是由程序员设计并由他们使用的一种语言。

1.1.2 对C++的需要

在20世纪70年代末和80年代初，C成为了主流的计算机编程语言，至今仍被广泛使用。既然C是一种成功且有用的语言，为什么还需要新的计算机语言？答案是复杂性(complexity)。程序越来越复杂这一事实贯穿编程语言的历史，C++正是适应了这一需求而产生的。

自从计算机发明以来，编程方法经历了戏剧性的变化。例如，当计算机刚发明出来时，编程是通过面板触发器用人工打孔的办法输入二进制机器指令来实现的。对于只有几百行的程序，这种办法是可行的。随着程序不断增大，人们发明了汇编语言，它通过使用符号来代替机器指令，这样程序员就能处理更大、更复杂的程序。随着程序的进一步增大，高级语言产生了，它给程序员提供了更多的工具来处理复杂性问题。

第一个被广泛使用的高级语言是FORTRAN。尽管FORTRAN最初给人留下了深刻的印象，但它无法开发出条理清楚易于理解的程序。20世纪60年代提出了结构化编程方法。这种结构化的编程思想被像C这样的语言所应用，第一次使程序员可以相对轻松地编写适度复杂的程序。然而，当一个工程项目达到一定规模后，即使使用结构化编程方法，编程人员也无法对它的复杂性进行有效管理。20世纪80年代初期，许多工程项目的复杂性都超过了结构化方法的极限。为解决这个问题，面向对象编程(object-oriented programming, OOP)新方法诞生了。这里给出一个简短的定义：面向对象的编程是通过使用继承性、封装性和多态性来帮助组织复杂程序的编程方法。

总之，尽管C是世界上伟大的编程语言之一，但它处理复杂性的能力有限。一旦一个程序的代码超过25000行，就很难从总体上把握它的复杂性了。C++突破了这个限制，帮助程序员理解并且管理更大的程序。

1979年，Bjarne Stroustrup在新泽西州的Murray Hill实验室工作时发明了C++。Stroustrup最初把这种新语言称为“带类的C”。1983年，改名为C++。C++通过增加面向对象的特性扩充了C。因为C++产生在C的基础之上，因此它包括了C所有的特征、属性和优点。这是C++作为语言成功的一个关键原因。C++的发明不是企图创造一种全新的编程语言，而是对一个已经高度成功的语言做出改进。C++在1997年11月被标准化，目前的标准是ANSI/ISO。

1.1.3 Java的出现

在20世纪80年代末和90年代初，使用面向对象编程的C++语言占主导地位。有一段时间程序员似乎都认为已经找到了一种完美的语言。因为C++既有面向对象的特征，又有C语言高效和格式上的优点，因此它是一种可以被广泛应用的编程语言。然而，就像过去一样，推动计算机语言进化的力量正在不断酝酿。在随后的几年里，万维网(WWW)和Internet的发展终于促成编程的另一场革命。

Java的最初推动力并不是因特网，而是源于对独立于平台(也就是体系结构中立)语言的需要，这种语言可创建能够嵌入微波炉、遥控器等各种家用电器设备的软件。用作控制器的 CPU 芯片是多种多样的，但 C 和 C++以及其他绝大多数语言的缺点是只能对特定目标进行编译，而创建编译器是一项既耗资巨大又耗时较长的工作。因此需要一种简单且经济的解决方案。为了找到这样一种方案，Gosling 和其他人开始一起致力于开发一种可移植、跨平台的语言，该语言能够生成运行于不同环境、不同 CPU 芯片上的代码。他们的努力最终促成了 Java 的诞生。

在 Java 的一些细节被设计出来的同时，第二个并且也是最重要的因素出现了，该因素将对 Java 的未来起着至关重要的作用，这第二个因素就是万维网(WWW)。如果万维网的成型和 Java 的实现不是同时发生的话，那么 Java 可能保持它有用、但默默无闻的用于电子消费品编程语言的状态。随着万维网的出现，Java 被推到计算机语言设计的最前沿，因为万维网也需要可移植的程序。

1993 年，Java 设计小组的成员发现，他们在编制嵌入式控制器代码时经常遇到的可移植性问题在编制因特网代码的过程中也出现了。事实上，开始被设计为解决小范围问题的 Java 语言同样可以被用在大范围的因特网上。这个认识使他们将 Java 的重心由电子消费品转移到 Internet 编程。因此，中立体系结构编程语言的需要是促使 Java 诞生的源动力，而 Internet 却最终导致了 Java 的成功。

Java 的大部分特性是从 C 和 C++中继承的。Java 设计人员之所以故意这么做，主要是因为他们觉得，在新语言中使用熟悉的 C 语法及模仿 C++面向对象的特性，将使他们的语言对经验丰富的 C/C++程序员有更大的吸引力。除了表面类似外，其他一些促使 C 和 C++成功的因素也帮了 Java 的忙。首先，Java 的设计、测试、精炼由真正从事编程工作的人员完成，它根植于设计它的人员的需要和经验，因而也是一个程序员自己的语言。其次，Java 是紧密结合的且逻辑上是协调一致的。最后，除了那些 Internet 环境强加的约束以外，Java 给了编程人员完全的控制权。如果你程序编得好，你编写的程序就能反映出这一点。相反，如果你的编程手法拙劣，也能在你的程序中反映出来。换一种说法，Java 并不是训练新手的语言，而是供专业编程人员使用的语言。

由于 Java 和 C++之间的相似性，容易使人将 Java 简单地想象为“C++的版本”。但其实这是一种误解。Java 在实践和理论上都与 C++有重要的不同点。尽管 Java 受到 C++的影响，但它并不是 C++的增强版。例如，Java 与 C++既不向上兼容，也不向下兼容。当然，Java 与 C++的相似之处也是很多的，如果你是一个 C++程序员，你会感觉到对 Java 非常熟悉。另外一点是：Java 并不是用来取代 C++的，设计 Java 是为了解决某些特定的问题，而设计 C++是为了解决另外一类完全不同的问题。两者将长时间共存。

1.1.4 Java 语言特点

Java 语言是适用于分布式计算环境的面向对象编程语言，它虽类似 C 和 C++，但比 C++简单，忽略了许多为提高计算效率而使初学者较难掌握的程序语言特性。Internet 得到 Java 语言的支持，可以实现真正的交互，人们使用浏览器能“漫游”丰富多彩的 Internet 世界。

Java 语言主要有以下特点：

(1)强类型

Java 语言是一种强类型语言，强类型能约束程序员必须遵守更多的编程规定，也能让编译器检测出程序中尽可能多的错误。

(2)编译和解释

Java 语言是一种高级编程语言,用 Java 语言编写的源程序在计算机上运行需经过编译和解释执行两个严格区分的阶段。Java 语言的编译程序先将 Java 源程序翻译成与机器无关的字节码(byte code),不是通常的编译程序将源程序翻译成计算机的机器代码。运行时,Java 的运行系统和链接需要执行的类,作必要的优化后,解释执行字节码程序。

(3)自动无用内存回收功能

Java 语言具有自动无用内存回收功能,程序可以按需使用内存,但不需要对无用内存显式地撤销分配。系统有一个垃圾收集器(garbage collector),自动收集程序不再使用的内存。这样,能避免显式的撤销分配所引起的安全问题。Java 语言不再含有任何不安全的语言成分。例如,没有指针,数组元素都要检查下标是否越界。

(4)面向对象

面向对象是程序员编写大型程序、有效控制程序复杂性的重要手段。Java 语言在面向对象方面,比 C++更"纯",它的所有数据类型,包括布尔类型、整形、字符型等,都有相应的类,程序可完全基于对象编写。

面向对象语言主要有封装性、继承性和多态性三个特点。封装就是将实现细节隐藏起来,只给出如何使用的信息。数据及数据上的操作用类封装,对象是类的实例,外界使用对象中的数据及可用的操作受到一定的限制。继承体现众多的一种层次对象的特性,下一层的类可从上一层的类继承定义,从上一层类派生的类的对象能继承上一层对象的特性,同时可以改变和扩充一些特性,以适应其自身的特点。多态性的意义主要体现在逻辑上相同的不同层次上的操作,使用相同的操作名,根据具体对象,能自动选择对应的操作。Java 语言很实用地实现了这三种特性。

(5)与平台无关

与平台无关是对程序可移植性最直接最有效的支持。Java 语言的设计者在设计时重点考虑了 Java 程序的可移植性,采用多种机制来保证可移植性,其中最主要的是定义了一种虚拟机(virtual machine),以及虚拟机使用的 Java 字节码。在任何平台上,Java 源程序被 Java 编译器编译成虚拟机能够识别的字节码。这样,只要有 Java 虚拟机的平台,就能解释执行 Java 字节码程序,从而实现 Java 与平台无关。另外,Java 语言还采用基于国际标准的数据类型,在任何平台上,同上种数据类型是一致的。例如,用 int 标识 32 位二进制位(bit)整型数据,那么无论在哪一台计算机上,Java 的 int 数据都是 32 位整数。相反,C 语言会随着硬软件平台的改变,用 int 标识的整数位数也可能不全相同。

Java 语言提高可移植性的代价是降低程序的执行效率。出于 Java 语言也是一种解释执行的语言,Java 程序的执行速度与 C 程序的执行速度有较大的差别。不过,为了尽量弥补执行效率低的缺陷,Java 的字节码在设计上非常接近现代计算机的机器码,这有助于提高解释执行的速度。

(6)安全性

Java 是在网络环境中使用的编程语言,必须考虑安全性问题,主要有以下两个方面:

设计的安全防范:Java 语言没有指针,避免程序因为指针使用不当,访问不应该访问的内存空间；提供数组元素上标检测机制，禁止程序越界访问内存；提供内存自动回收机制，避免程序遗漏或重复释放内存。运行安全检查：为了防止字节码程序可能被非法改动，解释执行前，先对字节码程序作检查，防止网络"黑客"对字节码程序已作了恶意改动，达到破坏系统的目的。最后，浏览器限制下载的小应用程序不允许访问本地文件，避免小应用程序破坏本地文件。

(7)分布式计算

Java 语言支持客户机/服务器计算模式。Java 程序能利用 URL 对象，能访问网络上的对象，如同访问本地的文件一样，实现数据分布。另外，Java 的客户机/服务器模式也可以把计算从服务器分散到客户机端，实现操作分布。

(8)多线程

线程是比进程更小的一种可并发执行的单位，每个进程都有自己独立的内存空间和其他资源，当进程切换时需要进行数据和资源的保护与恢复。若干协同工作的线程可以共享内存空间和资源，线程切换不需要数据的保护与恢复。

Java 的运行环境采用多线程实现，可以利用系统的空闲时间执行诸如内存回收等操作；Java 语言提供语言级多线程支持，用 Java 语言能直接编写多线程程序。

1.1.5 对 Internet 的重要性

Internet 使 Java 成为网上最流行的编程语言，同时 Java 对 Internet 的影响也意义深远。在网络中，有两大类对象在服务器和个人计算机之间传输：被动的信息和动态的、主动的程序。例如，当你阅读电子邮件时，你在看被动的数据。甚至当你下载一个程序时，该程序的代码也是被动的数据，直到你执行它为止。但是，可以传输到个人计算机的另一类对象却是：动态的、可自运行的程序，虽然这类程序是客户机上的活动代理，但却是由服务器来初始化的。例如，被服务器用来正确地显示服务器传送数据的程序。

Java 可用来生成两类程序：应用程序(Application)和小应用程序(Java applet)。应用程序是可以在你的计算机的操作系统中运行的程序，从这一方面来说，用 Java 编制的应用程序多多少少与使用 C 或 C＋＋编制的应用程序有些类似。在创建应用程序时，Java 与其他计算机语言没有大的区别。而 Java 的重要性就在于它具有编制小应用程序的功能。小应用程序是可以在 Internet 中传输并在兼容 Java 的 Web 浏览器中运行的应用程序。小应用程序实际上就是小型的 Java 程序，能像图像文件、声音文件和视频片段那样通过网络动态下载，它与其他文件的重要差别是，小应用程序是一个智能的程序，能对用户的输入作出反应，并且能动态变化，而不是一遍又一遍地播放同一动画或声音。

如果 Java 不能解决两个关于小应用程序的最棘手的问题：安全性和可移植性，那么小应用程序就不会如此令人激动。让我们先说明这两个术语对 Internet 的意义。

1. 安全性

每次当你下载一个"正常"的程序时，你都要冒着被病毒感染的危险。在 Java 出现以前，大多数用户并不经常下载可执行的程序文件；即使下载了程序，在运行它们以前也都要进行病毒检查。尽管如此，大多数用户还是担心他们的系统可能被病毒感染。除了病毒，另一种恶意的程序也必须警惕。这种恶意的程序可通过搜索你计算机本地文件系统的内容来收集你的私人信息，例如信用卡号码、银行账户结算和口令。Java 在网络应用程序和你的计算机之间提供了一道防火墙(firewall),消除了用户的这些顾虑。

当使用一个兼容 Java 的 Web 浏览器时,你可以安全地下载 Java 小应用程序,不必担心病毒的感染或恶意的企图。Java 实现这种保护功能的方式是,将 Java 程序限制在 Java 运行环境中,不允许它访问计算机的其他部分,后面将介绍这个过程是如何实现的。下载小应用程序并能确保它对客户机的安全性不会造成危害是 Java 的一个最重要的方面。

2. 可移植性

许多类型的计算机和操作系统都连接到 Internet 上。要使连接到 Internet 上的各种各样的平台都能动态下载同一个程序,就需要有能够生成可移植性执行代码的方法。很快将会看到,有助于保证安全性的机制同样也有助于建立可移植性。实际上,Java 对这两个问题的解决方案是完美的也是高效的。

1.1.6 Java 的魔力:字节码

Java 解决上述两个问题——安全性和可移植性的关键在于 Java 编译器的输出并不是可执行的代码,而是字节码(byte code)。字节码是一套设计用来在 Java 运行时系统下执行的高度优化的指令集,该 Java 运行时系统称为 Java 虚拟机(Java Virtual Machine,JVM)。在其标准形式下,JVM 就是一个字节码解释器。事实上,出于对性能的考虑,许多现代语言都被设计为编译型,而不是解释型。然而,正是通过 JVM 运行 Java 程序才有助于解决在 Internet 上下载程序的主要问题。这就是 Java 输出字节码的原因。

将一个 Java 程序翻译成字节码,有助于它更容易地在一个大范围的环境下运行程序。原因非常直接:只要在各种平台上都实现 Java 虚拟机就可以了。在一个给定的系统中,只要系统运行包存在,任何 Java 程序就可以在该系统上运行。记住:尽管不同平台的 Java 虚拟机的细节有所不同,但它们都解释同样的 Java 字节码。如果一个 Java 程序被编译为本机代码,那么对于连接到 Internet 上的每一种 CPU 类型,都要有该程序的对应版本。这当然不是一个可行的解决方案。因此,对字节码进行解释是编写真正可移植性程序的最容易的方法。

对 Java 程序进行解释也有助于它的安全性。因为每个 Java 程序的运行都在 Java 虚拟机的控制之下,Java 虚拟机可以包含这个程序并且能阻止它在系统之外产生副作用。正如你将看到的,Java 语言特有的某些限制增强了它的安全性。

被解释的程序的运行速度通常确实会比同一个程序被编译为可执行代码的运行速度慢一些。但是对 Java 来说,这两者之间的差别不太大。使用字节码能够使 Java 运行时系统的程序执行速度比你想象的快得多。

尽管 Java 被设计为解释执行的程序,但是在技术上 Java 并不妨碍动态将字节码编译为本机代码。SUN 公司在 Java 发行版中提供了一个字节码编译器——JIT(Just In Time,即时)。JIT 是 Java 虚拟机的一部分,它根据需要、一部分一部分地将字节码实时编译为可执行代码。它不能将整个 Java 程序一次性全部编译为可执行的代码,因为 Java 要执行各种检查,而这些检查只有在运行时才执行。记住这一点是很重要的,因为 JIT 只编译它运行时需要的代码。尽管如此,这种即时编译执行的方法仍然使性能得到较大提高。即使对字节码进行动态编译后,Java 程序的可移植性和安全性仍能得到保证,因为运行时系统(该系统执行编译)仍然能够控制 Java 程序的运行环境。不管 Java 程序被按照传统方式解释为字节码,还是被动态编译为可执行代码,其功能是相同的。

1.2 Java 虚拟机 JVM

Java 虚拟机是软件模拟的计算机,可以在任何处理器上(无论是在计算机中还是在其它电子设备中)安全并且兼容的执行保存在.class 文件中的字节码。Java 虚拟机的"机器码"保存在.class 文件中,有时也可以称之为字节码文件。Java 程序的跨平台主要是指字节码文件可以在任何具有 Java 虚拟机的计算机或者电子设备上运行,Java 虚拟机中的 Java 解释器(Java 命令)负责将字节码文件解释成为特定的机器码进行运行。

在 Java 运行环境中,始终存在着一个系统级的线程,专门跟踪内存的使用情况,定期检测出不再使用的内存,并进行自动回收,避免了内存的泄露,也减轻了程序员的工作量。

字节码的执行需要经过三个步骤,首先由类装载器(class loader)负责把类文件(.class 文件)加载到 Java 虚拟机中,在此过程需要检验该类文件是否符合类文件规范;其次字节码校验器(byte code verifier)检查该类文件的代码中是否存在着某些非法操作,例如 applet 程序中写本机文件系统的操作;如果字节码校验器检验通过,由 Java 解释器负责把该类文件解释成为机器码进行执行。Java 虚拟机采用的是“沙箱”运行模式,即把 Java 程序的代码和数据都限制在一定内存空间里执行,不允许程序访问该内存空间外的内存,如果是 applet 程序,还不允许访问客户端机器的文件系统。

1.3 JDK

1.3.1 认识 JDK

JDK(Java Development Kit,Java 开发包,Java 开发工具)是 Sun Microsystems 针对 Java 开发的产品,是一个写 Java 的 applet 和应用程序的程序开发环境。它由一个处于操作系统层之上的运行环境还有开发者编译,调试和运行用 Java 语言写的 applet 和应用程序所需的工具组成。自从 Java 推出以来,JDK 已经成为使用最广泛的 Java SDK(Software Development Kit)。

JDK 是一切 Java 应用程序的基础,所有的 Java 应用程序是构建在这个之上的。它是一组 API,也可以说是一些 Java Class。JDK 是许多 Java 专家最初使用的开发环境,尽管许多编程人员已经使用第三方的开发工具,但 JDK 仍被当作 Java 开发的重要工具。

JDK 中还包括完整的 JRE(Java Runtime Environment,Java 运行环境),也被称为 private runtime。包括了用于产品环境的各种库类,以及给开发员使用的补充库。JDK 中还包括各种例子程序,用以展示 Java API 中的各部分。

从初学者角度来看,采用 JDK 开发 Java 程序能够很快理解程序中各部分代码之间的关系,有利于理解 Java 面向对象的设计思想。JDK 的另一个显著特点是随着 Java 版本的升级而升级。但它的缺点也是非常明显的就是从事大规模企业级 Java 应用开发非常困难,不能进行复杂的 Java 软件开发,也不利于团体协同开发。

JDK 一般有三种版本:

(1)SE(J2SE),standard edition,标准版,是我们通常用的一个版本。

(2)EE(J2EE),Enterprise edition,企业版,使用这种 JDK 开发 J2EE 应用程序。

(3)ME(J2ME),micro edtion,主要用于移动设备、嵌入式设备上的 Java 应用程序。

作为 JDK 实用程序，工具库中有七种主要程序。

(1)Javac:Java 编译器，将 Java 源代码转换成字节码。

(2)Java:Java 解释器，直接从类文件执行 Java 应用程序字节代码。

(3)appletviewer:小程序浏览器，一种执行 HTML 文件上的 Java 小程序的 Java 浏览器。

(4)Javadoc:根据 Java 源码及说明语句生成 HTML 文档。

(5)Jdb:Java 调试器，可以逐行执行程序，设置断点和检查变量。

(6)Javah:产生可以调用 Java 过程的 C 过程，或建立能被 Java 程序调用的 C 过程的头文件。

(7)Javap:Java 反汇编器，显示编译类文件中的可访问功能和数据，同时显示字节代码含义。

1.3.2 下载 JDK

接下来我们来学习如何搭建 Java 程序开发环境。这里用到的 Java 程序开发环境由Java开发工具包 JavaSE Development Kit 7.0 及 Java 程序设计集成环境 Eclipse 组成。

打开浏览器，在地址栏内输入 JDK 下载网址：

http://www. oracle. com/technetwork/Java/Javase/downloads/index. html

下载最新版本的 JDK，如图 1-1 所示。在下载页面中，选择合适的版本，点击其链接，将其下载到本地。可以在百度里输入“JDK”获得完整下载地址。

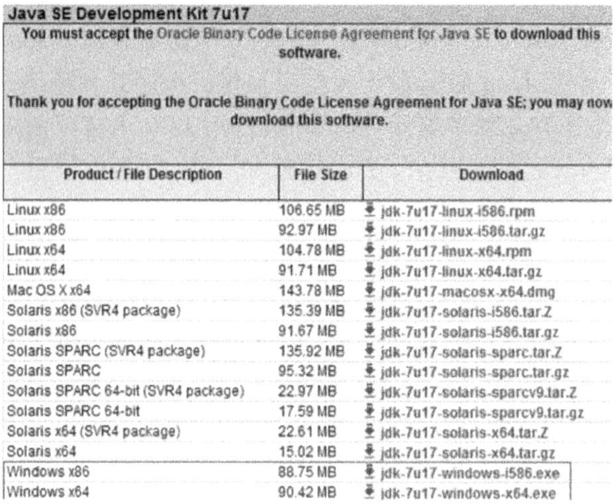

Java SE Development Kit 7u17

You must accept the Oracle Binary Code License Agreement for Java SE to download this software.

Thank you for accepting the Oracle Binary Code License Agreement for Java SE; you may now download this software.

Product / File Description	File Size	Download
Linux x86	106.65 MB	jdk-7u17-linux-i586.rpm
Linux x86	92.97 MB	jdk-7u17-linux-i586.tar.gz
Linux x64	104.78 MB	jdk-7u17-linux-x64.rpm
Linux x64	91.71 MB	jdk-7u17-linux-x64.tar.gz
Mac OS X x64	143.78 MB	jdk-7u17-macosx-x64.dmg
Solaris x86 (SVR4 package)	135.39 MB	jdk-7u17-solaris-i586.tar.Z
Solaris x86	91.67 MB	jdk-7u17-solaris-i586.tar.gz
Solaris SPARC (SVR4 package)	135.92 MB	jdk-7u17-solaris-sparc.tar.Z
Solaris SPARC	95.32 MB	jdk-7u17-solaris-sparc.tar.gz
Solaris SPARC 64-bit (SVR4 package)	22.97 MB	jdk-7u17-solaris-sparcv9.tar.Z
Solaris SPARC 64-bit	17.59 MB	jdk-7u17-solaris-sparcv9.tar.gz
Solaris x64 (SVR4 package)	22.61 MB	jdk-7u17-solaris-x64.tar.Z
Solaris x64	15.02 MB	jdk-7u17-solaris-x64.tar.gz
Windows x86	88.75 MB	jdk-7u17-windows-i586.exe
Windows x64	90.42 MB	jdk-7u17-windows-x64.exe

图 1-1 JDK 的下载

这里作为开发人员，我们选择 JDK 而不是 JRE(JDK 里包含 JRE)，因此用鼠标点击 JDK 下面的 DOWNLOAD 按钮，进入新的网页。要下载相应版本必须接受相应的许可协议，缺省情况下是不接受相应的许可协议。必须先点击左边的单选按钮“Accept License Agreement”，表示接受相应的许可协议，才能下载。

这里有不同平台的版本可供下载，对于 Windows 平台，有 32 位和 64 位两种，根据自己电脑的 Windows 平台的版本进行相应选择，如果用的是 64 位 Windows 7 系统，应选择下载

jdk-7u17-windows-x64. exe,如果电脑的 Windows 系统是 32 位,则应选择下载 jdk-7u17-windows-i586. exe。

1.3.3 安装 JDK

如果下载的是 exe 可执行程序,则这是一个安装程序,只需要运行该程序进行安装就行了,当然安装过程中可以指定安装的路径。如果下载的不是可执行程序,而是一个压缩文件,一般是 zip 文件,例如早期的 JDK 版本。如果是这种情况,只需要把压缩文件解压到自己所希望的 Java 安装目录下,然后设置环境变量就行了。Windows 平台上的解压缩工具很多,如 WinRAR、7-Zip 等,根据自己的喜好程度自己选择就是了。

以 exe 文件为例,双击我们刚刚下载的可执行文件,进行 JDK 的安装。随后弹出 JDK 安装向导,它将协助你一步步完成整个 JDK 的安装过程,如图 1-2。在安装过程中,须要注意如图 1-3 所示界面,正确选择 JDK 安装路径及要安装的内容。

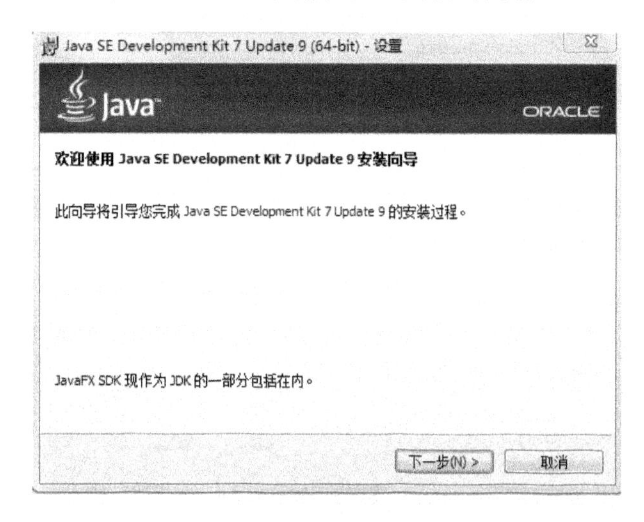

图 1-2 JDK 的安装

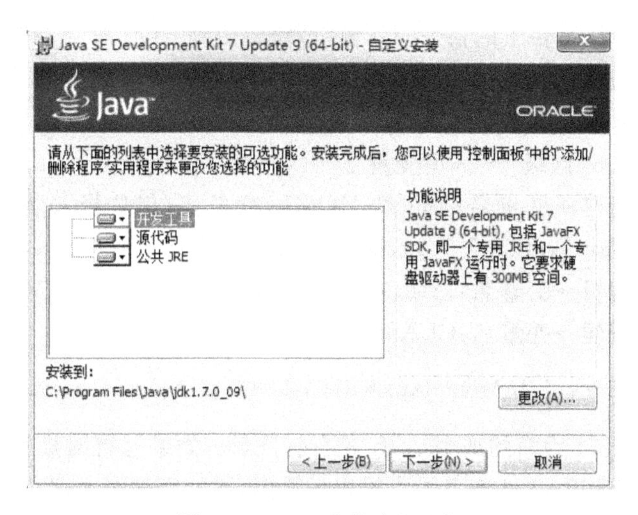

图 1-3 JDK 安装路径选择

安装系统提示 JDK 安装成功后，点击"完成"按钮退出 JDK 安装界面，此时 JRE 的安装界面会自动弹出，同样须要注意其安装路径，最好和刚刚安装的 JDK 放在同一目录下。当安装向导再次提示安装完成后，整个 JDK 的安装才算真正完成。

1.3.4 设置环境变量

安装 JDK 后运行控制台程序 cmd. exe，如图 1－4 所示。

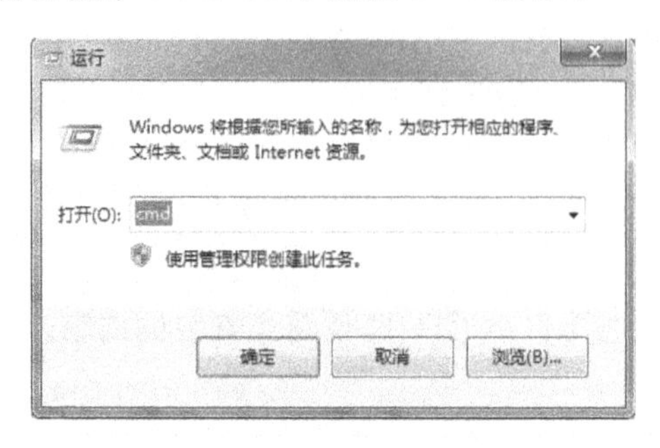

图 1－4　运行控制台程序 cmd. exe

鼠标点击"确定"按钮后 cmd. exe 程序会被启动，输入 Java － version 后按回车键，检查 Java 的环境变量是否配置成功，如果成功，会显示出相应的 Java 版本，笔者电脑上 Java 的版本为 1.7.0_05，如图 1－5 所示：

```
管理员: C:\Windows\system32\cmd.exe
Microsoft Windows [版本 6.1.7601]
版权所有 (c) 2009 Microsoft Corporation。保留所有权利。

C:\Users\Administrator>java -version
java version "1.7.0_05"
Java(TM) SE Runtime Environment (build 1.7.0_05-b06)
Java HotSpot(TM) 64-Bit Server VM (build 23.1-b03, mixed mode)

C:\Users\Administrator>
```

图 1－5　Java 环境变量配置成功

此窗口为 Windows 平台下的命令显示窗口，需要用到 DOS 命令。如果不熟悉，建议同学们学习一下 DOS 命令。如果输入 Java 后不成功，通常是环境变量设置不正常。现在 Windows 平台的 JDK 都是做好的安装包，一般正常安装后都没有问题。回到桌面，鼠标右击"我的电脑"→"属性"→"高级"→"环境变量"。

(1)系统变量→新建→变量名：JAVA_HOME，变量值：你选择安装 Java 的目录，例如 C:\\ProgramFiles\\Java\\jdk1.7.0_09，如图 1－6 所示。

(2)系统变量→编辑→变量名：Path，在变量值的最前面加上：%JAVA_HOME%\\bin；

(3)系统变量→新建→变量名：CLASSPATH，变量值：

```
%JAVA_HOME%\\lib\\dt. jar; %JAVA_HOME\\lib\\tools. jar;
```

说明：CLASSPATH 后面的那个". "代表当前目录。如果运行时提示"找不到主类或无法加载"，可能是 CLASSPATH 变量没有设置的原因，要特别注意 tools. jar 后边是分号。

到此为止，Windows 平台的 JDK 就安装好，可以进行简单的 Java 程序开发了。

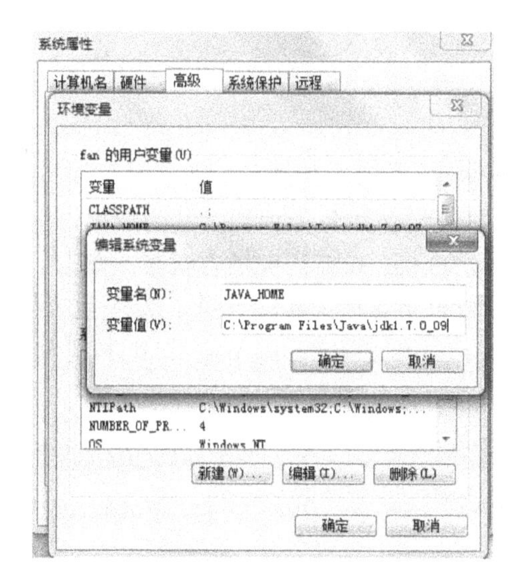

图 1-6 设置系统环境变量

1.3.5 程序运行

编写第一个 Java 程序,可以选用简单的记事本或者其他文本编辑工具,以记事本为例。

【例 1-1】 HelloWorld. Java 源程序

```
1: public class HelloWorld{
2: public static void main(String[] args) {
3:    System. out. println("这是我第一个 Java 小程序,我一定会努力的,Java
      很简单,我一定会学会的,加油!!!");
4:    }
5: }
```

然后启动运行,输入 CMD 进入命令提示符,在命令行执行 Javac HelloWorld. Java。成功后在当前目录下生成 HelloWorld. class 文件。如果没有输出任何信息则说明编译成功。

在命令行运行 Java HelloWorld,输出如图 1-7,代表成功执行了 Java 程序。

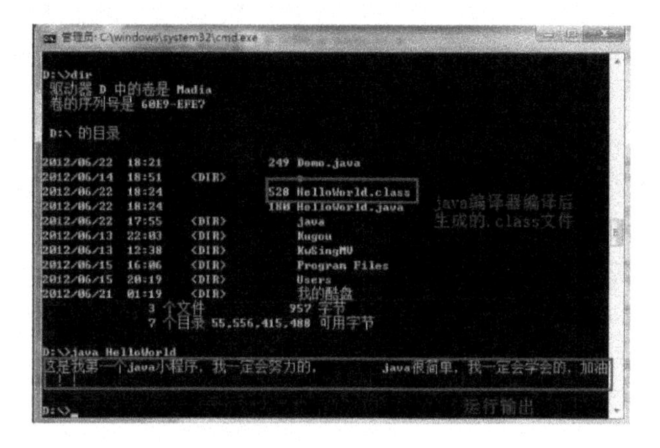

图 1-7 成功执行 Java 程序

1.4 Eclipse

1.4.1 下载 Eclipse

Eclipse 是一个流行的针对 Java 编程的集成开发环境(IDE)。它还可以用作编写其他语言(比如 C++和 Ruby)的环境,合并各种种类工具的框架,以及创建桌面或服务器应用程序的富客户端平台。现在,Eclipse 开源社区拥有数多个项目,其范围从商务智能到社会网络等各个方面。Eclipse 同时也是管理这些项目的非赢利性组织的名称。

Eclipse 的主页为:http://www. eclipse. org/ ,其下载的主页面为:http://www. eclipse. org/downloads/ ,下载页面如图 1-8 所示:

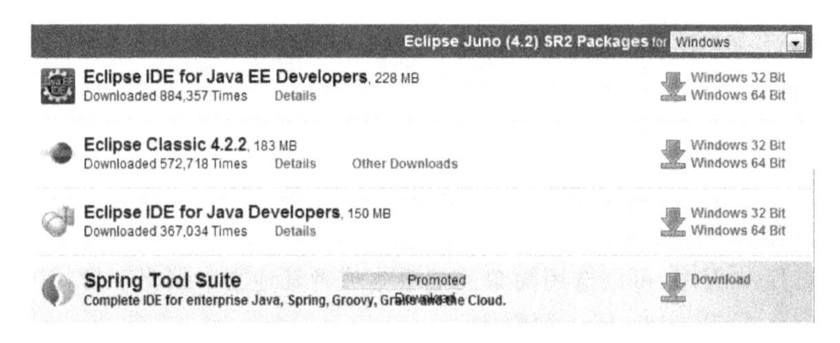

图 1-8 Eclipse 下载页面

页面缺省版本为 Windows 平台,如果想选择其他平台例如 Linux 平台的话鼠标点击右上角的下拉框进行选择(共三种平台 Windows、Linux 和 Mac OS X)。缺省为当前正式最新发布的正式版本 4.2.2,代号 Juno。如果想下载以前的老版本的话可以鼠标点击左上方的 Older Versions 链接去下载老版本。

这里列表列出了多个版本,原因在于由于 Eclipse 良好的扩展性,很多应用的插件被开发出来,为了节省用户的下载工作量,避免去大量下载针对某类开发的相关插件,因此针对目前常用的几类开发进行了打包处理。我们稍微介绍一下:Eclipse Classic 为标准的 Eclipse 版本,只包括基本的插件,不包括针对应用的特殊插件,通常称之为最干净的 Eclipse 版本。我们下载 Eclipse IDE for Java EE Developers 版本,这个虽然是针对 J2EE 的开发版本,但插件比较全。每一个平台都对应 32 位和 64 位两种版本,根据自己电脑的操作系统情况选择相应的版本。

鼠标点击后面的 Windows 32 Bit 或 Windows 64 Bit 则直接进入下载页面。如果鼠标点击前面的工程名例如 Eclipse IDE for Java EE Developers 则会进入该 IDE 的具体情况描述页面,如图 1-9 所示:

整个页面分成三部分:左面 Downloads Home 列出的是已经发布的不同 Eclipse 版本的链接,中间 Feature List 给出的是该版本(即我们前面选择的 4.2.2 版本的 Eclipse IDE for Java EE Developers)的 IDE 中包括的主要插件,右边 Download links 列出的是对应的不同平台的下载链接。就是我们前面说过包括三种平台 Windows、Linux 和 Mac OS X,每种平台又分为 32 位和 64 位两个版本。

图 1-9 Eclipse IDE for Java Developers 具体情况描述页面

选择相应版本后进入下载页面，下载的页面里有许多链接，包括 Bit Torrent FTP 和很多镜像站点，由于 Eclipse 下载的用户特别多，为了缓解主服务器的压力，提供了很多镜像站点，系统会根据用户电脑的 IP 自动选择最佳的镜像站点，如图 1-10 所示：

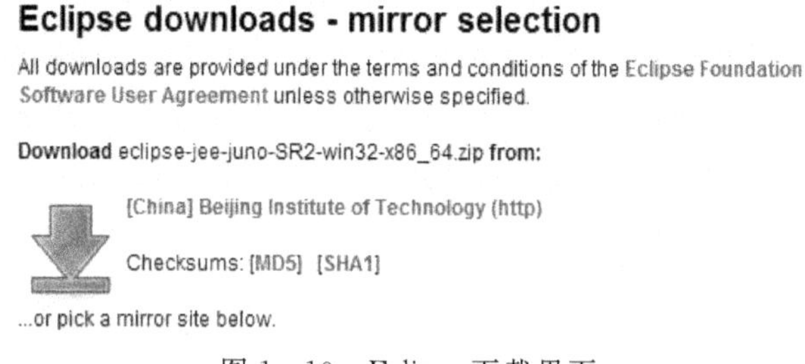

图 1-10 Eclipse 下载界面

鼠标点击 Beijing Institute of Technology (http) 链接就开始下载了，如果想通过 Bit Torrent 下载的话可以点击下边的 Bit Torrent 链接下载种子，然后再用 Bit Torrent 下载。下载后的文件是 zip 压缩格式，Eclipse 不是安装包的形式，直接解压缩后就可以运行了。前面我们已经讲了 JDK 的配置，如果按照前面讲的那样配置好 JDK 后，直接运行 eclipse. exe 程序就行了。

启动 Eclipse 后，本门课程的章节实例结构可以参考图 1-11 组织：

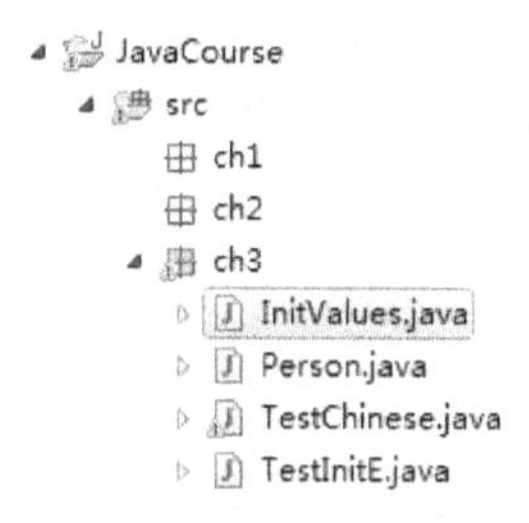

图 1-11 章节实例结构

1.4.2 配置JDK

如果我们配置了jdk环境变量，进入%ECLIPSE_HOME%后，双击“eclipse. exe”，即可启动eclipse，启动时会提示你选择一个workspace。

这里建议大家多创建一些workspace，可以根据实际的需要将不同的project创建在不同的workspace中，以免日后workspace中的project越来越多，影响eclipse的启动速度（当然，对于近期不使用的project建议将其关闭—右键单击项目名称选择"Close Project"，如果需要开启项目，则右键单击关闭的项目名称选择"Open Project"即可）。

切换workspace可以在启动是进行选择，也可以等启动后在“File”—"Switch Workspace"中进行切换。

第一次启动eclipse后，我们需要做一些基本的配置，通常我们需要做如下配置：

1. 配置jdk

默认情况下，eclipse会自动关联环境变量中配置的jdk，如果我们安装了多个版本的jdk，也可以手工进行配置，方法如下：

"Window"—"Preferences"—"Java"—"Installed JREs"—"Add"—"Standard VM"—选择jdk安装目录。

2. 配置tomcat

"Window"—"Preferences"—"Server"—"Runtime Environments"—"Add"—"Apache"—"Apache Tomcat v7.0"—选择tomcat7的目录，在JRE中选择1中配置的jdk即可。

配置完成，可以"Servers"视图中进行验证。默认"Servers"视图在"Java EE"预设视图的下方是开启的，如果没有开启，可以通过“Window”—"Show View"—"Server"—选择Servers即可打开"Servers"视图。

在"Servers"视图中，右键单击—"New"—"Server"—选择"Tomcat v7.0 Server"，如果在"Server runtime environment"中看到"Apache Tomcat v7.0"，则说明配置成功。

3. 启动提速

eclipse启动时会默认加载一些插件，而加载这些插件会增加eclipse的启动时间，实际上有些东东对我们来说并没有什么用，所以可以关闭，方法如下：

"Window"—"Preferences"—"General"—"Startup and Shutdown"—去掉你不想要的插件即可。

比如，按照本文叙述安装完插件后的效果图如图1-12所示：

4. 关闭验证

默认eclipse会对workspace中的项目进行验证，验证的内容包括jsp内容、xml内容，等等，验证过程很消耗内存，所以建议关闭验证功能。关闭方法如下：

"Window"—"Preferences"—"Validation"—"Disable All"。

5. 设置“新建”菜单项

eclipse默认的新建内容并不满足需求，好多内容还需要到other中去找，不过我们可以自定义新建菜单项中的内容，方法如下：

右键单击工具栏—"Customize Prespective... "—"Shortcuts"—选择你需要的新建项即可。

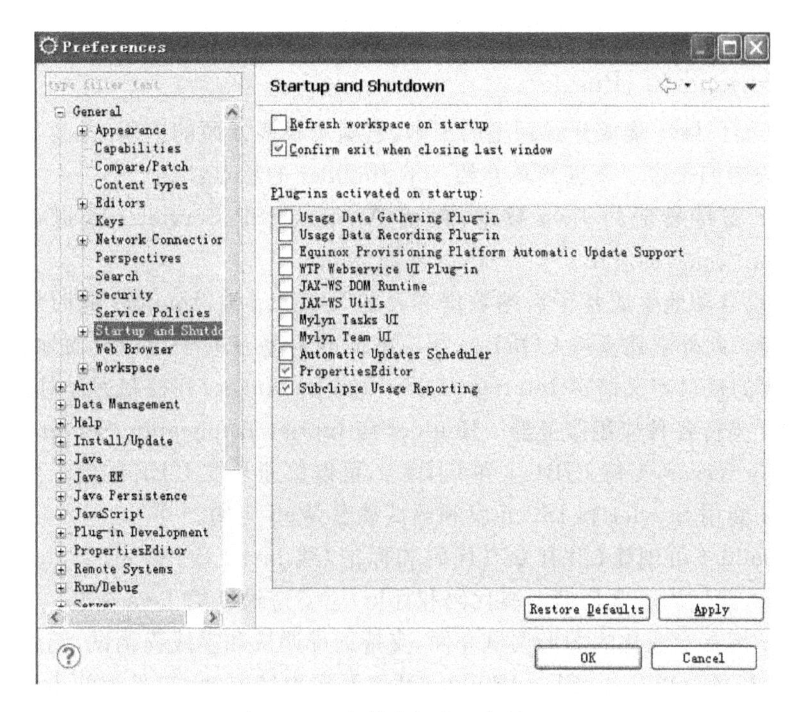

图 1-12　安装完插件后的效果图

6. 默认文件编辑器

eclipse 默认会自动选择文件的编辑器，也可以在打开文件时右键单击文件—“Open With”中选择编辑器，但有时我们可能更希望让文件使用某种特定的编辑器，此时可以通过如下方法进行配置：

"Window"—"Preferences"—"General"—"Editors"—"File Associations"，上方选择特定的文件名后缀类型，下面选择编辑器，可以通过 Add 进行添加，通过 Default 设置默认编辑器。

7. 注释风格定义

相信大家都知道注释的重要性，在团队中，统一注释风格更为重要。设置注释风格方法如下："Window"—"Preferences"—"Java"—"Code Style"—"Code Templates"—根据需要自己设置。

1.5　其他工具

1.5.1　NetBeans 与 Sun Java Studio 5

NetBeans 是开源软件开发集成环境，是一个开发框架，可扩展的开发平台，可以用于 Java，C/C++，PHP 等语言的开发，它本身是一个开发平台，可以通过扩展插件来扩展功能。它始于 1997 年的 Elf 设计，本身是捷克布拉格查理大学 Charles University 的数学及物理学院的学生计划，此计划延伸而成立了一家公司进而发展这个商用版本的 NetBeans IDE，直到 1999 年升阳电脑 Sun Microsystems 买下此公司。升阳电脑于次年(2000)的六月将 NetBeans IDE 开放为公开源码，直到现在 NetBeans 的社群依然持续增长，而且更多个人及企业使用并开发 NetBeans 作为程式开发的工具。

1.5.2 Borland 的 JBuilder

Jbuilder 进入了 Java 集成开发环境的王国，它满足很多方面的应用，尤其是对于服务器方以及 EJB 开发者们来说。下面简单介绍一下 Jbuilder 的特点：

(1)Jbuilder 支持最新的 Java 技术，包括 Applets、JSP/Servlets、JavaBean 以及 EJB (Enterprise Java Beans)的应用。

(2)用户可以自动地生成基于后端数据库表的 EJBJava 类，Jbuilder 同时还简化了 EJB 的自动部署功能。此外它还支持 CORBA，相应的向导程序有助于用户全面地管理 IDL(分布应用程序所需的接口定义语言 Interface Definition Language)和控制远程对象。

(3)Jbuilder 支持各种应用服务器。Jbuilder 与 Inprise Application Server 紧密集成，同时支持 WebLogicServer，支持 EJB1.1 和 EJB2.0，可以快速开发 J2EE 的电子商务应用。

(4)Jbuilder 能用 Servlet 和 JSP 开发和调试动态 Web 应用。

(5)利用 Jbuilder 可创建(没有专有代码和标记)纯 Java2 应用。由于 Jbuilder 是用纯 Java 语言编写的，其代码不含任何专属代码和标记，它支持最新的 Java 标准。

(6)Jbuilder 拥有专业化的图形调试介面，支持远程调试和多线程调试，调试器支持各种 JDK 版本，包括 J2ME/J2SE/J2EE。JBuilder 环境开发程序方便，它是纯的 Java 开发环境，适合企业的 J2EE 开发；缺点是往往一开始人们难于把握整个程序各部分之间的关系，对机器的硬件要求较高，比较吃内存，这时运行速度显得较慢。

1.5.3 Oracle 的 J Developer

Oracle JDeveloper 是一个免费的非开源的集成开发环境，通过支持完整的开发生命周期，简化了基于 Java 的 SOA 应用程序和用户界面的开发。Oracle JDeveloper 为构建具有 J2EE 功能、XML 和 Webservices 的复杂的、多层的 Java 应用程序提供了一个完全集成的开发环境。它为运用 Oracle 数据库和应用服务器的开发人员提供特殊的功能和增强性能，除此以外，它也有资格成为用于多种用途 Java 开发的一个强大的工具。

Oracle JDeveloper 的主要特点如下：

(1)具有 UML 建模语言功能，可以将业务对象及 e—business 应用模型化。

(2)配备有高速 Java 调试器(debuger)，内置 profiling 工具，提高代码质量的工具 CodeCoach 等。

(3)支持简单对象访问协议 SOAP(simple object access protocol)，统一描述，发现和集成协议 UDDI，WEB 服务描述语言 WSDL 等 WEB 服务标准。

JDeveloper 不仅仅是很好的 Java 编程工具，而且是 ORACLE WEB 服务的延伸，支持 apache SOAP 以及 9IAS，可扩充的环境，与 XML 和 WSDL 语言紧密相关。oracle9i jdeveloper 完全利用 Java 编写，能够与以前的 oracle 服务器软件以及其他厂商支持 J2EE 的应用服务器产品相兼容，而且在设计时着重针对 Oracle9i，能够无缝化进行跨平台之间的应用程序的开发，提供了业界第一个完整的，集成了 J2EE 和 XML 的开发环境，允许开发者快速开发可以通过 WEB，无线设备及语音界面访问的 WEB 服务和交易应用，以往只能通过将传统 Java 编程技巧与最新模块化方式结合到一个单一集成的开发环境中之后才能完成

JWE 应用开发生命周期管理的事实,从根本上得到改变。

1.5.4 My Eclipse

MyEclipse 是一个十分优秀的用于开发 Java, J2EE 的 Eclipse 插件集合,MyEclipse 的功能非常强大,支持也十分广泛,尤其是对各种开源产品的支持十分不错。MyEclipse 目前支持 Java Servlet,AJAX, JSP, JSF, Struts,Spring, Hibernate,EJB3,JDBC 数据库链接工具等多项功能。可以说 MyEclipse 几乎囊括了目前所有主流开源产品的专属 eclipse 开发工具。

在结构上,Myeclipse 的特征可以被分为 7 类:JavaEE 模型、WEB 开发工具、EJB 开发工具、应用程序服务器的连接器、JavaEE 项目部署服务、数据库服务、MyEclipse 整合帮助,对于以上每一种功能上的类别,在 Eclipse 中都有相应的功能部件,并通过一系列的插件来实现它们。MyEclipse 结构上的这种模块化,可以让我妈在不影响其他模块的情况下,对任一模块进行单独的扩展和升级。

简单而言,Myeclipse 是 Eclipse 的插件,也是一款功能强大的 JavaEE 集成开发环境,支持代码编写、配置、测试以及除错,MyEclipse5.5 以前版本需先安装 Eclipse。之后的版本则不需安装 Eclipse。

1.6 Java 应用程序和小应用程序

Java 程序分两种:独立的应用程序(Application)和能在浏览器上执行的小应用程序(Applet)。两种 Java 程序都由一个或多个扩展名为“.class”的文件组成,都需要 Java 虚拟机载入并翻译。这两种程序的主要区别是:小应用程序只能在与 Java 兼容的容器中运行,可以嵌入在 HTML 网页内,在网络上发布,当网页被浏览时,在浏览器中运行。小应用程序的运行还要受到严格的安全限制,例如,它不能访问用计算机上的文件。Java 应用程序没有这些限制,也不支持网页嵌入和下载运行。

小应用程序和应用程序在代码编写上也有很大差异。一个小应用程序必须定义成一个 Applet 类的子类,应用程序可以是 Applet 类的子类,也可以不是。应用程序必须在一个类中定义一个 main()方法,该方法代表应用程序的入口。而小应用程序不必定义 main()方法,它的执行由 Applet 类中定义的多个方法控制。

1.6.1 Application

【例 1-2】 一个非常简单的应用程序。

```
1:  public class Example1_1{//这是我的第一个应用程序
2:    public static void main(String [] args){
3:      System.out.println("你好! 欢迎你学习 Java 语言。");
4:    }
5:  }
```

上述 Java 程序的执行将输出以下字样:你好! 欢迎你学习 Java 语言。

一个应用程序由若干个类组成,上面这个应用程序只有一个类,类的名字是 Example1_1。public 是 Java 语言的关键字,表示声明的类 Example1_1 是公用的。class 也是关键字,用来声明类。最外层的一对花括号以及括号内的内容叫做类体。public static void main (String []args)是类 Example1_1 的一个方法，一个应用程序必须只有一个类含有 main()方法，这个类是应用程序的主类。public static void 是对 main()方法的说明，应用程序的 main ()方法必须被说明成 public static void，表示 main()方法的访问权限是公有的，它是一个类方法，返回值是 void String[]args 或 String args[]表示声明 main()方法的参数是一个字符串数组。

Java 源程序命名受严格的限制。Java 源文件的扩展名必须是". Java"如果源文件中有多个类，那么只能有一个 public 类；如果源文件中有 public 类，那么源文件的名字必须与这个类的名字完全相同。例如，例 1-1 应用程序的源文件名必须是 Example1_1. Java。如果源文件没有 public 类，那么源文件的名字只要和某个类的名字相同即可。

1.6.2 Applet

一个小应用程序也由若干个类组成，其中必须有一个类，它继承系统提供的 Applet 类，这个类是小应用程序的主类。主类必须是 public 的，源文件名必须与小应用程序的主类名相同。

【例 1-3】 一个简单的小应用程序，用不同颜色显示两行文字。

欢迎你学习 Java 语言。

只要认真学习，多上机实习，一定能学好 Java 语言。

```
1:  import Java. applet. * ;
2:  import Java. awt. * ;
3:  public class Example1_3 extends Applet{
4:  public void paint(Graphics g){
5:     g. setColor(Color. blue);//设置显示的颜色为 blue
6:     g. drawString("欢迎你学 Java 语言",30,20);
7:     g. setColor(Color. red);//设置显示的颜色为 red
8:     g. drawString("只要认真学习，多上机实习，一定能学好 Java 语言。",30,
       50);
9:     }
10: }
```

保存为 Example1_3. Java ，然后运行 Javac 将其编译生成 class 文件。运行 Applet 必须把 class 文件嵌入到 HTML 文件中，为此需要编写一个 HTML 文件如下所示：

```
1:  <html>
2:  <body>
3:  <appletcode = "Example1_3. class" width = "400" height = "200">
    </applet>
4:  </body>
5:  </html>
```

完成后保存为 Example1_3. htm，可以用浏览器打开这个 HTML 文件查看结果，也可以利用 JDK 提供的 appletviewer 命令打开，运行 appletviewer Example1_3. htm 启动这个 applet。运行后结果如图 1－13 所示：

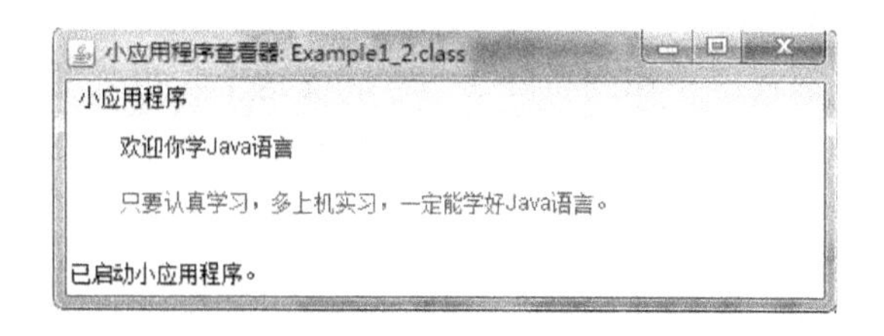

图 1－13 一个小应用程序

1.7 Java 程序结构

一个完整的 Java 源程序应该包括下列部分：

package 语句；//该部分至多只有一句，必须放在源程序的第一句

import 语句；/＊该部分可以有若干 import 语句或者没有，必须放在所有的 类定义之前＊/

public classDefinition；//公共类定义部分，至多只有一个公共类的定义

//Java 语言规定该 Java 源程序的文件名必须与该公共类名完全一致

classDefinition；//类定义部分，可以有 0 个或者多个类定义

interfaceDefinition；//接口定义部分，可以有 0 个或者多个接口定义

例如一个 Java 源程序可以是如下结构，该源程序命名为 HelloWorldApp. Java：

package Javawork. helloworld；/＊把编译生成的所有. class 文件放到包 Javawork. helloworld 中＊/

import Java. awt. ＊；//告诉编译器本程序中用到系统的 AWT 包

import Javawork. newcentury；/＊告诉编译器本程序中用到用户自定义 的包 Javawork. newcentury＊/

public class HelloWorldApp{... ... }/＊公共类 HelloWorldApp 的定义，名字与文件名相同＊/

class TheFirstClass{... ... }//第一个普通类 TheFirstClass 的定义

class TheSecondClass{... ... }//第二个普通类 TheSecondClass 的定义

... ... //其它普通类的定义

interface TheFirstInterface{... ... }/＊第一个接口 TheFirstInterface 的定义＊/

... ... //其它接口定义

package 语句：包在实际的实现过程中是与文件系统相对应的，例如 Javawork. helloworld 所对应的目录是 path\\Javawork\\helloworld，而 path 是在编译该源程序时指定的。比如在命令行中编译上述 HelloWorldApp. Java 文件时，可以在命令行中敲入"Javac －d f:\\Javaproject HelloWorldApp. Java"，则编译生成的 HelloWorldApp. class 文件将放在目录 f:\\Javaproject\\Javawork\\helloworld\\目录下面，此时 f:\\Javaprojcet 相

当于 path。但是如果在编译时不指定 path,则生成的. class 文件将放在编译时命令行所在的当前目录下面。比如在命令行目录 f:\\Javaproject 下敲入编译命令"Javac HelloWorldApp. Java",则生成的 HelloWorldApp. class 文件将放在目录 f:\\Javaproject 下面,此时的 package 语句相当于没起作用。

import 语句:如果在源程序中用到了除 Java. lang 这个包以外的类,无论是系统的类还是自己定义的包中的类,都必须用 import 语句标识,以通知编译器在编译时找到相应的类文件。

源文件的命名规则:如果在源程序中包含有公共类的定义,则该源文件名必须与该公共类的名字完全一致,字母的大小写都必须一样。这是 Java 语言的一个严格的规定,如果不遵守,在编译时就会出错。因此,在一个 Java 源程序中至多只能有一个公共类的定义。如果源程序中不包含公共类的定义,则该文件名可以任意取名。如果在一个源程序中有多个类定义和接口定义,则在编译时将为每个类生成一个. class 文件。(每个接口编译后也生成. class 文件)。

1.8 本章小结

本章概述了 Java 语言的基础知识,包括 Java 语言产生的背景、特点、工作原理和一些使用工具等等,并简单介绍了 Java 语言的编程规范和基本数据类型,给出了简单的程序示例。通过本章的学习,读者应该了解 Java 语言的产生的背景、特点和工作原理,掌握面向对象设计的原则和基本软件的使用,初步了解 Java 语言的编写方法和规范。

1.9 习题 1

1. 指出 Java 语言的主要特点。

答:(1)强类型,(2) 编译和解释,(3)自动无用内存回收功能,(4)面向对象,(5) 与平台无关,(6)安全性,(7)分布式计算,(8)多线程。

2. 说出开发与运行 Java 程序的主要步骤。

答:安装 SUN 的 JDK,配置环境变量;
　编写源文件;
　编译;
　运行。

3. 如何区分应用程序和小应用程序。

答:应用程序必须在一类中定义一个 main()方法,该方法代表应用程序的入口。

小应用程序不必定义 main()方法,但是必须继承 applet 类。

4. 说出 Java 源文件的命名规则。

答:和类命名规则一样,首字母大写。

5. 选择一种上机环境,参照实例,编写一个输出"hello world!"字样的 Java 程序。

答:用记事本编写如下:

```
//HelloWorld. Java
/ * <p>这是第一个程序</p>
```

```
*/
class HelloWorld{
public static void main(String[] args) {
System. out. println("Hello World!");
}
}
```

6. Java 用什么字符集？共有多少个不同的字符？

答:Java 语言使用 Unicode 字符集，共有 65535 个字符，字符是作为 Unicode 码来处理的。

7. 下列选项中不属于结构化程序设计方法的是________。(2006 年 4 月二级考试)

A. 自顶向下　　B. 逐步求精　　C. 模块化　　D. 可复用

【答案】D

8. Java 是________的程序设计语言。

A. 面向对象　　B. 面向过程　　C. 面向机器　　D. 既面向过程也面向对象

【答案】A

【解析】Java 语言是一种纯面向对象的编程语言。

第2章 Java 编程基础

JAVA BIANCHENG JICHU

2.1 简单数据类型

2.1.1 标识符和保留字

1. 标识符

程序员对程序中的各个元素加以命名时使用的命名记号称为标识符(identifier)。Java 语言中，标识符是以字母、下划线(_)、美元符($)开始的一个字符序列，后面可以跟字母、下划线、美元符、数字。标识符是区分大小写的，它没有长度限制，可以为标识符取任意长度的名字。例如，identifier，userName，User_Name，_sys_val，$change 为合法的标识符，而 2mail room# 为非法的标识符。

Java 标识符的一些约定的准则包括：

(1)类名、接口名采用名词，首字母大写，内含单词首字母大写，如 AppletIn。

(2)方法名采用动词，首字母小写，内含的单词首字母大写，如 actionWrite。

(3)变量名采用名词，首字母小写，内含的单词首字母大写 codeNumber。

(4)常量名全部大写，单词间用下划线隔开，如 STUDENT_ID。

2. 保留字

具有专门的意义和用途，不能当作一般的标识符使用，这些标识符称为保留字(reserved word)，也称为关键字，下面列出了 Java 语言中的所有保留字：

abstract, break, byte, boolean, catch, case, class, char, continue, default, double, do, else, native, new, null, package, private, protected, public, return, switch, synchrouized, extends, false, final, float, for, finally, if, import, implements, int, interface, instanceof, long, short, static, super, try, true, this, throw, throws, threadsafe, transient, void, while。

Java 语言中的保留字均用小写字母表示。

数据类型概述

1. 数据类型分类

数据类型指明了变量或表达式的状态和行为。Java 不支持 C、C++中的指针类型、结构体类型和共用体类型。Java 中的数据类型划分有简单类型和复合类型。

简单数据类型包括：

整数类型(Integer)：byte, short, int, long

浮点类型(Floating)：float, double

字符类型(Textual)：char

布尔类型(Logical):boolean

复合数据类型包括:class、interface、数组。

2. 常量和变量

常量:Java 中的常量值是用文字串表示的,它分为不同的类型,如整型常量 123,实型常量 123,字符常量'a',布尔常量 true、false 以及字符串常量"This is a constant string."。与 C、C++不同,Java 中不能通过#define 命令把一个标识符定义为常量,而是用关键字 final 来实现:

final typeSpecifier varName=value[,varName[=value]…];

如:final int NUM=100;

变量:是 Java 程序中的基本存储单元,它的定义包括变量名、变量类型和作用域几个部分。

变量名是一个合法的标识符,它是字母、数字、下划线或美元符"$"的序列,变量名不能以数字开头,而且不能为保留字。变量名应具有一定的含义,以增加程序的可读性。

变量的作用域指明可访问该变量的一段代码。声明一个变量的同时也就指明了变量的作用域。按作用域来分,变量可以有下面几种:局部变量、类变量、方法参数、例外处理参数。局部变量在方法或方法的一块代码中声明,它的作用域为它所在的代码块(整个方法或方法中的某块代码)。类变量在类中声明,而不是在类的某个方法中声明,它的作用域是整个类。方法参数传递给方法代码,它的作用域就是这个方法。例外处理参数传递给例外处理代码,它的作用域就是例外处理部分。在一个确定的域中,变量名应该是唯一的。通常,一个域用大括号{}来划定。

变量的声明格式为:

```
type identifier[ = value][,identifier[ = value]…];
例如:int a,b,c;
double d1,d2 = 0.0;
```

其中,多个变量间用逗号隔开,d2=0.0 对实型变量 d2 赋初值 0.0,只有局部变量和类变量是可以这样赋初值的,而方法参数和例外处理参数的变量值是由调用者给出的。

2.1.3 简单数据类型

1. 布尔类型—boolean

boolean 数据类型占 8 位,布尔型数据只有两个值 true 和 false,默认值为 false。注意在 Java 编程语言中 boolean 类型只允许使用 boolean 值,在整数类型和 boolean 类型之间无转换计算,它们不对应于任何整数值。布尔型变量的定义如:

boolean b=true; //定义 b 为布尔型变量,且初值为 true

2. 字符类型—char

char 数据类型占 8 位,使用 char 数据可表示单个字符,默认值是'\\u0000'。

字符常量:

字符常量是用单引号括起来的一个字符,如'a','A'。此外,与 C、C++相同,Java 也提供转义字符,以反斜杠(\\)开头,将其后的字符转变为另外的含义。下面列出了 Java 中的转义字符。

\\ddd1 到 3 位 8 进制数据所表示的字符(ddd)

\\uxxxx1 到 4 位 16 进制数所表示的字符(xxxx)

\\′单引号字符

\\\\反斜杠字符

\\r 回车

\\n 换行

\\f 走纸换页

\\t 横向跳格

\\b 退格

字符型变量：

字符型变量的类型为 char,它在机器中占 16 位,用 Unicode 码来处理,其范围为 0～65535。字符型变量的定义如：

Char c=′a′;//指定变量 c 为 char 型,且赋初值为′a′

与 C、C＋＋不同,Java 中的字符型数据不能用作整数,因为 Java 不提供无符号整数类型。但是同样可以把它当作整数数据来操作。

例如：

```
int three = 3;
char one = ´1´;
char four = (char)(three + one);//four = ´4´
```

上例,在计算加法时,字符型变量 one 被转化为整数,进行相加,最后把结果又转化为字符型。

3. 整型数据

整型常量：

与 C、C＋＋相同,Java 的整常数有三种形式：

◇ 十进制整数

如 123,－456,0

◇ 八进制整数

以 0 开头,如 0123 表示十进制数 83,－011 表示十进制数－9。

◇ 十六进制整数

以 0x 或 0X 开头,如 0x123 表示十进制数 291,－0X12 表示十进制数－18。

整型常量在机器中占 32 位,具有 int 型的值,对于 long 型值,则要在数字后加 L 或 l,如 123L 表示一个长整数,它在机器中占 64 位。

整型变量：

整型变量的类型有 byte、short、int、long 四种。其中字节型 byte 占 8 位,默认值为 0;短整型 short 占 16 位,默认值为 0;整型 int 占 32 位,默认值为 0;长整型 long 占 64 位,默认值为 0。所有 Java 编程语言中的整数类型都是带符号的数字,不存在无符号整数。下表列出各类型所占内存的位数和表示范围。

数据类型	所占位数	数的范围
byte	8	$-2^7 \sim 2^7-1$
bhort	16	$-2^{15} \sim 2^{15}-1$
int	32	$-2^{31} \sim 2^{31}-1$
long	64	$-2^{63} \sim 2^{63}-1$

通常情况下，byte 类型由于表示的数据范围很小，容易造成溢出，应避免使用。

short 类型则很少使用，它限制数据的存储为先高字节，后低字节，这样在某些机器中会出错。

int 类型是最常使用的一种整数类型。但对于大型计算，常会遇到很大的整数，超出 int 类所表示的范围，这时要使用 long 类型。

4. 浮点型(实型)数据

实型常量：

◇ 十进制数形式

由数字和小数点组成，且必须有小数点，如 0.123， 1.23，123.0

◇ 科学计数法形式

如：123e3 或 123E3，其中 e 或 E 之前必须有数字，且 e 或 E 后面的指数必须为整数。

◇ float 型的值，必须在数字后加 f 或 F，如 1.23f。

实型变量：

实型变量的类型有 float 和 double 两种，下表列出这两种类型所占内存的位数和其表示范围。

数据类型	所占位数	数的范围
float	32	$1.4e^{-45} \sim 3.4e^{+038}$
double	64	$4.9e^{-324} \sim 1.7e^{+308}$

如果不明确指明浮点数的类型，浮点数缺省为 double。在两种类型的浮点数中，float 占 32 位(单精度)，默认值为 0.0F；double 占 64 位(双精度)，默认值为 0.0D。双精度类型 double 比单精度类型 float 具有更高的精度和更大表示范围，常常使用。

实型变量定义，如

```
float f;//指定变量 f 为 float 型
double d;//指定变量 d 为 double 型
```

5. 简单数据类型的例子

【例 2-1】 下例中用到了前面提到的数据类型，并通过屏幕显示它们的值。

```
1： public class SimpleTypes{
```

```
2:     public static void main(String args[]){
3:       byte b = 0x55;
4:       short s = 0x55ff;
5:       int i = 1000000;
6:       long l = 0xfffL;
7:       char c = 'c';
8:       float f = 0.23F;
9:       double d = 0.7E-3;
10:      boolean bool = true;
11:      System.out.println("b = " + b);
12:      System.out.println("s = " + s);
13:      System.out.println("i = " + i);
14:      System.out.println("l = " + l);
15:      System.out.println("c = " + c);
16:      System.out.println("f = " + f);
17:      System.out.println("d = " + d);
18:      System.out.println("bool = " + bool);
19:    }
20:  }
```

编译并运行该程序，输出结果为：

```
b = 85
s = 22015
i = 1000000
l = 4095
c = c
f = 0.23
d = 7.0E-4
bool = true
```

2.1.4 简单数据类型中各类型数据间的优先关系和相互转换

1. 不同类型数据间的优先关系如下：

低------------------>高

byte,short,char -> int -> long -> float -> double

2. 自动类型转换规则

整型，实型，字符型数据可以混合运算。运算中，不同类型的数据先转化为同一类型，然后进行运算，转换从低级到高级。下面用一个示例给大家具体展示不同类型的数据之间的运算见例 2-2。

【例 2-2】 不同类型数据的混合运算

```
1:  public class Promotion{
2:    public static void main(String args[]){
3:      byte b = 10;
4:      char c = 'a';
5:      int i = 90;
6:      long l = 555L;
7:      float f = 3.5f;
8:      double d = 1.234;
9:      float f1 = f * b;//float * byte - >float
10:     int i1 = c + i;//char + int - >int
11:     long l1 = l + i1;//long + int - >ling
12:     double d1 = f1/i1 - d;//float/int - >float,float - double - >double
13:     System.out.println("b = " + b);
14:     System.out.println("c = " + c);
15:     System.out.println("i = " + i);
16:     System.out.println("l = " + l);
17:     System.out.println("f = " + f);
18:     System.out.println("d = " + d);
19:     System.out.println("f1 = " + f1);
20:     System.out.println("i1 = " + i1);
21:     System.out.println("l1 = " + l1);
22:     System.out.println("d1 = " + d1);
23:   }
24: }
```

编译并运行该程序,输出结果为:

```
b = 10
c = a
i = 90
l = 555
f = 3.5
d = 1.234
f1 = 35.0
i1 = 187
l1 = 742
d1 = -1.0468342181444168
```

3. 强制类型转换

高级数据要转换成低级数据，需用到强制类型转换，如：

int i;

byte b=(byte)i; /＊把 int 型变量 i 强制转换为 byte 型＊/

这种使用可能会导致溢出或精度的下降，最好不要使用。

2.2 运算符和表达式

2.2.1 运算符

对各种类型的数据进行加工的过程称为运算，表示各种不同运算的符号称为运算符，参与运算的数据称为操作数。

基本的运算符按功能划分，有下面几类：

1. 算术运算符：＋，－，＊，/，%，＋＋，－－。

例如：

```
3+2;    a-b;    i++;    --i;    ++i;    i--;
```

Java 对加运算符进行了扩展，使它能够进行字符串的连接，如“ abc”＋“de”，得到串“abcde”。与 C、C＋＋不同，对取模运算符%来说，其操作数可以为浮点数，如 37.2%10＝7.2。

i＋＋与＋＋i 的区别：

i＋＋在使用 i 之后，使 i 的值加 1，因此执行完 i＋＋后，整个表达式的值为 i，而 i 的值变为 i＋1。

＋＋i 在使用 i 之前，使 i 的值加 1，因此执行完＋＋i 后，整个表达式和 i 的值均为 i＋1。

对 i－－与－－i 同样。

【例 2-3】 下面的例子说明了算术运算符的使用

```
1:  public class ArithmaticOp{
2:    public static void main(String args[]){
3:      int a = 5 + 4;//a = 9
4:      int b = a * 2;//b = 18
5:      int c = b/4;//c = 4
6:      int d = b - c;//d = 14
7:      int e = -d;//e = -14
8:      int f = e % 4;//f = -2
9:      double g = 18.4;
10:     double h = g % 4;//h = 2.4
11:     int i = 3;
12:     int j = i++;//i = 4,j = 3
13:     int k = ++i;//i = 5,k = 5
14:     System.out.println("a = " + a);
```

```
15:        System.out.println("b = " + b);
16:        System.out.println("c = " + c);
17:        System.out.println("d = " + d);
18:        System.out.println("e = " + e);
19:        System.out.println("f = " + f);
20:        System.out.println("g = " + g);
21:        System.out.println("h = " + h);
22:        System.out.println("i = " + i);
23:        System.out.println("j = " + j);
24:        System.out.println("k = " + k);
25:      }
26:  }
```

其结果为：

```
a = 9
b = 18
c = 4
d = 14
e = -14
f = -2
g = 18.4
h = 2.3999999999999986
i = 5
j = 3
k = 5
```

注意，两个整数做除法时，结果自动取整。如果希望保留小数部分，则应该对除法运算的操作数做强制类型转换。

2. 关系运算符：＞，＜，＞＝，＜＝，＝＝，！＝。

关系运算符用来比较两个值，返回布尔类型的值 true 或 false。关系运算符都是二元运算符。

例如：

```
count>3;
I = = 0;
n! = -1;
```

Java 中，任何数据类型的数据（包括基本类型和组合类型）都可以通过＝＝或！＝来比较是否相等（这与 C、C＋＋不同）。

关系运算的结果返回 true 或 false，关系运算符常与布尔逻辑运算符一起使用，作为流控制语句的判断条件，如 if(a>b&&b==c)。

3. 布尔逻辑运算符：!，&&，||。

- &&、|| 为二元运算符，实现逻辑与、逻辑或。
- ! 为一元运算符，实现逻辑非。

例如：

!(flag)；

flag&&false；

对于布尔逻辑运算，先求出运算符左边的表达式的值，对或运算如果为 true，则整个表达式的结果为 true，不必对运算符右边的表达式再进行运算；同样，对与运算，如果左边表达式的值为 false，则不必对右边的表达式求值，整个表达式的结果为 false。

【例 2-4】 下面的例子说明了关系运算符和布尔逻辑运算符的使用。

```
1:  public class RelationAndConditionOp{
2:    public static void main(String args[]){
3:      int a = 25,b = 3;
4:      boolean d = a<b;//d = false
5:      System. out. println("a<b = " + d);
6:      int e = 3;
7:      if(e! = 0&&a/e>5)
8:          System. out. println("a/e = " + a/e);
9:      int f = 0;
10:     if(f! = 0&&a/f>5)
11:         System. out. println("a/f = " + a/f);
12:     else
13:         System. out. println("f = " + f);
14:   }
15: }
```

其运行结果为：

```
a<b = false
a/e = 8
f = 0
```

注意：上例中，第二个 if 语句在运行时不会发生除 0 溢出的错，因为 f! =0 为 false，所以就不需要对 a/f 进行运算。

4. 赋值运算符 =，及其扩展赋值运算符如+=，-=，*=，/=等。

左操作数：变量

右操作数：值(表达式)

结果：左操作数

例如：

i=3；

i+=3；//等效于 i=i+3；

5. 条件运算符 ？：

条件运算符 ？：

操作数 1? 操作数 2:操作数 3

操作数 1:布尔值

操作数 2 和操作数 3:同类型值

结果：

若表达式 1 为 true,则执行表达式 2

若表达式 1 为 false,则执行表达式 3

例如:result=(sum= =0 ? 1 : num/sum)；

6. 注释

注释是程序中不可缺少的部分。Java 注释有两种。一种是行注释行“//”,以“//”开头到本行末的所有字符被系统理解为注释,不予编译。如:// I am Tom!

另一种注释符是块注释符“/ * ”和“ * /”,其中“/ * ”标志着注释块的开始,“ * /”标志注释块的结束。“/ * ”和“ * /”可以括起多个注释行。如：

/ * 变量名

类型

内容 * /

7. 其它

包括分量运算符· ,下标运算符[],实例运算符 instanceof,内存分配运算符 new,强制类型转换运算符 (类型),方法调用运算符 ( ) 等。例如：

```
System. out. println("hello world");
int array1[ ] = new int[4];
```

2.2.2 表达式

表达式是由操作数和运算符按一定的语法形式组成的符号序列。一个常量或一个变量名字是最简单的表达式,其值即该常量或变量的值。表达式的值还可以用作其他运算的操作数,形成更复杂的表达式。

1. 表达式的类型

表达式的类型由运算以及参与运算的操作数的类型决定,可以是简单类型,也可以是复合类型：

布尔型表达式：x&&y||z；

整型表达式：num1+num2；

2. 运算符的优先次序

表达式的运算按照运算符的优先顺序从高到低进行,同级运算符从左到右进行,如表 2-1所示：

表 2-1 运算符的优先次序

优先次序	运算符
1	. [] ()
2	++ -- ! ~ instanceof
3	new (type)
4	* / %
5	+ -
6	>> >>> <<
7	> < >= <=
8	== !=
9	&
10	^
11	|
12	&&
13	||
14	?:
15	= += -= *= /= %= ^=
16	&= |= <<= >>= >>>=

2.3 控制语句

结构化程序设计的最基本的原则是：任何程序都可以且只能由三种基本流程结构构成，即顺序结构、分支结构和循环结构。Java 语言虽然是面向对象的语言，但是在局部的语句块内部，仍然需要借助于结构化程序设计的基本流程结构来组织语句，完成相应的逻辑功能。

Java 程序通过控制语句来执行程序流，完成一定的任务。程序流是由若干个语句组成的，语句可以是单一的一条语句，如 c=a+b，也可以是用大括号{}括起来的一个复合语句。Java 中的控制语句有以下几类：

◇ 分支语句：if-else，switch

◇ 循环语句：while，do-while，for

◇ 与程序转移有关的跳转语句：break，continue，return

◇ 例外处理语句：try-catch-finally，throw

2.3.1 分支语句

分支语句提供了一种控制机制，使得程序的执行可以跳过某些语句不执行，而转去执行特定的语句。

1. 条件语句 if-else

if-else 语句根据判定条件的真假来执行两种操作中的一种，如果条件表达式的取值为真，则执行 if 分支的语句组，否则执行 else 分支的语句块。在编写程序时，也可以不书写 else 分支，此时若条件表达式的取值为假，则绕过 if 分支直接执行 if 语句后面的其他语句。它的格式为：

```
if(boolean-expression)
statement1;
[else statement2;]
```

布尔表达式 boolean－expression 是任意一个返回布尔型数据的表达式(这比 C、C＋＋的限制要严格)。每个单一的语句后都必须有分号。

语句 statement1、statement2 可以为复合语句，这时要用大括号{} 括起。建议对单一的语句也用大括号括起，这样程序的可读性强，而且有利于程序的扩充(可以在其中填加新的语句)。{}外面不加分号。else 子句是任选的。

若布尔表达式的值为 true，则程序执行 statement1，否则执行 statement2。

if-else 语句的一种特殊形式为：

```
if(expression1){
statement1
}else if(expression2){
statement2
}……
}else if(expressionM){
statementM
}else{
statementN
}
```

else 子句不能单独作为语句使用，它必须和 if 配对使用。else 总是与离它最近的 if 配对。可以通过使用大括号{}来改变配对关系。

【例 2－5】 if-else 语句使用示例

```
1:  public class CompareTwo{
2:     public static void main(String args[]){
3:        double d1 = 23.4;
4:        double d2 = 35.1;
5:        if(d2> = d1)
6:              System. out. println(d2 +"> =" + d1);
7:        else
8:              System. out. println(d1 +"> =" + d2);
9:     }
10: }
```

运行结果为：

```
35.1>=23.4
```

【例 2-6】 闰年的条件是符合下面二者之一：①能被 4 整除，但不能被 100 整除；②能被 400 整除

```
1:  public class LeapYear{
2:    public static void main(String args[]){
3:      int year = 1989;//method1
4:      if((year % 4 = = 0&&year % 100!  = 0)||(year % 400 = = 0))
5:          System. out. println(year + "is a leap year. ");
6:      else
7:          System. out. println(year + "is not a leap year. ");
8:      year = 2000;//method2
9:      boolean leap;
10:     if(year % 4!  = 0)
11:         leap = false;
12:     else if(year % 100!  = 0)
13:         leap = true;
14:     else if(year % 400!  = 0)
15:         leap = false;
16:     else
17:         leap = true;
18:     if(leap = = true)
19:         System. out. println(year + "is a leap year. ");
20:     else
21:         System. out. println(year + "is not a leap year. ");
22:     year = 2050;//method3
23:     if(year % 4 = = 0){
24:         if(year % 100 = = 0){
25:           if(year % 400 = = 0)
26:             leap = true;
27:           else
28:             leap = false;
29:         }else
30:             leap = ture;
31:     }else
32:         leap = false;
33:     if(leap = = true)
```

```
34:            System.out.println(year + " is a leap year.");
35:        else
36:            System.out.println(year + " is not a leap year.");
37:    }
39: }
```

运行结果为：

```
1989 is not a leap year.
2000 is a leap year.
2050 is not a leap year.
```

该例中，方法 1 用一个逻辑表达式包含了所有的闰年条件，方法 2 使用了 if－else 语句的特殊形式，方法 3 则通过使用大括号{}对 if－else 进行匹配来实现闰年的判断。大家可以根据程序来对比这三种方法，体会其中的联系和区别，在不同的场合选用适合的方法。

2. *多分支语句* switch

switch 语句（又称开关语句）是实现多分支选择结构的另一个语句。switch 和 case 语句一起使用，其功能是根据某个表达式的值在多个 case 引导的多个分支语句中选择一个来执行。它的一般格式如下：

```
switch (expression){
  case value1 : statement1;break;
  case value2 : statement2;break;
…………
  case valueN : statementN;break;
  [default : defaultStatement; ]
}
```

◇ 表达式 expression 的返回值类型必须是这几种类型之一：int，byte，char，short。

◇ case 子句中的值 valueN 必须是常量，而且所有 case 子句中的值应是不同的。

◇default 子句是可选的。当表达式的值与任一 case 子句中的值都不匹配时，程序执行 default 后面的语句。如果表达式的值与任一 case 子句中的值都不匹配且没有 default 子句，则程序不作任何操作，而是直接跳出 switch 语句。

◇break 语句用来在执行完一个 case 分支后，使程序跳出 switch 语句，即终止 switch 语句的执行。因为 case 子句只是起到一个标号的作用，用来查找匹配的入口且从此处开始执行，对后面的 case 子句不再进行匹配，而是直接执行其后的语句序列，因此该在每个 case 分支后，要用 break 来终止后面的 case 分支语句的执行。在一些特殊情况下，多个不同的 case 值要执行一组相同的操作，这时可以不用 break。

◇case 分支中包括多个执行语句时，可以不用大括号{}括起。

◇switch 语句的功能可以用 if－else 来实现，但在某些情况下，使 switch 语句更简练，可读性强，而且程序的执行效率提高。

多分支语句 switch 举例：

【例 2 - 7】 根据考试成绩的等级打印出百分制分数段

```
1:  public class GradeLevel{
2:    public static void main(String args[]){
3:      System.out.println("\n * * first situation * * ");
4:      char grade = 'C';//normal use
5:      switch(grade){
6:        case 'A':System.out.println(grade + " is 85~100"); break;
7:        case 'B':System.out.println(grade + " is 70~84"); break;
8:        case 'C':System.out.println(grade + " is 60~69"); break;
9:        case 'D':System.out.println(grade + " is <60"); break;
10:       default:System.out.println("input error");
11:     }
12:     System.out.println("\n * * second situation * * ");
13:     grade = 'A';//create error without break statement
14:     switch(grade){
15:       case 'A':System.out.println(grade + "is85~100");
16:       case 'B':System.out.println(grade + "is70~84");
17:       case 'C':System.out.println(grade + "is60~69");
18:       case 'D':System.out.println(grade + "is<60");
19:       default:System.out.println("input error");
20:     }
21:     System.out.println("\n * * third situation * * ");
22:     grade = 'B';//several case with same operation
23:     switch(grade){
24:       case 'A':
25:       case 'B':
26:       case 'C':System.out.println(grade + "is> = 60"); break;
27:       case 'D':System.out.println(grade + "is<60"); break;
28:       default:System.out.println("input error");
29:     }
30:   }
31: }
```

运行结果为：

```
* * firstsituation * *
C is 60~69
```

```
**secondsituation**
Ais85～100
Ais70～84
Ais60～69
Ais<60
inputerror
**thirdsituation**
Bis>=60
```

2.3.2 循环语句

循环语句的作用是反复执行一段代码，直到满足终止循环的条件为止。

一个循环一般应包括四部分内容：

(1)初始化部分(initialization)：用来设置循环的一些初始条件，计数器清零等。

(2)循环体部分(body)：这是反复循环的一段代码，可以是单一条语句，也可以是复合语句。

(3)迭代部分(iteration)：这是在当前循环结束，下一次循环开始执行的语句，常常用来使计数器加 1 或减 1。

(4)终止部分(termination)：通常是一个布尔表达式，每一次循环要对该表达式求值，以验证是否满足循环终止条件。

Java 语言中提供的循环语句有：

◇ while 语句

◇ do-while 语句

◇ for 语句

1. while 语句

while 语句实现"当型"循环，它的一般格式为：

```
[initialization]
while (termination){
    body;
[iteration;]
}
```

当布尔表达式(termination)的值为 true 时，循环执行大括号中的语句。并且初始化部分和迭代部分是任选的。

while 语句首先计算终止条件，当条件满足时，才去执行循环中的语句。这是"当型"循环的特点。

2. do-while 语句

do-while 语句实现"直到型"循环，它的一般格式为：

```
[initialization]
```

```
do {
    body;
[iteration;]
} while (termination);
```

do-while 语句首先执行循环体,然后计算终止条件,若结果为 true,则循环执行大括号中的语句,直到布尔表达式的结果为 false。

与 while 语句不同的是,do－while 语句的循环体至少执行一次,这是“直到型”循环的特点。

3. for 语句

for 语句也用来实现“当型”循环,它的一般格式为:

```
for (initialization; termination; iteration){
        body;
}
```

for 语句执行时,首先执行初始化操作,然后判断终止条件是否满足,如果满足,则执行循环体中的语句,最后执行迭代部分。完成一次循环后,重新判断终止条件。

初始化、终止以及迭代部分都可以为空语句(但分号不能省),三者均为空的时候,相当于一个无限循环。在初始化部分和迭代部分可以使用逗号语句,来进行多个操作。逗号语句是用逗号分隔的语句序列。

```
for( i = 0, j = 10; i<j; i + + , j—){
……
}
```

可以在 for 语句的初始化部分声明一个变量,它的作用域为整个 for 语句。

for 语句通常用来执行循环次数确定的情况(如对数组元素各行操作),也可以根据循环结束条件执行循环次数不确定的情况。

循环语句举例:

【例 2-8】 下例分别用 while、do-while 和 for 语句实现累计求和

```
1:  public class Sum{
2:    public static void main(String args[]){
3:      System.out.println("\n* *while statement * *");
4:      int n = 10,sum = 0;//initialization
5:      while(n>0){//termination
6:        sum + = n;//body
7:        n - - ;//iteration
8:      }
9:      System.out.println("sum is " + sum);
10:     System.out.println("\n* *do_while statement * *");
```

```
11:      n = 0;//initialization
12:      sum = 0;
13:      do{
14:        sum + = n;//body
15:        n + + ;//iteration
16:      }while(n< = 10);//termination
17:      System.out.println("sum is " + sum);
18:      System.out.println("\n * * for statement * * ");
19:      sum = 0;
20:      for(int i = 1;i< = 10;i + + ){
21:        //initialization,termination,iteration
22:        sum + = i;
23:      }
24:      System.out.println("sum is " + sum);
25:    }
```

运行结果为:

```
* * while statement * *
sumis55

* * do_whilestatement * *
sumis55

* * forstatement * *
sumis55
```

可以从中来比较这三种循环语句,从而在不同的场合选择合适的语句。

【例 2-9】 求 100～200 间的所有素数

```
1:  public class PrimeNumber{
2:    public static void main(String args[]){
3:      System.out.println(" * * prime numbers between 100 and 200 * * ");
4:      int n = 0;
5:      outer:for(int i = 101;i<200;i + = 2){ //outer loop
6:        int k = 15;//select for convenience
7:        for(int j = 2;j< = k;j + + ){////inner loop
8:          if(i % j = = 0)
9:          continue outer;
10:       }
11:       System.out.print(" " + i);
```

```
12:        n++;//output a new line
13:        if(n<10)//after 10 numbers
14:        continue;
15:        System.out.println();
16:        n=0;
17:      }
18:      System.out.println();
19:    }
20: }
```

运行结果为：

```
**prime numbers between 100 and 200**
101 103 107 109 113 127 131 137 139 149
151 157 163 167 173 179 181 191 193 197
199
```

2.3.3 跳转语句

◇ break 语句

◇ continue 语句

◇ 返回语句 return

1. break 语句

break 语句的作用是使程序的流程从一个语句块内部跳转出来，例如：在 switch 语句中，break 语句用来终止 switch 语句的执行。使程序从 switch 语句后的第一个语句开始执行。

在 Java 中，可以为每个代码块加一个标号，一个代码块通常是用大括号{}括起来的一段代码。加标号的格式如下：

BlockLabel：{ codeBlock }

break 语句分为带标号和不带标号两种形式。带标号的 break 语句的使用格式是：

```
break BlockLabel;
```

例如：

```
a:{…… //标记代码块 a
b:{…… //标记代码块 b
c:{…… //标记代码块 c
break b;
          …… //此处的语句块不被执行
}
      …… /此处的语句块不被执行
}
```

```
    …… //从此处开始执行
}
```

不带标号的 break 语句从它所在的 switch 分支或最内层的循环体中跳转出来，执行分支或循环体后面的语句。

与 C、C++不同，Java 中没有 goto 语句来实现任意的跳转，因为 goto 语句破坏程序的可读性，而且影响编译的优化。但是从上例可以看出，Java 用 break 来实现 goto 语句所特有的一些优点。如果 break 后所指定的标号不是一个代码块的标号，而是一个语句，则这时 break 完全实现 goto 的功能。不过应该避免这种方式的使用。

2. continue 语句

continue 语句必须用于循环结构中，用来结束本次循环，跳过循环体中下面尚未执行的语句，接着进行终止条件的判断，以决定是否继续循环。对于 for 语句，在进行终止条件的判断前，还要先执行迭代语句。它有两种使用形式：

一种是不带标号的 continue 语句，它的作用是终止当前这一轮的循环，跳过本轮剩余的语句，直接进入当前循环的下一轮。在 while 或 do－while 循环中，不带标号的 continue 语句会使流程直接跳转到条件表达式。在 for 循环中，不带标号的 continue 语句会跳转到第三个表达式，计算修改循环变量后再判断循环条件。

另一种带标号的 continue 语句，这个标号名应该定义在程序中外层循环语句的前面，用来标志这个循环结构。标号的命名应该符合 Java 标识符的规定。带标号的 continue 语句使程序的流程直接转入标号标明的循环层次。

这时的格式为：

```
continue outerLabel;
```

例如：

```
outer: for( int i = 0; i<10; i + + ){ //外层循环
inner: for( int j = 0; j<10; j + + ){ //内层循环
        if( i<j ){
          ……
        continue outer;
        }
          ……
        }
          ……
        }
```

该例中，当满足 i<j 的条件时，程序执行完相应的语句后跳转到外层循环，执行外层循环的迭代语句 i++；然后开始下一次循环。

3. 返回语句 return

当方法说明中用 void 声明返回类型为空时，应使用这种格式。

return 语句从当前方法中退出，返回到调用该方法的语句处，并从紧跟该语句的下一条语句继续程序的执行。如果方法没有返回值，则 return 语句中的表达式可以省略。返回语句有两种格式：

return expression ;

return;

return 语句通常用在一个方法体的最后，否则会产生编译错误，除非用在 if－else 语句中。

2.4 数组

Java 语言中，数组是一种最简单的复合数据类型。数组是有序数据的集合，数组中的每个元素具有相同的数据类型，可以用一个统一的数组名和下标来唯一地确定数组中的元素。数组元素可以为：基本数据类型，某一类的对象。数组有一维数组和多维数组。

建立 Java 数组需要以下三个步骤：

◇ 声明数组

◇ 创建数组空间

◇ 初始化数组元素

2.4.1 一维数组

1. 一维数组的定义

type arrayName[ ];或者 type[] arrayName。

其中类型(type)可以为 Java 中任意的数据类型，包括简单类型和复合类型。

例如：

```
int intArray[ ];
Date dateArray[];
```

前者声明了一个整型数组，数组中的每个元素为整型数据。与 C、C＋＋不同，Java 在数组的定义中并不为数组元素分配内存，因此[]中不用指出数组中元素的个数，即数组长度，而且对于如上定义的一个数组是不能访问它的任何元素的。我们必须为它分配内存空间，这时要用到运算符 new。

2. 创建数组空间

为数组开辟内存空间，在创建数组空间时必须为它指明数组的长度。一个数组是一个对象，所以用 new 来创建数组。

语法格式为：

```
arrayName = new type[arraySize];
```

其中，arraySize 指明数组的长度。如：

```
intArray = new int[3];
```

为一个整型数组分配 3 个 int 型整数所占据的内存空间。通常，这两部分可以合在一起，格式如下：

```
type arrayName[  ] = new type[arraySize];
```

例如：

```
int intArray[  ] = new int[3];
```

说明：

• 也可以在创建数组空间的时候，同时将初值给出来，例如：

int[] MyIntArray={1,2,3,4,5,6,7,8,9};

存储空间的分配等价于使用 new。

• 基本数据类型的数组元素会自动初始化成“空”值（对于数值，空值就是零；对于 char，它是 null；而对于 boolean，它却是 false）。

• 数组名是对数组对象的一个引用。

【例 2-10】 创建一个基本数据类型元素的数组

```
1:  public class Array{
2:    public static void main(String args[]){
3:      System.out.println("s 数组的值为\n");
4:      char[] s;
5:      s = new char[ 26];
6:      for(int i = 0; i< 26; i + + ){
7:        s[ i] = (char)('A' + i);
8:        System.out.print(s[i] + " ");
9:      }
10:   }
11: }
```

运行结果为：

s 数组的值为：

```
A B C D E F G H I J K L M N O P Q R S T U V W X Y Z
```

【例 2-11】 创建一个对象数组

```
1:  import java.awt.Point;
2:  public class Array {
3:    public static void main(String args[]){
4:      System.out.println("p 数组的值为\n");
5:      Point[] p;
6:      p = new Point[ 5];
7:      for(int i = 0; i< 5; i + + ){
8:        p[ i] = new Point(i, i + 1);
9:        System.out.print(p[i] + " ");
```

```
10:        }
11:    }
12: }
```

运行结果为:

p数组的值为

```
Java. awt. Point[x=0,y=1] Java. awt. Point[x=1,y=2] Java. awt. Point[x
 =2,y=3] Java. awt. Point[x=3,y=4]
Java. awt. Point[x=4,y=5]
```

3. 一维数组的初始化

有两种方式:

静态初始化:在定义数组的同时进行初始化。这种做法大多数时候都很有用,但限制也是最大的,因为数组的大小是在编译期间决定的。

动态初始化:先定义数组,分配空间,然后直接对每个元素进行赋值。

(1)静态初始化

1)简单数据类型

```
int intArray[] = {1,2,3,4};
String stringArray[] = {"abc", "How", "you"};
```

2)复合类型的数组

```
MyDate[] dates = {
new MyDate( 22, 7, 1964),
new MyDate( 1, 1, 2000),
new MyDate( 22, 12, 1964) }
```

用逗号(,)分隔数组的各个元素,系统自动为数组分配一定的空间。

(2)动态初始化

1)简单数据类型

```
int[] nums;
nums = new int[ 3];
nums[ 0] = 1;
nums[ 1] = 2;
nums[ 2] = 3;
```

2)复合类型的数组

```
1:  String stringArray[ ];
2:  stringArray = new String[3];/* 为数组中每个元素开辟引用空间(32
    位) */
3:  stringArray[0] = new String("How");//为第一个数组元素开辟空间
```

```
4:  stringArray[1] = new String("are");//为第二个数组元素开辟空间
5:  stringArray[2] = new String("you");//为第三个数组元素开辟空间
```

4. 一维数组元素的引用

定义了一个数组,并用运算符 new 为它分配了内存空间后,就可以引用数组中的每一个元素了。数组元素的引用方式为:

arrayName[index]

其中:index 为数组下标,它可以为整型常数或表达式。如 a[3], b[i](i 为整型),c[6 * I]等。下标从 0 开始,一直到数组的长度减 1。

另外,与 C、C++中不同,Java 对数组元素要进行越界检查以保证安全性。同时,对于每个数组都有一个属性 length 指明它的长度,例如:intArray. length 指明数组 intArray 的长度。

【例 2-12】 该程序对数组中的每个元素赋值,然后按逆序输出

```
1:  public class ArrayTest{
2:      public static void main(String args[]){
3:          int i;
4:          int a[] = new int[5];
5:          for(i = 0;i<5;i + + )
6:              a[i] = i;
7:          for(i = a. length - 1;i> = 0;i—)
8:              System. out. println("a[" + i + "] = " + a[i]);
9:      }
10:  }
```

运行结果如下:

```
a[4] = 4
a[3] = 3
a[2] = 2
a[1] = 1
a[0] = 0
```

5. 一维数组程序举例

【例 2-13】 Fibonacci 数列的定义为:F1=F2=1,Fn=Fn-1+Fn-2(n>=3)

```
1:  class classFibonacci{
2:    public static void main(String args[]){
3:      int i;
4:      int f[] = new int[10];
5:      f[0] = f[1] = 1;
6:      for(i = 2;i<10;i + + )
```

```
7:          f[i] = f[i - 1] + f[i - 2];
8:      for(i = 1;i< = 10;i + + )
9:          System. out. println("F[" + i + "] = " + f[i - 1]);
10:   }
11: }
```

运行结果为：

```
F[1] = 1
F[2] = 1
F[3] = 2
F[4] = 3
F[5] = 5
F[6] = 8
F[7] = 13
F[8] = 21
F[9] = 34
F[10] = 55
```

【例 2 - 14】 冒泡法排序(从小到大)

冒泡法排序对相邻的两个元素进行比较，并把小的元素交付到前面。

```
1:  public class BubbleSort{
2:    public static void main(String args[]){
3:      int i,j;
4:      int intArray[] = {30,1, - 9,70,25};
5:      int l = intArray. length;
6:      for(i = 0;i<l - 1;i + + )
7:        for(j = 0;j<l - i - 1)
8:          if(intArray[j]>intArray[j + 1]){
9:            int t = intArray[j];
10:           intArray[j] = intArray[j + 1];
11:           intArray[j + 1] = t;
12:         }
13:     for(i = 0;i<l;i + + )
14:       System. out. println(intArray[i] + "");
15:   }
16: }
```

运行结果为：

```
70
30
25
1
-9
```

2.4.2 多维数组

Java 语言中，多维数组被看作数组的数组。

1. 二维数组的定义

type arrayName[ ][ ]；或者 type [ ][ ]arrayName；

例如：

```
int intArray[][]；或者 int[][] intArray；
```

与一维数组一样，这时对数组元素也没有分配内存空间，同样要使用运算符 new 来分配内存，然后才可以访问每个元素。

2. 为高维数组分配空间

对高维数组来说，分配内存空间有下面几种方法：

(1)直接为每一维分配空间，如：

```
int a[][] = new int[2][3];
```

(2)从最高维开始，分别为每一维分配空间，如：

```
int a[][] = new int[2][];
a[0] = new int[3];
a[1] = new int[3];
```

可以为每行设置为空间大小不同的数组。

如：a[0] = new int[3]；
  a[1] = new int[5]；

完成 1 中相同的功能。这一点与 C、C++是不同的，在 C、C++中必须一次指明每一维的长度。Java 中多维数组被看作数组的数组。例如二维数组为一个特殊的一维数组，其每个元素又是一个一维数组。

3. 二维数组的初始化

(1)静态初始化

int intArray[ ][ ]={{1,2},{2,3},{3,4,5}}；

Java 语言中，由于把二维数组看作是数组的数组，数组空间不是连续分配的，所以不要求二维数组每一维的大小相同。

(2)动态初始化

1)直接为每一维分配空间，格式如下：

```
arrayName = new type[arrayLength1][arrayLength2];
int a[ ][ ] = new int[2][3];
```

2)从最高维开始,分别为每一维分配空间:

```
arrayName = new type[arrayLength1][ ];
arrayName[0] = new type[arrayLength20];
arrayName[1] = new type[arrayLength21];
…
arrayName[arrayLength1 - 1] = new type[arrayLength2n];
```

3)例:

二维简单数据类型数组的动态初始化如下:

```
int a[ ][ ] = new int[2][ ];
a[0] = new int[3];
a[1] = new int[5];
```

对二维复合数据类型的数组,必须首先为最高维分配引用空间,然后再顺次为低维分配空间。而且,必须为每个数组元素单独分配空间。

例如:

```
1:  String s[ ][ ] = new String[2][ ];
2:  s[0] = new String[2];//为最高维分配引用空间
3:  s[1] = new String[2]; //为最高维分配引用空间
4:  s[0][0] = new String("Good");//为每个数组元素单独分配空间
5:  s[0][1] = new String("Luck");//为每个数组元素单独分配空间
6:  s[1][0] = new String("to");//为每个数组元素单独分配空间
7:  s[1][1] = new String("You");//为每个数组元素单独分配空间
```

4. 二维数组元素的引用

对二维数组中的每个元素,引用方式为:arrayName[index1][index2]

例如:num[1][0]

5. 二维数组举例

【例 2-15】 两个矩阵相乘

```
1:  public class MatrixMultiply {
2:    public static void main(String args[]){
3:      int i, j, k;
4:      int a[][] = new int[2][3];
5:      int b[][] = { { 1, 5, 2, 8 }, { 5, 9, 10, -3 }, { 2, 7, -5, -18 } };
6:      int c[][] = new int[2][4];
7:      for(i = 0; i < 2; i++)
```

```
8:          for(j = 0; j < 3; j++)
9:            a[i][j] = (i + 1) * (j + 2);
10:       for(i = 0; i < 2; i++){
11:         for(j = 0; j < 4; j++){
12:           c[i][j] = 0;
13:           for(k = 0; k < 3; k++)
14:           c[i][j] += a[i][k] * b[k][j];
15:         }
16:       }
17:       System.out.println("\n***MatrixA***");
18:       for(i = 0; i < 2; i++){
19:         for(j = 0; j < 3; j++)
20:           System.out.print(a[i][j] + " ");
21:           System.out.println();
22:       }
23:       System.out.println("\n***MatrixB***");
24:       for(i = 0; i < 3; i++){
25:         for(j = 0; j < 4; j++)
26:         System.out.print(b[i][j] + " ");
27:         System.out.println();
28:       }
29:       System.out.println("\n***MatrixC***");
30:       for(i = 0; i < 2; i++){
31:         for(j = 0; j < 4; j++)
32:         System.out.print(c[i][j] + " ");
33:         System.out.println();
34:       }
35:     }
36: }
```

其结果为：

```
***MatrixA***
2 3 4
4 6 8
***MatrixB***
1 5 2 8
5 9 10 -3
27 -5 -18
```

```
* * * MatrixC * * *
25 65 14 -65
50 130 28 -130
```

2.5 异常处理

Java 的异常是面向对象的。一个 Java 的 Exception 是一个描述异常情况的对象，当出现异常情况时，一个 Exception 对象就产生了，并放到异常的成员函数里。

Java 的异常处理是通过 5 个关键词来实现的：try，catch，throw，throws 和 finally。在 Java 语言的错误处理结构由 try，catch，finally 三个块组成。其中 try 块存放将可能发生异常的 Java 语言，并管理相关的异常指针；catch 块紧跟在 try 块后面，用来激发被捕获的异常；finally 块包含清除程序没有释放的资源、句柄等。不管 try 块中的代码如何退出，都将执行 finally 块。

用 try 来指定一块预防所有“异常”的程序。紧跟在 try 程序后面，应包含一个 catch 子句来指定你想要捕捉的“异常”的类型。

throw 语句用来明确地抛出一个“异常”。

throws 用来标明一个成员函数可能抛出的各种“异常”。

finally 为确保一段代码不管发生什么“异常”都被执行一段代码。

2.5.1 try... catch... 块

可以采用 try 来指定一块预防所有异常的程序。紧跟在 try 程序块后面，应包含一个或多个 catch 子句来指定你想要捕获的异常类型：try catch 的格式一般为：

```
try{

}catch(…){
…
}catch(…){
…
}
```

例如：

```
try{
int a = 100/0
}catch(Exception e){
System. out. println(e. getMessage());
}
```

每当 Java 程序激发一个异常时，它实际上是激发了一个对象，而只有其超类为 Throwable 类的对象才能被激发。Throwable 类中的提供了一些方法，如 getMessage()方法打印出异常对应信息。

Catch 子句的目标是解决异常情况，把变量设到合理的状态，并像没有出错一样继续运行。如果一个子程序不处理每个异常，则返回到上一级处理，如此可以不断的递归向上直到最外一级。

2.5.2 finally 块

finally 关键字是对 Java 异常处理模型的最佳补充。finally 结构使代码总会执行，而不管有无异常发生。使用 finally 可以维护对象的内部状态，并可以清理非内存资源。如果没有 finally，程序代码就会很费解。例如，下面的代码说明，在不使用 finally 的情况下如何编写代码来释放非内存资源：

```
1:  import Java. net. * ;
2:  import Java. io. * ;
3:  class WithoutFinally
4:  {
5:    public void foo() throws IOException
6:    {
7:      //在任一个空闲的端口上创建一个套接字
8:      ServerSocket ss = new ServerSocket(0);
9:      try {
10:       Socket socket = ss. accept();
11:       //此处的其他代码...
12:     }
13:     catch (IOException e) {
14:       ss. close();
15:       throw e;
16:     }
17:
18:     //...
19:     ss. close();
20:   }
21: }
```

这段代码创建了一个套接字，并调用 accept 方法。在退出该方法之前，必须关闭此套接字，以避免资源漏洞。为了完成这一任务，我们在 19 行调用 close，它是该方法的最后一条语句。但是，如果 try 块中发生一个异常会怎么样呢？在这种情况下，19 行的 close 调用永远不会发生。因此，必须捕获这个异常，并在重新发出这个异常之前在 14 行处插入对 close 的另一个调用。这样就可以确保在退出该方法之前关闭套接字。

这样编写代码既麻烦又易于出错，但在没有 finally 的情况下这是必不可少的。不幸的是，在没有 finally 机制的语言中，程序员就可能忘记以这种方式组织他们的代码，从而导致资源漏洞。Java 中的 finally 子句解决了这个问题。有了 finally，前面的代码就可以重写为以下的形式：

```
1:  import Java. net. * ;
2:  import Java. io. * ;
3:  class WithFinally
4:  {
5:    public void foo2() throws IOException
6:    {
7:      //在任一个空闲的端口上创建一个套接字
8:      ServerSocket ss = new ServerSocket(0);
9:      try {
10:       Socket socket = ss. accept();
11:       //此处的其他代码...
12:     }
13:     finally {
14:       ss. close();
15:     }
16:   }
17: }
```

finally 块确保 close 方法总被执行，而不管 try 块内是否发出异常。因此，可以确保在退出该方法之前总会调用 close 方法。这样就可以确信套接字被关闭并且没有泄漏资源，在此方法中不需要再有一个 catch 块。在第一个示例中提供 catch 块只是为了关闭套接字，现在这是通过 finally 关闭的。如果确实提供了一个 catch 块，则 finally 块中的代码在 catch 块完成以后执行。

finally 块必须与 try 或 try/catch 块配合使用。此外，不可能退出 try 块而不执行其 finally 块。如果 finally 块存在，则它总会执行。无论从哪点看，这个陈述都是正确的。有一种方法可以退出 try 块而不执行 finally 块。如果代码在 try 内部执行一条 System. exit (0)；语句，则应用程序终止而不会执行 finally 块。另一方面，如果在 try 块执行期间拨掉电源，finally 也不会执行。

2.5.3 try...catch...finally 块

最好采用此结构处理异常。在 catch 中捕获异常，在 finally 块中清除不需要的资源，这样程序结构将会更完善、健壮。例如：

```
1:  try{
2:
3:  }
4:  catch(Exception ex){
5:    System. out. println(ex. getMessage());
6:  }
```

```
7:  finally{
8:    clearUpAll()
9:  }
```

2.5.4 激发异常

Java 语言可以不在方法中直接捕获，而用 throw 语句将异常抛给上层的调用者。throw 语句就是来明确地抛出一个异常：必需得到一个 Throwable 的实例句柄，通过参数传到 catch 中，或者采用 new 操作符来创建一个。

格式：throw new WhcaException(e. getMessage)；

程序会在 throw 语句后立即终止，它后面的语句都不执行，然后在包含它的所有 try 块中从里到外寻找含有与其匹配的 catch。

2.5.5 声明异常类

当 throw 语句被用在方法说明中时，throw 可用 throws 代替。关键字 throws 用来标明一个方法可能抛出的各种异常。对大多数 Exception 子类来说，Java 编译器会强迫你声明在一个方法中抛出的异常的类型。如下：

格式：

```
type method_name(arg_list) throws WhcaException{
    ……
}
```

例如：

```
public void execute(String str,int index) throws WhcaException{
    try{
}
    catch(Exception e){
        throw new WhcaException("JB: M:" + e. getMessage);
}
}
```

2.6 集合类

Java. util 中的集合类包含了 Java 中某些最常用的类。Collection 是最基本的集合接口，声明了适用于 Java 集合(只包括 Set 和 List)的通用方法。最常用的集合类是 List(列表)、Set(集)和 Map(映射)。Set 和 List 都继承了 Conllection，但 Map 没有。

List 的具体实现包括 ArrayList 和 Vector，它们是可变大小的列表，比较适合构建、存储和操作任何类型对象元素列表。List 的特征是其元素以线性方式存储，集合中可以存放重复对象，适用于按数值索引访问元素的情形。

Set 是最简单的一种集合，集合中的对象不按特定的方式排序，并且没有重复对象。

Map 提供了一个更通用的元素存储方法。Map 集合类用于存储元素对(称作"键"和

“值”)，其中每个键映射到一个值。从概念上而言，我们可以将 List 看作是具有数值键的 Map。而实际上，除了 List 和 Map 都在定义 Java. util 中外，两者并没有直接的联系。本书将着重介绍核心 Java 发行套件中附带的 Map，同时还将介绍如何采用或实现更适用于应用程序特定数据的专用 Map。

Map 定义了几个用于插入和删除元素的变换方法。

表 2-2 Map 更新方法：可以更改 Map 内容

clear()	从 Map 中删除所有映射
remove(Object key)	从 Map 中删除键和关联的值
put(Object key, Object value)	将指定值与指定键相关联
clear()	从 Map 中删除所有映射
putAll(Map t)	将指定 Map 中的所有映射复制到此 map

Map 以按键/数值对的形式存储数据，和数组非常相似，在数组中存在的索引，它们本身也是对象。

Map 的接口

Map——实现 Map

Map. Entry——Map 的内部类，描述 Map 中的按键/数值对

SortedMap——扩展 Map，使按键保持升序排列

使用 Map，一般是选择 Map 的子类，而不直接用 Map 类。

【例 2-16】 下面以 HashMap 为例

```
1: import Java. util. * ;
2: public class HashMapDemo{
3: public static void main(String args[])
4:   {
5:     HashMap hashmap = new HashMap();
6:     hashmap. put("Item0", "Value0");
7:     hashmap. put("Item1", "Value1");
8:     hashmap. put("Item2", "Value2");
9:     hashmap. put("Item3", "Value3");
10:    Set set = hashmap. entrySet();
11:    Iterator iterator = set. iterator();
12:    while (iterator. hasNext())
13:  {
14:      Map. Entry mapentry = (Map. Entry)iterator. next();
15:        System. out. println ( mapentry. getKey ( ) +"/" + mapentry.
           getValue());
16:      }
```

```
17:    }
18: }
```

注意,这里 Map 的按键必须是唯一的,比如说不能有两个按键都为 null。

运行结果:

```
Item1/Value1
Item2/Value2
Item0/Value0
Item3/Value3
```

2.7 本章小结

Java 中的数据类型有简单数据类型和复合数据类型两种,其中简单数据类型包括整数类型、浮点类型、字符类型和布尔类型;复合数据类型包含类、接口和数组。表达式是由运算符和操作数组成的符号序列,对一个表达式进行运算时,要按运算符的优先顺序从高向低进行,同级的运算符则按从左到右的方向进行。条件语句、循环语句和跳转语句是 Java 中常用的控制语句。

数组是最简单的复合数据类型,数组是有序数据的集合,数组中的每个元素具有相同的数据类型,可以用一个统一的数组名和下标来唯一地确定数组中的元素。Java 中,对数组定义时并不为数组元素分配内存,只有初始化后,才为数组中的每一个元素分配空间。已定义的数组必须经过初始化后,才可以引用。数组的初始化分为静态初始化和动态初始化两种,其中对复合数据类型数组动态初始化时,必须经过两步空间分配:首先,为数组开辟每个元素的引用空间;然后,再为每个数组元素开辟空间。Java 中把字符串当作对象来处理,Java.lang.String 类提供了一系列操作字符串的方法,使得字符串的生成、访问和修改等操作容易和规范。

2.8 习题 2

1. char 类型的取值范围是(　　)。

A. $2^{-7}\sim 2^{7}-1$　　B. $0\sim 2^{16}-1$　　C. $-2^{15}\sim 2^{15}-1$　　D. $0\sim 2^{8}-1$

【答案】B

//Java 中字符型是用 16 位的 Unicode 码来表示的。

2. 下列的(　　)赋值语句是不正确的

A. float f = 2E1.2;　　B. double d = 5.3E−12;

C. float d = 3.14f;　　D. double f=0.3E0;

【答案】A

/* 表示 float 型数时在后面加 f 或 F,浮点型数据采用科学计数法表示时尾数必须有,小数部分可有可无;阶码必须有,且必须是整数。 */

3. 下列的哪个赋值语句是正确的(　　)。

A. char a=12;　　B. int a=12.0;　　C. int a=12.0f;　　D. int a=(int)12.0;

【答案】D

//浮点型转化为整型数据,必须用强制类型转换。

4. 在 switch(expression)语句中,expression 的数据类型不能是(　　)。

A. double　　B. char　　C. byte　　D. short

【答案】A

/* 表达式必须是符合 byte,char,short 和 int 类型的表达式,而不能使用浮点类型或 long 类型,也不能是一个字符串。*/

5. 阅读下列代码段

```
int x = 3;
while(x<9)
x + = 2;
x + + ;
```

while 语句成功执行的次数是(　　)。

A. 1 次　　B. 2 次　　C. 0 次　　D. 3 次

【答案】D

/* 如果在 while(x<9)后加入大括号,括住 x+=2;再加入输出语句 System. out. println("x="+x);则会输出 x=5,x=7,x=9,成功执行 while 语句 3 次。但是如果将 x++;也括到大括号中,则输出 x=5 x=8,成功执行 while 语句 2 次。*/

6. 阅读下面程序:

```
import Java. * ;
public class TypeTransition {
  public static void main(String args[]) {
    char a = 'h';
    int i = 100, j = 97;
    int aa = a + i;
    System. out. println("aa = " + aa);
    char bb = (char) j;
    System. out. println("bb = " + bb);
  }
}
```

如果输出结果的第二行为 bb=a,那么第一行的输出是(　　)

A. aa=1　　B. aa=v　　C. aa=204　　D. aa=156

【答案】C

//字符 h 的 Unicode 值为 104,所以 a 转化为整型数据时为 104,故 aa 为 204。

7. 给出下列的代码,哪行在编译时可能会有错误?

① public void modify(int C){

② int i, j, k;

③ i = 100;
④ while (i > 0){
⑤ j = i * 2;
⑥ System. out. println (" The value of j is " + j);
⑦ k = k + 1;
⑧ }
⑨ }

A. line 4　　B. line 6　　C. line 7　　D. line 8

【答案】 C

//⑦k = k + 1;中的 k 没有初始化,所以出错。

8. 下面的程序中,随机产生 100 个学生的成绩,并计算他们的平均成绩。学生的成绩按照 5 级打分制,A 表示 4 分、B 表示 3 分、C 表示 2 分、D 表示 1 分、E 表示 0 分,平均成绩用浮点数表示。请填写横线处的内容。

```
1:  import Java. math. * ;
2:  public class AverageScore {
3:  public static void main(String args[]) {
4:    float aver = 0;
5:    int a = 0, b = 0, c = 0, d = 0, e = 0;
6:    for (int 【i = 0;】 i < 100; i + + ) {
7:      double sd = Math. random() * 5 + 'A';
8:      char score = 【(char ) sd】 ;
9:      switch 【(score)】 {
10:     case 'A':
11:       aver + = 4;
12:       a + + ;
13:       break;
14:     case 'B':
15:       aver + = 3;
16:       b + + ;
17:       break;
18:     case 'C':
19:       aver + = 2;
20:       c + + ;
21:       break;
22:     case 'D':
23:       aver + = 1;
24:       d + + ;
25:       break;
```

```
26:        case 'E':
27:          aver  + =  0;
28:          e + + ;
29:          break;
30:        default:
31:          break;
32:        }
33:      }
34:      aver / =  100;
35:      System. out. println("平均分数为" + aver + ",学生人数 100");
36:      System. out. println("得 A 分的学生有" + a + "人");
37:      System. out. println("得 B 分的学生有" + b + "人");
38:      System. out. println("得 C 分的学生有" + c + "人");
39:      System. out. println("得 D 分的学生有" + d + "人");
40:      System. out. println("得 E 分的学生有" + e + "人");
41:  }
42:  }
```

9. 请设计一个程序,可以打印出一个平行四边形图案:每行打印 5 个星号,每个 * 号之间空两个空格,一共打印五行。

设置三层循环,外层 i 控制输出 5 行,中层 j 控制每行开头的空格,内层 k 控制 * 号的输出。程序如下:

/ * 打印图案:每行打印 5 个星号,每个星号之间空两个空格 * /

```
1:  public class xinghao{
2:    public static void main(String args[]){
3:      int i, j, k;
4:      for(i = 1;i< = 5;i + + ){
5:        for(j = 0;j< = 3 * (i - 1);j + + )
6:          System.out.print(" ");
7:        for(k = 1;k< = 5;k + + )
8:          System.out.print(" *  ");
9:        System.out.println();
10:       }
11:    }
12:  }
```

10. 输入数组,最大的与第一个元素交换,最小的与最后一个元素交换,输出数组。

```
1:  import java.util. * ;
2:  public class lianxi35 {
```

```
3:     public static void main(String[] args){
4:       int N = 8;
5:       int[] a = new int [N];
6:       Scanner s = new Scanner(System.in);
7:       int idx1 = 0, idx2 = 0;
8:       System.out.println("请输入 8 个整数:");
9:       for(int i = 0; i<N; i + + ){
10:        a[i] = s.nextInt();
11:      }
12:      System.out.println("你输入的数组为:");
13:      for(int i = 0; i<N; i + + ){
14:        System.out.print(a[i] + " ");
15:      }
16:      int max = a[0], min = a[0];
17:      for(int i = 0; i<N; i + + ){
18:        if(a[i] > max){
19:          max = a[i];
20:          idx1 = i;}
21:        if(a[i] < min){
22:          min = a[i];
23:          idx2 = i;}
24:      }
25:      if(idx1 ! = 0){
26:        int temp = a[0];
27:        a[0] = a[idx1];
28:        a[idx1] = temp;
29:      }
30:      if(idx2 ! = 0){
31:        int temp = a[N - 1];
32:        a[N - 1] = a[idx2];
33:        a[idx2] = temp;
34:      }
35:      System.out.println("\n 交换后的数组为:");
36:      for(int i = 0; i<N; i + + ){
37:        System.out.print(a[i] + " ");
38:      }
39:    }
40: }
```

11. 有 n 个整数，使其前面各数顺序向后移 m 个位置，最后 m 个数变成最前面的 m 个数。

```
1:  import java.util.Scanner;
2:  public class lianxi36 {
3:    public static void main(String[] args){
4:      int N = 10;
5:      int[] a = new int[N];
6:      Scanner s = new Scanner(System.in);
7:      System.out.println("请输入 10 个整数:");
8:      for(int i=0; i<N; i++){
9:        a[i] = s.nextInt();
10:     }
11:     System.out.print("你输入的数组为:");
12:     for(int i=0; i<N; i++){
13:       System.out.print(a[i] + " ");
14:     }
15:     System.out.print("\n请输入向后移动的位数:");
16:     int m = s.nextInt();
17:     int[] b = new int[m];
18:     for(int i=0; i<m; i++){
19:       b[i] = a[N-m+i];
20:     }
21:     for(int i=N-1; i>=m; i--){
22:       a[i] = a[i-m];
23:     }
24:     for(int i=0; i<m; i++){
25:       a[i] = b[i]; }
26:     System.out.print("位移后的数组是:");
27:     for(int i=0; i<N; i++){
28:       System.out.print(a[i] + " ");
29:     }
30:   }
31: }
```

第3章 面向对象编程

MIANXIANGDUIXIANGBIANCHENG

3.1 面向对象问题求解的提出

(1)面向机器的程序

早期计算机中运行的程序都是为特定的硬件系统专门设计的,称为面向机器的程序。其特点是:运行效率和速度都很高,但是可读性和可移植性很差。

(2)面向过程的程序

用计算机能够理解的逻辑来描述和表达待解决的问题及其具体的解决过程,侧重以具体的解题过程为研究和实现的主体。也就是说,分析出解决问题所需要的步骤,然后用函数把这些步骤逐步实现,使用的时候依次调用就可以了。典型语言如C语言。

(3)面向对象的程序

现实世界中任何实体都有当前状态和调整当前状态达到一个新的状态的过程,也就是说,现实中的实体可以从两个方面来完整描述:既有一个明确的状态(静态性),同时也是一个不断变化调整的过程(动态性)。

面向对象程序的基本思想是在软件系统实现对现实世界的模拟,即将现实世界实体模型延伸到软件系统。在面向对象的方法中,现实世界中任何实体都可以看作是对象,建立对象的目的不是为了完成一个步骤,而是为了描述某个事物在整个解决问题的步骤中的行为。面向对象的程序设计和问题求解力求符合人们日常的思维习惯,提高整个求解过程的可控制性和可维护性。对应面向对象的程序,面向对象的软件也经历了一个发展过程,如表3-1所示。

表3-1 面向对象的软件系列主要发展过程

年代	典型软件名称	特点
1967年	Simula 67	引入类的概念和继承机制,是面向对象语言的鼻祖
1980年	Smalltalk-80	第一个完善的、能够实际应用的面向对象语言
20世纪80年代	C++	在兼容C语言的基础上,加入有关面向对象的内容和规则
20世纪90年代	Java	纯面向对象的语言,具有"一次编写,多次使用"的跨平台特点

3.1.1 对象、类和实体

实体是指现实世界中的某一个客观存在的物体,比如一个小钟表。

对象是现实世界中某个具体的实体或概念在计算机中的映射和表现,比如对象"钟表",

对象“直角三角形”。

具有相同或相似性质的对象的抽象就是类，比如“汽车”、“大学”等。

对象的抽象是类，类的具体化就是对象，也可以说类的实例是对象。类具有属性和操作，属性是对象的状态的抽象，用数据来描述；操作是对象的行为的抽象，用操作数据的方法来描述。同类的对象具有共同的特征和基本操作。

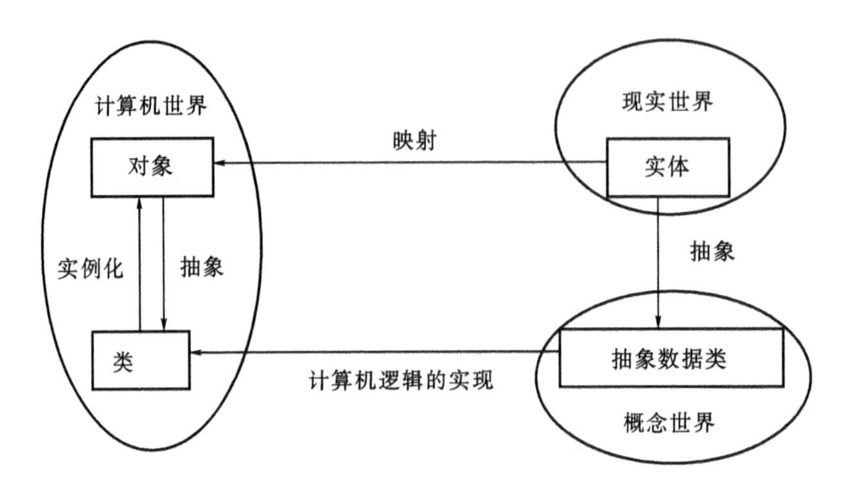

图 3-1　对象、实体与类

3.1.2　对象的属性和相互关系

1. 对象的属性

在面向对象的方法中，对象是现实世界中的实体或概念在计算机逻辑中的抽象表示。对象具有两个属性：状态（静态属性）和行为（动态属性）。静态属性（状态）表示对象当前的状态，而动态属性（行为）用以更改对象使其达到一种新的状态。在面向对象方法的实现过程中，状态对应定义变量，行为对应设计方法。

例如，对于“钟表对象”，其状态可以有“时针”、“分针”、“秒针”；其行为可以是“显示时间”、“调整时间”、“设置时间”等。当对象状态确定后，表示当前的一个明确的时间，但该对象的状态也可以通过对象的行为来进行更改。对面向对象的软件实现而言，对象的状态与行为之间的关系实际上是指用方法（函数）操作变量。

2. 对象之间的关系

（1）包含：对象 A 是对象 B 的属性。比如，将学生的出生日期当做对象“日期”，则对象“学生”包含对象“日期”。

（2）继承：对象 A 是对象 B 的特例。比如，对象“学生”与对象“大学生”之间是继承关系。

（3）关联：对象 A 的引用是对象 B 的属性。所谓对象的引用是指对象的名称、地址、句柄等可以获取或操纵该对象的途径，它只是找到对象的一条线索。例如，每台笔记本电脑都有一个生产厂商，如果把生产厂商抽象成对象“厂商”，则对象“笔记本电脑”与对象“生产厂商”之间是关联关系。

3.1.3 面向对象程序设计方法的优点

1. 可重用性

指在一个软件项目中开发的模块，不仅仅在该项目中使用，而且可以重复的使用在其它项目中。其优点是提高开发效率，缩短开发周期，降低开发成本。

2. 可扩展性

要求应用软件能够很方便、容易的进行扩充和修改。

3. 可管理性

软件的功能主要体现在软件中的各功能方法（函数），但是方法越多管理越复杂。而面向对象的开发以类作为开发模块，一个类的内部可以包含多个方法，同时由于数据和操作数据的方法封装在一个类的内部，使得仅有该类的方法才能操作这些数据，这样可以大大降低管理、控制的工作量。

3.2 面向对象的基本特征

3.2.1 抽象

抽象是科学研究中经常使用的一种方法，即去除掉被研究对象中与主旨无关的次要部分，或是暂时不予考虑的部分，而仅仅抽取出与研究工作有关的实质性的内容加以考察。在计算机技术的软件开发方法中所使用的抽象有两类：一类是过程抽象，另一类是数据抽象。

过程抽象将整个系统的功能划分为若干部分，强调功能完成的过程和步骤。面向过程的软件开发方法采用的就是这种抽象方法。使用过程抽象有利于控制、降低整个程序的复杂度，但是这种方法本身自由度较大，难于规范化和标准化，操作起来有一定难度，在质量上不易保证。

数据抽象是与过程抽象不同的抽象方法，它把系统中需要处理的数据和这些数据上的操作结合在一起，根据功能、性质、作用等因素抽象成不同的抽象数据类型。每个抽象数据类型既包含了数据，也包含了针对这些数据的授权操作，是相对于过程抽象更为严格、也更为合理的抽象方法。

面向对象的软件开发方法的主要特点之一，就是采用了数据抽象的方法来构建程序的类、对象和方法。在面向对象技术中使用这种数据抽象方法，一方面可以去除掉与核心问题无关的细枝末节，使开发工作可以集中在比较关键、主要的部分；另一方面，在数据抽象过程中对数据和操作的分析、辨别和定义可以帮助开发人员对整个问题有更深入、准确的认识。最后抽象形成的抽象数据类型，则是进一步设计、编程的基础和依据。

3.2.2 封装

面向对象方法的封装特性是一个与其抽象特性密切相关的特性。封装是指把对象的属性和操作结合在一起，组成一个独立的单元，强调两个概念，即独立和封闭。独立是指对象是一个不可分割的整体，它集成了事物全部的属性和操作，并且它的存在不依赖于外部事物。与外部的事物通信时，对象要尽量地隐藏其内部的实现细节，它的内部信息对外界来说是隐蔽的，外界不能直接访问对象的内部信息，而只能通过有限的接口与对象发生联系。

类是数据封装的工具，而对象是封装的实现。类的成员又分为公有成员、私有成员和保护成员,它们分别有不同的访问控制机制。封装是软件模块化思想的重要体现,把对象封装成抽象的类,并且类可以把自己的数据和方法只让可信的类或者对象操作,对不可信的进行信息隐藏。

面向对象技术的这种封装特性还有另一个重要意义,就是使抽象数据类型,即类或模块的可重用性大为提高。封装使得抽象数据类型对内成为一个结构完整、可自我管理、自我平衡、高度集中的整体;对外则是一个功能明确、接口单一、可在各种合适的环境下都能独立工作的有机单元。这样的有机单元特别有利于构建、开发大型标准化的应用软件系统,可以大幅度地提高生产效率,缩短开发周期和降低各种费用。

3.2.3 继承

继承是存在于面向对象程序中的两个类之间的一种关系。当一个类获取另一个类中所有非私有的数据和操作时,就称这两个类之间具有继承关系。被继承的已有类称为父类(或基类),派生出的新类称为子类(或派生类)。

继承和派生的概念来自于人们认识客观世界的过程。现实世界中的事物都是相互联系的、相互作用的,人们在认识的过程中,根据它们的实际特征,抓住其共同特征和细小差别,利用分类的方法进行分析和描述。

继承表示类之间的层次关系,它使得某类对象可以自动拥有另外一个或多个对象的全部属性和操作。比如,某系统已经定义了一个学生类,现在还需要定义一个研究生类。由于研究生也属于学生的一种,它具有学生所有的一切属性和操作,这时就可以采用继承的方法,使研究生类直接获得学生类的一切属性和操作。在这个系统中,研究生类就叫做子类或派生类,学生类就叫做父类或基类。子类可以把父类定义的内容自动作为自己的部分内容,同时再加入新的内容。

继承可以分为单重继承和多重继承。单重继承是指一个子类只有一个父类,多重继承是指一个子类可以同时继承多个父类。单重继承构成的类之间的关系是树状结构,多重继承构成的类之间的关系是网状结构。Java 只能实现单重继承。继承简化了定义一个新类的过程,有利于人们对事物的认识和描述,达到了软件复用的目的。

总之,在软件开发中,类的继承性使所建立的软件具有开放性、可扩充性,这是信息组织与分类的行之有效的方法,它简化了创建对象、类的工作量,增加了代码的可重性。采用继承性,提供了类的规范的等级结构。通过类的继承关系,使公共的特性能够共享,提高了软件的重用性。把相关对象的共同部分(属性和动作)进行抽象,形成一个类。也就是说,不同对象通过继承(extends)可以共享这部分内容。通过不断归纳共同部分,就可形成不同层次的类。

3.2.4 多态

多态是一种使父类中定义的属性或操作被子类继承后,可以有不同的实现的机制。换句话说,多态允许属于不同类的对象对同一消息做出不同的响应。当一个对象接收到进行某项操作的消息时,多态机制将根据对象所属的类,动态地选用该类中定义的操作。比如,先定义一个父类"几何图形",它具有"计算面积"的操作,然后再定义一些子类,如"三角形"、"长方形"和"圆形",它们可继承父类"几何图形"的各种属性和操作,并且在各自的定义中要重新描述“计算面积”的操作。这样，当有计算几何图形面积的消息发出时，对象会根据类的类型做出不同的响应，采用不同的面积计算公式。多态这种机制极大地减少了软件设计中的冗余信息，提高了软件的可重用性和可扩展性。

实现多态，有两种方式：覆盖、重载。覆盖，是指子类重新定义父类函数的做法。重载，是指允许存在多个同名函数，而这些函数的参数表不同（或许参数个数不同，或许参数类型不同，或许两者都不同）。

那么，多态的作用是什么呢？我们知道，封装可以隐藏实现细节，使得代码模块化；继承可以扩展已存在的代码模块（类）；它们的目的都是为了——代码重用。而多态则是为了实现另一个目的——接口重用！多态的作用，就是为了类在继承和派生的时候，保证使用“家谱”中任一类的实例的某一属性时的正确调用。

3.3 Java 中的类

3.3.1 系统定义的类

Java 程序设计就是定义类的过程，但是 Java 程序中定义的类的数目和功能都是有限的，编程时还需要用到大量的系统已定义好的类，即 Java 类库中的类。

类库是 Java 语言的重要组成部分。Java 语言由语法规则和类库两部分组成，语法规则确定 Java 程序的书写规范；类库，或称为运行时库，则提供了 Java 程序与运行它的系统软件（JVM）之间的接口。Java 类库是一组由其他开发人员或软件供应商编写好的 Java 程序模块，每个模块通常对应一种特定的基本功能和任务，这样当自己编写的 Java 程序需要完成其中某一功能的时候，就可以直接利用这些现成的类库，而不需要一切从头编写。所以，学习 Java 语言程序设计，也相应地要把注意力集中在两个方面：一是学习其语法规则，这是编写 Java 程序的基本功；另一个是学习使用类库，这是提高编程效率和质量的必由之路。

这些系统定义好的类根据实现的功能不同，可以划分成不同的集合。每个集合是一个包，合称为类库。Java 的类库是系统提供的已实现的标准类的集合，是 Java 编程的 API（Application Program Interface），它可以帮助开发者方便、快捷地开发 Java 程序。

Java 的类库大部分是由 SUN 公司提供的，这些类库称为基础类库（JFC），也有少量则是由其他软件开发商以商品形式提供的。Java 的类库在不停地扩充和修改，几个版本的主要内容相同，但也有一定差别，需要时可以查看最新版 Java 类库的联机手册。

根据功能的不同，Java 的类库被划分为若干个不同的包，每个包中都有若干个具有特定功能和相互关系的类和接口。下面列出了一些经常使用的包：

(1)Java.lang 包

Java.lang 包是 Java 语言的核心类库，包含了运行 Java 程序必不可少的系统类，如基本数据类型、基本数学函数、字符串处理、线程、异常处理类等。每个 Java 程序运行时，系统都会自动地引入 Java. lang 包，所以这个包的加载是缺省的。

(2) Java.io 包

Java.io 包是 Java 语言的标准输入/输出类库，包含了实现 Java 程序与操作系统、用户界面以及其它 Java 程序做数据交换所使用的类，如基本输入/输出流、文件输入/输出流、过滤输入/输出流、管道输入/输出流、随机输入/输出流等。凡是需要完成与操作系统有关的较底层的输入输出操作的 Java 程序，都要用到 Java. io 包。

(3) Java. util 包

Java. util 包括了 Java 语言中的一些低级的实用工具，如处理时间的 Date 类，处理变长数组的 Vector 类，实现栈和杂凑表的 Stack 类和 HashTable 类等，使用它们开发者可以更方便快捷地编程。

(4)Java. util. zip 包

Java. util. zip 包用来实现文件压缩功能。

(5)Java. awt 包

Java. awt 包是 Java 语言用来构建图形用户界面(GUI)的类库，它包括了许多界面元素和资源，主要在三个方面提供界面设计支持：低级绘图操作，如 Graphics 类等；图形界面组件和布局管理，如 Checkbox 类、Container 类、LayoutManager 接口等；以及界面用户交互控制和事件响应，如 Event 类。利用 Java. awt 包，开发人员可以很方便地编写出美观、方便、标准化的应用程序界面。

(6)Java. math 包

Java. math 包提供了实现整数算术及十进制算术运算的类。

(7) Java. text 包

提供所有处理文本或日期格式的类，如实现按一定格式产生日期的字符串表示。

(8) Java. applet 包

Java. applet 包是用来实现运行于 Internet 浏览器中的 Java Applet 的工具类库，它仅包含少量几个接口和一个非常有用的类：Java. applet. Applet。

(9) Java. net 包

Java. net 包是 Java 语言用来实现网络功能的类库。由于 Java 语言还在不停地发展和扩充，它的功能，尤其是网络功能，也在不断地扩充。目前已经实现的 Java 网络功能主要有：底层的网络通信，如实现套接字通信的 Socket 类、ServerSocket 类；编写用户自己的 Telnet、FTP、邮件服务等实现网上通信的类；用于访问 Internet 上资源和进行 CGI 网关调用的类，如 URL 等。利用 Java. net 包中的类，开发者可以编写自己的具有网络功能的程序。

(10) Java. rmi 包、Java. rmi. registry 包和 Java. rmi. server 包

这三个包用来实现 RMI(remote method invocation，远程方法调用)功能。利用 RMI 功能，用户程序可以在远程计算机(服务器)上创建对象，并在本地计算机(客户机)上使用这个对象。

(11) Java. security 包、Java. security. acl 包和 Java. security. interfaces 包

这三个包提供了更完善的 Java 程序安全性控制和管理，利用它们可以对 Java 程序加密，也可以把特定的 Java Applet 标记为“可信赖的”，使它能够具有与 Java Application 相近的安全权限。

(12) Java. awt. datatransfer 包

Java. awt. datatransfer 包提供了处理数据传输的工具类，包括剪贴板、字符串发送器等。

(13) Java. awt. event 包

Java. awt. event 包是对 JDK 1.0 版本中原有的 Event 类的一个扩充，它使得程序可以

用不同的方式来处理不同类型的事件,并使每个图形界面的元素本身可以拥有处理它上面事件的能力。

(14) Java.sql包

Java.sql包是实现JDBC(Java database connection)的类库。利用这个包可以使Java程序具有访问不同种类的数据库的功能(如Oracle,Sybase,DB2,SQLServer等)。只要安装了合适的驱动程序,同一个Java程序不需修改就可以存取、修改这些不同的数据库中的数据。JDBC的这种功能,再加上Java程序本身具有的平台无关性,大大拓宽了Java程序的应用范围,尤其是商业应用的适用领域。

使用类库中系统定义好的类有三种方式:一种是继承系统类,在用户程序里创建系统类的子类,例如每个Java Applet的主类都是Java. applet包中的Applet类的子类;另一种方法是创建系统类的对象,例如图形界面的程序中要接受用户的输入时,就可以创建一个系统类TextField类的对象来完成这个任务;最后一种方法是直接使用系统类,例如在字符界面向系统标准输出输出字符串时使用的方法System. out. println( ),就是系统类System的静态属性out的方法。

无论采用哪种方式,使用系统类的前提条件是这个系统类应该是用户程序可见的类。为此用户程序需要用import语句引入它所用到的系统类或系统类所在的包。例如使用图形用户界面的程序,应该用语句:

```
import Java. awt. * ;
import Java. awt. event. * ;
```

引入Java.awt包和Java.awt.event包。类库包中的程序都是字节码形式的程序,利用import语句将一个包引入到程序里,就相当于在编译过程中将该包中所有系统类的字节码加入到用户的Java程序中,这样用户的Java程序就可以使用这些系统类及其中的各种功能。

有了类库中的系统类,编写Java程序时就不必一切从头做起,避免了代码的重复和可能的错误(系统标准类总是正确有效的),也提高了编程的效率。

3.3.2 用户程序自定义类

类可以将数据与函数封装在一起,其中数据表示类的属性,函数表示类的行为。即定义了类就要定义类的属性(类的成员变量)与行为(方法)(类的成员方法)。

Java中类定义的一般格式为:

```
访问权限修饰符 class 类名 [extends 父类名]{
    类型  成员变量1;
    类型  成员变量2;
……
    访问权限修饰符 类型 成员方法1(参数列表){
        类型  局部变量;
        方法体;
        }
```

```
    ……
}
```

Java 中的类定义与实现是放在一起保存的，整个类必须在一个文件中。

Java 源文件名必须根据文件中的公有类名来定义，并且要区分大小写。

类定义中可以指明父类，也可以不指明。若没有指明从哪个类派生而来，则表明是从缺省的父类 Object 派生而来。

【例 3-1】 缺省父类

```
1:    class Person //首字母一般要大写
2:    {
3:      //名字,年龄...
4:      String name;
5:      int age;
6:      void printAge() {
7:        int age = 60; // 函数内部重新定义的一个局部变量,区别与成员
          变量
8:        System. out. println("age is" + age);
9:      }
10: }
```

在 Java 中定义类主要分为两部分：类的声明和类体，下面分别进行介绍。

1. 类的声明

在类声明中，需要定义类的名称、对该类的访问权限和该类与其它类的关系等。类声明的格式如下：

[修饰符] class ＜类名＞ [extends 父类名] [implements 接口列表]{}

修饰符：可选参数，用于指定类的访问权限，可选值为 public、abstract 和 final。

类名：必选参数，用于指定类的名称，类名必须是合法的 Java 标识符。一般情况下，要求首字母大写。

extends 父类名：可选参数，用于指定要定义的类继承于哪个父类。当使用 extends 关键字时，父类名为必选参数。

implements 接口列表：可选参数，用于指定该类实现的是哪些接口。当使用 implements 关键字时，接口列表为必选参数。

2. 类体

在类声明部分的大括号中的内容为类体。类体主要由两部分构成，一部分是成员变量的定义，另一部分是成员方法的定义。

类体的定义格式如下：

```
[修饰符] class <类名> [extends 父类名] [implements 接口列表]{
    定义成员变量
    定义成员方法
```

```
}
```

为了更好的理解定义类的方法，下面将以一个具体的实例介绍如何定义类。本实例主要在 Eclipse 中实现定义一个水果类 Fruit，在该类中定义了一个表示颜色的属性 color、一个表示种植的方法 plant()、一个表示生长的方法 grow()和一个表示收获的方法 harvest()。具体步骤如下：

(1)在包资源管理器中已创建的项目上，单击鼠标右键，在弹出的快捷菜单中选择“新建”/“类”菜单项，在打开的“新建 Java 类”对话框的“名称”文本框中输入类名 Fruit，单击“完成”按钮。

(2)在包资源管理器中，打开刚刚创建的类 Fruit. Java，在该类中定义相应的变量和方法，完整代码如下：

【例 3-2】 Fruit 类定义

```
1：   public class Fruit {
2：     public String color = ""; //定义颜色成员变量
3：     //定义种植成员方法
4：     public void plant(){
5：       System. out. println("果树正在种植……");
6：     }  //定义生长的成员方法
7：     public void grow(){
8：       System. out. println("果树正在生长……");
9：     }  //定义收获的成员方法
10：    public void harvest(){
11：      System. out. println("水果已经收获……");
12：    }
13：}
```

3.3.3 对象的创建使用与定义构造函数

对象可以是客观世界中存在的事物，也可以是概念化的实体，它由一组属性和操作组成。属性是用来描述对象静态特征的数据项，是对客观世界实体所具有性质的抽象。操作是用来描述对象动态特征。比如，把人当成一个对象，那么他的属性就有身高、体重、姓名和年龄等静态特征，他的操作就包括工作、学习、吃饭和运动等；把汽车当成一个对象，那么它的属性就有品牌、颜色、价格和寿命等，它的操作就包括加速、减速和刹车等。

理解对象的概念时，需要注意以下几点：

- 对象的数据是封装起来的，对数据的处理需要通过特定的操作。
- 对象之间通过传递消息进行通信，不同的对象独立地处理自身的数据。
- 对象具有主动性。要处理对象的内部数据时，外界需要通过接口向对象发送消息，请求它执行特定的操作。

(1)对象的产生

仅有汽车设计图是无法实现汽车功能的，只有产生了实际的汽车才行，同样想要实现类的属性和行为，必须创建具体的对象。

创建对象：

```
类名  对象名 = new 类名称();
Personp1 = new person();//声明一个对象(在栈内存中开辟空间);
p1. name = "小王";//通过对象. 属性来为对象赋值;为对象实例化(在堆内存开辟空间);
p1. age = 20;
```

输出对象：

```
System. out. println("姓名:" + p1. name);
System. out. println("年龄:" + p1. age);
```

对象引用句柄 p1(代表符合)是在栈中分配的一个变量，对象 p1(实际对象)在堆中分配，原理同于数组。

注意：对象生成后如果没赋值将自动为对象中的属性赋以默认值“null”，数字默认为“0”在方法中声明对象时必须赋值。

(2)对象的比较

有 2 种方式可用于对象间的比较，‘= =’与 equals()方法。

‘= =’操作符用于比较两个变量的值(内存地址)是否相等，比如基本数据类型间的比较。

equal()方法用于比较 2 个对象的内容是否一致。

【例 3 - 3】 equal 程序代码

```
1:    class Compare {
2:      public static void main(String[] args) {
3:        String str1 = new String("abc");
4:        String str2 = new String("abc");
5:        String str3 = str1;
6:        // str1 与 str2 是不同的对象，= = 比较的是内存地址
7:        System. out. println(str1 = = str2);
8:        System. out. println(str1 = = str3);
9:      }
10:   }
```

结果：

```
false
true
```

(3)对象的引用传递：

Personp2 =null;

p2 =p1;//p2 就指向 p1 的空间，p2 改变值之后，p1 的值也会跟着改变;在类中调用方

法用 this 来调用，表示类中的属性。

(4)构造函数

创建对象与声明变量的另一个不同之处在于，创建对象的同时将调用这个对象的构造函数完成对象的初始化工作。声明变量时可以用赋值语句为它赋初值，而一个对象可能包括若干个域，需要若干个赋值语句，把若干个赋初值的语句组合成一个方法在创建对象时一次性同时执行，这个方法就是构造函数。构造函数是与类同名的方法，创建对象的语句用 new 运算符开辟了新建对象的内存空间之后，将调用构造函数初始化这个新建对象。

构造函数是类的一种特殊方法，它的特殊性主要体现在如下的几个方面：

①构造函数的方法名与类名相同。

②构造函数没有返回类型。

③构造函数的主要作用是完成对类对象的初始化工作。

④构造函数一般不能由编程人员显式直接调用。

⑤在创建一个类的新对象的同时，系统会自动调用该类的构造函数为新对象初始化。

例如，可以为 Student 类定义如下的构造函数，初始化它的几个域。

```
1:    Student (String cn, int pw, String b, char s,int mp)
2:    {
3:      studentId = cn;
4:      classId =  pw;
5:      studentName =  b;
6:      studentGender = s;
7:      studentAge = mp;
8:    }
```

这里的各个域是特指当前新建对象的域，所以不必再使用对象名前缀。定义了构造函数之后，就可以用如下的语句创建并初始化 Student 对象：

Student newStudent ＝new Student(1234,3,'张三','男',26);

这个对象的学号是 1234，班级号 3，姓名是张三，性别是男，年龄 26。

可见构造函数定义了几个形式参数，创建对象的语句在调用构造函数时就应该提供几个类型顺序一致的实际参数，指明新建对象各域的初始值。利用这种机制就可以创建不同初始特性的同类对象。

(一)默认构造函数：

默认构造函数是用户没有定义的情况下，系统自动调用的构造函数，任何一个类在创建新对象时都是需要构造函数完成初始化的，如果用户没有定义构造函数，编译器就认为用户同意按照系统默认的方式构造该对象了。但是这个调用用户看不见，是系统的内部行为，是潜在的一种函数调用。

【例 3-4】 默认构造函数示例

```
1:      class Tree{
2:      public void setHeight(){
```

```
3:          System. out. println("set the height of the tree!");
4:        }
5:     }
6:     public class SimpleConstructor{
7:       public static void main(String[] args){
8:       //创建新对象,并赋予对象引用 tree,此时调用默认构造函数
9:         Tree tree = new Tree();
10:        tree. setHeight();
11:        }
12:    }
```

结果:

```
set the height of the tree!
```

(二)自定义构造函数:

Java 提供了另一种构造函数的定义方式,即用户自定义的构造函数。这种思想很容易理解,对象的创建一定满足需求,而对象的初始化自然不能千篇一律的按照固定的模式。这样用户依据需求分析设计的类在初始化时自然具有多样性。用户自定义的构造函数分为有参数的构造函数和无参数的构造函数。

Java 也允许一个类具有多个构造函数,在创建对象时编译器根据构造函数的参数类型和参数个数来分辨调用哪个构造函数(这里涉及到函数重载的概念),代码展示了一个类具有多个构造函数的情况。

【例 3-5】 自定义构造函数

```
1:  class Tree{
2:     int treeheight ;
3:     Tree(){   //创建无参数构造函数
4:       System.out.println("初始化无参数 Tree");
5:     }
6:     Tree(int height){ //创建有参数构造函数,参数设置 Tree 的高度
7:       treeheight = height;
8:       System.out.println("初始化有参数 Tree");
9:     }
10: public static void main(String[] args){
11:    new Tree();//创建 Tree 对象,系统调用无参数构造函数
12:    new Tree(12);//创建 Tree 对象,系统调用有参数构造函数
13: }
```

结果:

```
初始化无参数 Tree
```

初始化有参数 Tree

(三)构造方法的重载

构造方法重载是指一个类中可定义多个构造方法,这样对象初始化就可灵活多样。

构造方法重载时,参数必不同,这个不同可以体现在参数的类型或个数上。在具体创建一个对象时,重载的构造方法中,只有一个参数匹配的构造方法得以执行。

【例3-6】 阅读程序,分析结果,理解构造方法重载

```
1: class NewFlower{
2:   static int num = 0;
3:   NewFlower(){ //①
4:     num + +;
5:     System.out.println(num + "朵花开了!");
6:   }
7:   NewFlower(String color){ //②
8:     num + +;
9:     System.out.println(num+"朵花开了........是"+color+"花!");
10:  }
11:  public static void main(String[] args){
12:    new NewFlower(); //无参数,调用①
13:    new NewFlower("红"); //带参数,调用②
14:    new NewFlower("蓝"); //带参数,调用②
15:  }
16: }
```

结果:

```
1朵花开了!
2朵花开了……是红花!
3朵花开了……是蓝花!
```

3.4 类的修饰符

类的修饰符分为访问控制符和非访问控制符。

3.4.1 访问控制符

(1)Public 权限

一个类被声明为 public,就表明该类可以被所有其它的类访问和引用,也就是说程序的其它部分可以创建这个类的对象、访问这个类内部可见的成员变量和调用它的可见方法,当然,要在一个类外部访问这个类的成员必须用格式:对象.对象成员。

例如,定义一个 Fruit 类,该类拥有 public 访问权限,即该类可以被它所在包之外的其它类访问或引用。

(2)Private 权限

使用 private 关键字说明这个成员的访问权限，private 访问权限定义了类的私有成员，为高保护权限。只能被这个类的其它成员方法调用，不能被其它类中的方法所调用。

代码：

```
1:  class Person {
2:    private int age;
3:    public void shout(){
4:      System.out.println(age); // 这一句没有错误,原因在上
5:    }
6:  }
7:  class TestPerson {
8:    public static void main(String[] args){
9:      new Person().age = 30; // 报错,age 是 Person 里的私有成员,不能在
                               其它类中直接调用和访问。
10:   }
11: }
```

结论：private 修饰的类成员，为该类的私有成员，只能在该类的内部访问。

说明：为了实现良好的封装性，通常将类的成员变量声明为 private，再通过 public 方法来对这个变量进行访问。正如人一样，人的身高不能随便修改，只能通过各种摄取营养的方法去修改这个属性。这是一种保护。

对类成员变量 private，可以提供一个或多个 public 方法来实现对该成员变量的访问或修改，即封装。见例 3-7。

【例 3-7】 对类成员变量进行封装

```
1:  class Person {
2:    private int age;
3:    public void setAge(int pAge){
4:      this.age = pAge;
5:    }
6:    public int getAge(){
7:      return age;
8:    }
9:  }
10: public class TestPerson {
11:   public static void main(String[] args){
12:     Person p1 = new Person();
13:     p1.setAge(3);
14:     System.out.println(p1.getAge());
```

```
15:    }
16: }
```

封装目的：

①隐藏类的细节；

②让使用者只能通过事先定好的方法来访问数据，限制对属性的不合理操作；

③易于修改、维护、数据检查。

(3)protected 权限

包访问权限，只有处在同一包中的类可以访问该成员。

它们之间的关系，可以用一个图表清楚的表示：

修饰符	同一个类	同一个包	不同包的子类	不同包的非子类
Private	可以			
Protected	可以	可以	可以	
Public	可以	可以	可以	可以
Package(默认)	可以	可以		

3.4.2 非访问控制符

(1)抽象类

抽象类就是不能使用 new 方法进行实例化的类，即没有具体实例对象的类。抽象类有点类似“模板”的作用，目的是根据其格式来创建和修改新的类。对象不能由抽象类直接创建，只可以通过抽象类派生出新的子类，再由其子类来创建对象。当一个类被声明为抽象类时，要在这个类前面加上修饰符 abstract。在抽象类中的成员方法可以包括一般方法和抽象方法。抽象方法就是以 abstract 修饰的方法，这种方法只声明返回的数据类型、方法名称和所需的参数，没有方法体，也就是说抽象方法只需要声明而不需要实现。当一个方法为抽象方法时，意味着这个方法必须被子类的方法所重写，否则其子类的该方法仍然是 abstract 的，而这个子类也必须是抽象的，即声明为 abstract。抽象类中不一定包含抽象方法，但是包含抽象方法的类一定要被声明为抽象类。抽象类本身不具备实际的功能，只能用于派生其子类。抽象类中可以包含构造方法，但是构造方法不能被声明为抽象。调用抽象类中的方法(抽象方法和非抽象方法)，如果方法是 static 的，直接抽象类方法就可以了；如果是非 static 的则必须需要一个继承的非抽象类，然后用这个非抽象类的实例来调用方法。

【例 3-8】 Java 抽象类应用示例程序 Test. Java 如下

```
1: abstract class Shapes {
2:   public int x, y;
3:   public int width, height;
4:   public Shapes(int x, int y, int width, int height){
5:     this.x = x;
6:     this.y = y;
```

```
7:       this.width = width;
8:       this.height = height;
9:     }
10:    abstract double getArea();
11:    abstract double getPerimeter();
12: }
13: public class Circle extends Shapes {
14:    public double r;
15:    public double getArea(){
16:      return(r * r * Math.PI);
17:    }
18:    public double getPerimeter(){
19:      return(2 * Math.PI * r);
20:    }
21:    public Circle(int x, int y, int width, int height){
22:      super(x, y, width, height);
23:      r = (double)width / 2.0;
24:    }
25: }
```

(2)最终类

使用关键字 final 声明的类称为最终类,最终类不能被继承,即不能声明最终类的子类。

```
public final class Math extends Object      //数学类,最终类
```

如果不希望一个类被继承,则声明该类为最终类。抽象类不能被声明为最终类。

声明最终方法:使用 final 声明成员方法称为最终方法,最终方法不能被子类覆盖。

```
1:  public class Circle1 extends Graphics1 {
2:     public final double area(){ //最终方法,不能被子类覆盖
3:       return Math.PI * this.radius * this.radius;
4:     }
5:  }
```

注意:最终类可以不包含最终方法,非最终类可以包含最终方法。

3.5 类成员变量

Java 中没有全局变量,变量的位置只有两处:类中和函数,其中在函数中定义的称之为临时变量或局部变量;在类中定义的称之为成员变量。

3.5.1 静态变量(static)

当我们编写一个类时,其实就是在描述其对象的属性和行为,并没有产生实质上的对

象，只有通过 new 关键字才会产生出对象，这时系统才会分配内存空间给对象。

有时候我们希望无论是否产生了对象，某些特定的数据在内存空间里只有一份。类似于每个中国人的国家名称的变量，每个中国人都共享它。在该前面加上 static 关键字，在内存中只存在一份，这就是静态成员变量。无需创建类的对象，直接用类名就可以引用。

注意：我们不能把任何方法体内的变量声明为静态。

如：

```
Fun() {
static int i = 0;
}
```

用 static 标识符修饰的变量，它们在类载入时创建，只要类存在，static 变量就存在。即 static 只能是类的成员变量。

3.5.2 this 变量

this 指当前对象（创建的对象即 new 出来的对象）。

变量在类中，所有的属性都可以在方法中用变量名来访问。每个对象都有一个隐含的 this 变量，this 变量可访问所有的类信息：包括属性和方法。在属性和方法的名称前面加上关键字 this 和点号就可以访问它们。

使用 this 关键字，可显式的限定所引用的属性，因此不必另外设计命名约定来区分方法参数和类中的属性。在其它程序设计语言中都有普遍使用的约定，例如在 C++中有两个约定：在类属性前面加下划线（如_topSpeed）或在属性前面加上 m_（如 m_topSpeed）。这些约定是完全可以接受的，但它使得代码阅读起来有些困难。Java 程序设计的原则建议，在遇到命名冲突时采用明确的 this 变量来引用属性。

this 的使用方式如下：

this. 属性 //指示当前类的属性

this. 方法 //指示当前类的方法

this() //指示当前类的构造方法

如：

```
1： class Person {
2：   private String name;
3：   public Person(String name) {
4：     this. name = name;
5：   }
6： }
```

又如下面的代码片段中，setTopSpeed 方法通过 this 变量来区分参数 topSpeed 和属性 topSpeed：

```
1： public void setTopSpeed( int topSpeed ){
2：   if( topSpeed > 0 ) {
```

```
3:      this. topSpeed = topSpeed;
4:    }
5:  }
```

通过 this 引用把当前的对象作为一个参数传递给其它的方法。假设有一个容器类和一个部件类，在容器类的某个方法要创建部件类的实例对象，而部件类的构造方法要接收一个代表其所在容器的参数。

```
1:  class Container {
2:  Component comp;
3:  public void addComponent(){
4:      comp = new Component(this); // 将 this 作为对象引用传递
5:    }
6:  }
7:  class Component {
8:    Container myContainer;
9:    public Component(Container c){
10:     this.myContainer = c;
11:   }
12: }
```

3.5.3 super 变量

super 用于在一个类中引用它的父类，即引用父类的成员，包括父类的属性及方法。

注意：super 代表的父类是指“直接父类”。

【例 3-9】 下面看一个应用 super 的例子

```
1:  class Person {
2:    public int c;
3:    private String name;
4:    private int age;
5:    protected void setName(String name){
6:      this.name = name;
7:    }
8:    protected void setAge(int age){
9:      this.age = age;
10:   }
11:   protected void print(){
12:     System.out.println("Name = " + name + " Age = " + age);
13:   }
14: }
```

```
15: public class DemoSuper extends Person {
16:   public void print(){
17:     System.out.println("DemoSuper:");
18:     super.print();
19:   }
20:   public static void main(String[] args){
21:     DemoSuper ds = new DemoSuper();
22:     ds.setName("kevin");
23:     ds.setAge(22);
24:     ds.print();
25:   }
26: }
```

在 DemoSuper 中,重新定义的 print 方法覆写了父类 print 方法,它首先做一些自己的事情,然后调用父类的那个被覆写了的方法。输出结果说明了这一点:

```
DemoSuper:
    Name = kevin Age = 22
```

这样的使用方法是比较常用的。另外如果父类的成员可以被子类访问,那你可以像使用 this 一样使用它,用"super. 父类中的成员名"的方式。

3.5.4 接口(interface)

接口是用来实现类间多重继承功能的结构。

每一个方法都是抽象的,没有方法体,只有名字和参数表。行为留给实现该接口的类完成。每一个变量都是静态的常量,都必须赋值。(所以方法默认是 public abstract,所有变量都默认是 public static final。)

第一步:用关键字 interface 定义接口:

[public] [interface]接口名称[extends 父接口名列表] # 继承的也是接口{
//静态常量
[public] [static] [final]数据类型变量名 = 常量名;
//抽象方法
[public] [abstract] [native]返回值类型方法名(参数列表);
}

第二步:用关键字 implements 实现接口:

[修饰符] class 类名 [extends 父类名] [implements 接口 A,接口 B,…]{
类的成员变量和成员方法;
为接口 A 中的所有方法编写方法体,实现接口 A;
为接口 B 中的所有方法编写方法体,实现接口 B;
……
}

例如：

[修饰符] class A implements IA{…} ＃ class A 要实现接口 IA 中的所有接口方法。

[修饰符] class B extends A implements IB，IC{…} ＃ class B 要实现 IB，IC 中的所有接口方法。

注：即使仅有一个接口方法没有实现，那个类也要声明成抽象的。

接口可以继承，也可以多重继承，例如：

```
interface IA{…}
interface IB{…}
interface IC{…}
interface ID extends IA, IB, IC{…}
```

通过接口可以在运行时动态定位类所调用的方法。接口与重载、覆盖一样，是多态性的体现。接口的好处是把方法描述与方法功能的实现分开考虑，降低了程序的复杂性，使程序设计灵活，便于扩充修改。

3.6 类成员方法

3.6.1 方法的定义

方法是类的动态属性，标志了类所具有的功能和操作，用来把类和对象的数据封装在一起。Java 的方法与其它语言中的函数或过程类似，是一段用来完成某种操作的程序片断。方法由方法头和方法体组成，其一般格式如下：

```
修饰符1 修饰符2…… 返回值类型 方法名(形式参数列表) throw [异常列表]
   {
       方法体各语句;
   }
```

其中形式参数列表的格式为：

```
形式参数类型1 形式参数名1;形式参数类型2 形式参数名2;……
```

在方法的定义中，小括号是方法的标志，程序使用方法名来调用方法，形式参数是方法从调用它的环境输入的数据，按照方法是否有返回值划分，方法有两种，即函数方法(有返回值)和过程方法(无返回值)。返回值是方法在操作完成后返还给调用它的环境的数据。

函数方法的定义格式为：

修饰符　返回值类型　方法名(…)

过程方法的定义格式为：

修饰符　void　方法名(…)

定义方法的目的是定义具有相对独立和常用功能的模块，使程序结构清晰，也利于模块在不同场合的重复利用。

方法的修饰符也分为访问控制符和非访问控制符两大类，常用的非访问控制符把方法分成若干种。

3.6.2 抽象方法

修饰符 abstract 修饰的抽象方法是一种仅有方法头，而没有具体的方法体和操作实现的方法。例如，下面的拨打电话的方法 performDial( )就是抽象类 PhoneCard 中定义的一个抽象方法：

```
abstract void performDial ( ) ;
```

可见，abstract 方法只有方法头的声明，而用一个分号来代替方法体的定义。至于方法体的具体实现，那是由当前类的不同子类在它们各自的类定义中完成的。之所以不定义方法，是因为电话卡类是从所有电话卡中抽象出来的公共特性的集合，每种电话卡都有"拨打电话"的功能，但是每种电话卡的"拨打电话"的功能的具体实现，即具体的操作都不相同。例如 IC 卡只要还有余款，插入 IC 卡电话机就可以通话；而 201 卡则需要在双音频电话中先输入正确的卡号和密码。所以 PhoneCard 的不同子类的 performDial( )方法虽然有相同的目的，但其方法体是各不相同的。

使用抽象方法的目的是使所有的 PhoneCard 类的所有子类对外都呈现一个相同名字的方法，是一个统一的接口。事实上，为 abstract 方法书写方法体是没有意义的，因为 abstract 方法所依附的 abstract 类没有自己的对象，只有它的子类才存在具体的对象，而它的不同子类对这个 abstract 方法有互不相同的实现方法，除了参数列表和返回值之外，抽取不出其他的公共点。所以就只能把 abstract 方法作为一个共同的接口，表明当前抽象类的所有子类都使用这个接口来完成"拨打电话"的功能。

当然，定义 abstract 方法也有特别的优点，就是可以隐藏具体的细节信息，使调用该方法的程序不必过分关注类及其子类内部的具体状况。由于所有的子类使用的都是相同的方法头，而方法头里实际包含了调用该方法的程序语句所需要了解的全部信息，所以一个希望完成"拨打电话"操作的语句，可以不必知道它调用的是哪个电话卡子类的 performDial ( )方法，而仅仅使用 PhoneCard 类的 performDial ( )方法就足够了。

需要特别注意的是，所有的抽象方法，都必须存在于抽象类之中。一个非抽象类中出现抽象方法是非法的，即一个抽象类的子类如果不是抽象类，则它必须为父类中的所有抽象方法书写方法体。不过抽象类不一定只能拥有抽象方法，它可以包含非抽象的方法。

3.6.3 静态方法

类似于静态成员，我们也可以创建静态方法，即不必创建对象就可以调用的方法。换句话说就是使该方法不必和对象绑在一起，加 static 即可。

【例 3-10】 程序代码

```
1： class Chinese {
2：   static void sing(){
3：     System.out.println("static 方法");
4：     singOurCountry(); // 错误，无法从静态方法访问非静态方法。(原因：
                          静态)
5：   }
```

```
6:    void singOurCountry(){
7:      sing(); // 类中成员方法直接访问静态成员方法
8:    }
9:  }
10: public class TestChinese {
11:    public static void main(String[] args){
12:      Chinese.sing();
13:      Chinese ch1 = new Chinese();
14:      ch1.sing();//对象也可以调用静态方法
15:      ch1.singOurCountry();
16:    }
17: }
```

类的静态成员称为"类成员"(class members);类的静态成员变量称为"类属性"(class attributes);类的静态成员方法称为"类方法"(class methods)。

采用 static 关键字声明的属性和方法不属于类的某个实例对象。使用类的静态方法时,都是 static 原理。在静态方法里只能直接调用其它的静态成员(包括变量和方法),而不能直接访问类中的非静态成员。静态方法不能为任何方式引用 this 和 super 关键字,this 和 super 的前提是创建类的对象。

main()方法是静态的。因此 JVM 在执行 main 方式时。不创建 main 方法所在类的实例对象。在 main()中,不能直接访问该类的非静态成员,必须先创建类的对象。

3.6.4 finalize()方法

finalize()方法是 Object 类的一个方法,任何一个类都从 Object 那继承了这个方法,finalize()方法是在对象被当成垃圾从内存中释放前调用,而不是在对象变成垃圾前调用,垃圾回收器的启用不由程序员控制,且无规律可循,并不是一产生垃圾,它就调用,并不是很可靠的机制,即我们无法保证每个对象的 finalize()最终被调用了。我们只需了解 finalize()方法的作用即可。

【例 3-11】 finalize()方法调用示例如下

```
1:  class Person {
2:    public void finalize(){
3:      System.out.println("the object is going.");
4:    }
5:  public static void main(String[] args){
6:    new Person();
7:    new Person();
8:    new Person();
9:    System.out.println("the program is ending!");
10:   }
```

```
11:    }
```

程序运行结果为:the program is ending!

我们并没有看到垃圾回收器时 finalize 方法被调用。由于 finalize 方法没有自动实现链式调用,我们必须手动地实现。因此 finalize 方法的最后一个语句通常是 super. finalize()。

3.6.5 最终方法

final 修饰符所修饰的类方法,是功能和内部语句不能被更改的最终方法,即是不能被当前类的子类重新定义的方法。在面向对象的程序设计中,子类可以把从父类那里继承来的某个方法改写并重新定义,形成同父类方法同名,解决的问题也相似,但具体实现和功能却不尽一致的新的类方法,这个过程称为重载。如果类的某个方法被 final 修饰符所限定,则该类的子类就不能再重新定义与此方法同名的自己的方法,而仅能使用从父类继承来的方法。这样,就固定了这个方法所对应的具体操作,可以防止子类对父类关键方法的错误的重定义,保证了程序的安全性和正确性。

需要注意的是:所有已被 private 修饰符限定为私有的方法,以及所有包含在 final 类中的方法,都被缺省地认为是 final 的。因为这些方法要么不可能被子类所继承,要么根本没有子类,所以都不可能被重载,自然都是最终的方法。

3.6.6 System. gc()方法

由于 finalize()方法特点:如果程序某段运行时产生了大量垃圾,而 finalize()方法也不回来被调用,这里我们就需要强制自动垃圾回收器来清理工作了。

【例 3-12】 修改后代码

```
1:  class Person {
2:    public void finalize() {
3:      System. out. println("the object is going. ");
4:    }
5:  public static void main(String[] args) {
6:    new Person();
7:    new Person();
8:    new Person();
9:    System. gc(); // 强制调用清理
10:   System. out. println("the program is ending!");
11:   }
12: }
```

程序运行结果为:

```
the program is ending!
the object is going.
the object is going.
the object is going
```

3.7 对象的初始化和清除

3.7.1 初始化过程

对象的成员变量可赋予初值，如果没有对成员变量预先赋初值，则在创建变量时会自动初始化(默认初值)。其要点是：

数值型的成员变量，默认值为 0；布尔型的成员变量，默认值为 false；引用型的成员变量，默认值为空(null)。

【例 3-13】 阅读程序，分析程序运行结果

```
1:  class TestInitA{
2:     int x;
3:     Circle y;
4:     boolean z;
5:     public static void main( String[ ] args ){
6:        TestInitA ti = new TestInitA();
7:        System. out. println( "x is " + ti. x );//会有提示，静态方法调用成
                                                  员变量
8:        System. out. println( "y is " + ti. y );
9:        System. out. println("z is "+ ti. z);
10:    }
11: }
```

但是，方法中的变量是没有默认值的，如果一个变量在方法中定义，那么使用这个变量前必须赋值。

```
1:  class TestInitB{
2:     public static void main( String[ ] args ){
3:        int x;
4:        System. out. println( "\\nx is " + x );
5:     }
6:  }
```

错误：使用未初始化的变量

3.7.2 对象的基本初始化过程

初始化时涉及到成员变量和构造方法；实例变量的初始化在构造方法之前。

【例 3-14】 程序一

```
1:  class TestInitC{
2:     int x = 3;
3:     TestInitC(){
4:        x = 5;
```

```
5：    }
6：    public static void main( String[ ] args ){
7：      TestInitC t = new TestInitC();
8：      System. out. println(t. x );
9：    }
10：}
```

程序运行结果是 3 还是 5?

【例 3-15】 程序二

```
1：    class TestInitD{
2：      TestInitD(int a){
3：        x = a;
4：      }
5：      public static void main( String[] args ){
6：        System. out. println( new TestInitD(5). x );
7：      }
8：      int x = 3;
9：    }
```

对象初始化的顺序与类体中实例变量与构造方式定义的先后无关。

3.7.3 数据成员的初始化

Java 提供了一种安全机制，可以保证所有的数据成员都得到适当得初始化。对于基本类型的数据成员，Java 不要求必须为其赋予有意义的初始值，但是为了保证安全性提供了一个默认值，所有的基本类型的数据在被方法调用前都会得以适当的初始化，如果用户没有为数据成员赋值，编译器就使用默认值为其完成初始化。

3.7.4 静态变量的初始化

类中的静态成员变量的初始化在第一次创建变量，或直接由类调用时进行。在类实例化对象时，静态变量的初始化首先进行，其后才是实例变量的初始化和构造方法的初始化。实例化多少次对象，静态变量都只初始化一次。

【例 3-16】 阅读程序，分析程序运行结果

```
1： class B{
2：   B(int m){
3：     System.out.println("B(" + m + ")");
4：   }
5： }
6： class A{
7：   B b1 = new B(1);
8：   static B b2 = new B(2);
```

```
9：  }
10：class TestInitE{
11：   public static void main(String[] args){
12：     System.out.println("Creating an A object.");
13：     new A();
14：     System.out.println("Creating another A object.");
15：     new A();
16：   }
17：}
```

3.8 习题 3

1. 分析以下程序段：

```
1：   abstract class AbstractIt {
2：       abstract float getFloat(); //第 2 行
3：   }
4：   public class AbstractTest extends AbstractIt{
5：       private float f1 = 1.0f;
6：       private float getFloat () {return f1;} //第 6 行
7：   }
```

下面哪一种结果正确？（　　）

A. 可编译成功　　B. 在第六行运行失败

C. 在第六行编译失败　　D. 在第二行编译失败

【答案】C

2. 分析以下程序：

```
1：class Outer1{
2：   private int a;
3：   void foo(double d, final float f){
4：     String s;
5：     final boolean b;
6：     class Inner{
7：       void methodInner(){
8：         System.out.println("in the Inner");
9：       }
10：     }
11：}
12：public static void main(String args[ ]){
13：     Outer1 me = new Outer1();
```

```
14:      me.foo(123, 123);
15:      System.out.println("outer");
16: }
17: }
```

运行以上程序,产生的结果为(　　)

A. in the Inner outer　　B. outer

C. in the Inner　　D. 编译不通过

【答案】D

3. 分析以下程序:

```
1:  public class X{
2:    public Object m(){
3:        Object o = new Float(3.14F);
4:        Object [ ] oa = new Object [1];
5:        oa [0] = = o;
6:        o = = null;
7:        oa [0] =  = null;
8:        return o;
9:    }
10: }
```

当第3行的Float对象产生后,在哪一行会作为垃圾被回收?(　　)

A. 在第5行之后　　B. 在第6行之后

C. 在第7行之后　　D. 不会在该方法中进行

【答案】C

4. 在Java中,由Java编译器自动导入,而无需在程序中用import导入的包是(　　)

A. Java. applet　　B. Java. awt　　C. Java. util　　D. Java. lang

【答案】D

5. 在Java中,所有类的根类是(　　)

A. Java. lang. Object　　B. Java. lang. Class

C. Java. applet. Applet　　D. Java. awt. Frame

【答案】A

6. 在Java中,用package语句说明一个包时,该包的层次结构必须是(　　)

A. 与文件的结构相同　　B. 与文件目录的层次相同

C. 与文件类型相同　　D. 与文件大小相同

【答案】B

7. 下列构造方法的调用方式中,正确的是(　　)

A. 按照一般方法调用　　B. 由用户直接调用

C. 只能通过new自动调用　　D. 被系统调用

【答案】C

8. 在 Java 中,能实现多重继承效果的方式是(　　)

A. 内部类　　B. 适配器　　C. 接口　　D. 同步

【答案】C

9. 为了区分重载多态中同名的不同方法,要求(　　)。

A. 采用不同的形式参数列表

B. 返回值类型不同

C. 调用时用类名或对象名做前缀

D. 参数名不同

【答案】B

10. 设 x,y 均为已定义的类名,下列声明对象 x1 的语句中正确的是(　　)。

A. public x x1= new y( );　　B. x x1=x( );

C. x x1=new x( );　　D. int x x1;

【答案】C

11. 现有两个类 A、B,以下描述中表示 B 继承自 A 的是(　　)。

A. class A extends B　　B. class B implements A

C. class A implements B　　D. class B extends A

【答案】D

12. 下面是有关子类继承父类构造函数的描述,其中正确的是(　　)。

A. 创建子类的对象时,先调用子类自己的构造函数,然后调用父类的构造函数。

B. 子类无条件地继承父类不含参数的构造函数。

C. 子类必须通过 super 关键字调用父类的构造函数。

D. 子类无法继承父类的构造函数。

【答案】B

13. Java 语言的类间的继承关系是(　　)。

A. 多重的　　B. 单重的　　C. 线程的　　D. 不能继承

【答案】B

14. 定义类头时能使用的修饰符是(　　)。

A. private　　B. static　　C. abstract　　D. protected

【答案】C

15. 定义类头时,不可能用到的关键字是(　　)。

A. private　　B. class　　C. extends　　D. implements

【答案】A

第4章 图形用户界面

4.1 图形界面设计基础

早先程序使用最简单的输入输出方式，用户在键盘输入数据，程序将信息输出在屏幕上。现代程序要求使用图形用户界面(Graphical User Interface,GUI)，界面中有菜单、按钮等，用户通过鼠标选择菜单中的选项和点击按钮，命令程序功能模块。本章学习如何用Java语言编写GUI程序界面，如何通过GUI实现输入和输出。

4.1.1 AWT和Swing

以前用Java编写GUI程序，是使用抽象窗口工具包AWT(Abstract Window Toolkit)，现在多用Swing。Swing可以看作是AWT的改良版，而不是代替AWT，是对AWT的提高和扩展。所以，在写GUI程序时，Swing和AWT都要用，它们共存于Java基础类(Java Foundation Class,JFC)中。尽管AWT和Swing都提供了构造图形界面元素的类，但它们的重要方面有所不同：AWT依赖于主平台绘制用户界面组件；而Swing有自己的机制，在主平台提供的窗口中绘制和管理界面组件。Swing与AWT之间的最明显的区别是界面组件的外观，AWT在不同平台上运行相同的程序，界面的外观和风格可能会有一些差异，但基于Swing的应用程序可能在任何平台上都会有相同的外观和风格。

Swing中的类是从AWT继承的，有些Swing类直接扩展AWT中对应的类。例如，JApplet、JDialog、JFrame和JWindow。

使用Swing设计图形界面，主要引入两个包：

Javax. swing包含Swing的基本类；

Java. awt. event包含与处理事件相关的接口和类。

由于Swing太丰富，不可能在课程中给出Swing的全面介绍，这里只给出主要的内容。

4.1.2 组件和容器

组件(component)是图形界面的基本元素，用户可以直接操作，例如按钮。容器(Container)是图形界面的的复合元素，容器可以包含组件，例如面板。

Java语言为每种组件都预定义类，程序通过它们或它们的子类各种组件对象，如Swing中预定义的按钮类JButton是一种类，程序创建的JButton对象或JButton子类的对象就是按钮。Java语言也为每种容器预定义类，程序通过它们或它们的子类创建各种容器对象。例如，Swing中预定义的窗口类JFrame是一种容器类，程序创建的JFrame或JFrame子类的对象就是窗口。

为了统一管理组件和容器，为所有组件类定义超类，把组件的共有操作都定义在

Component 类中。同样，为所有容器类定义超类 Container 类，把容器的共有操作都定义在 Container 类中。例如，Container 类中定义了 add()方法，大多数容器都可以用 add()方法向容器添加组件。

Component、Container 和 Graphics 类是 AWT 库中的关键类。为能层次地构造复杂的图形界面，容器被当作特殊的组件，可以把容器放入另一个容器中。例如，把若干按钮和文本框分放在两个面板中，再把这两个面板和另一些按钮放入窗口中。这种层次地构造界面的方法，能以增量的方式构造复杂的用户界面。

4.1.3 驱动程序设计基础

1. 事件、监视器和监视器注册

图形界面上的事件是指在某个组件上发生用户操作。例如，用户单击了界面上的某个按钮，就说在这个按钮上发生了事件，这个按钮对象就是事件的激发者。对事件作监视的对象称为监视器，监视器提供响应事件的处理方法。为了让监视器与事件对象关联起来，需要对事件对象作监视器注册，告诉系统事件对象的监视器。

程序要创建按钮对象，把它添加到界面中，要为按钮作监视器注册，程序要有响应按钮事件的方法。当“单击按钮”事件发生时，系统就调用已为这个按钮注册的事件处理方法，完成处理按钮事件的工作。

2. 实现事件处理的途径

Java 语言编写事件处理程序主要有两种方案；一个是程序重设 handleEvent(Event evt)，采用这个方案的程序工作量稍大一些。另一个方案是程序实现一些系统设定的接口。Java 按事件类型提供多种接口，作为监视器对象的类需要实现相应的接口，即实现响应事件的方法。当事件发生时，系统内设的 handleEvent(Event evt)方法就自动调用监视器的类实现响应事件的方法。

Java. awt. event 包中用来检测并对事件做出反应的模型包括以下三个组成元素：

(1)源对象：事件“发生”这个组件上，它与一组“侦听”该事件的对象保持着联系。

(2)监视器对象：一个实现预定义接口的类的一个对象，该对象的类要提供对发生的事件作处理的方法。

(3)事件对象：它包含描述当事件发生时从源传递给监视器的特定事件的信息。

一个事件驱动程序要做的工作除创建源对象和监视器对象之外，还必须安排监视器了解源对象，或向源对象注册监视器。每个源对象有一个已注册的监视器列表，提供一个方法能向该列表添加监视器对象。只有在源对象注册了监视器之后，系统才会将源对象上发生的事件通知监视器对象。

3. 事件类型和监视器接口

在 Java 语言中，为了便于系统管理事件，也为了便于程序为监视器注册，系统将事件分类，称为事件类型。系统为每个事件类型提供一个接口。要作为监视器对象的类必须实现相应的接口，提供接口规定的响应事件的方法。

以程序响应按钮事件为例，JButton 类对象 button 可以是一个事件的激发者。当用户点击界面中与 button 对应的按钮时，button 对象就会产生一个 ActionEvent 类型的事件。如果监视器对象是 obj，对象 obj 的类是 Obj，则类 Obj 必须实现 AWT 中的 ActionListener

接口,实现监视按钮事件的 actionPerformed 方法。button 对象必须用 addActionListener 方法注册它的监视器 obj。

程序运行时,当用户点击 button 对象对应的按钮时,系统就将一个 ActionEvent 对象从事件激发对象传递到监视器。ActionEvent 对象包含的信息包括事件发生在哪一个按钮,以及有关该事件的其他信息。

表 4-1 给出有一定代表性的事件类型和产生这些事件的部分 Swing 组件。实际事件发生时,通常会产生一系列的事件,例如,用户点击按钮,会产生 ChangeEvent 事件提示光标到了按钮上,接着又是一个 ChangeEvent 事件表示鼠标被按下,然后是 ActionEvent 事件表示鼠标已松开,但光标依旧在按钮上,最后是 ChangeEvent 事件,表示光标已离开按钮。但是应用程序通常只处理按下按钮的完整动作的单个 ActionEvent 事件。

表 4-1 事件类型

事件类型	组件	描述
ActionEvent	JButton, JCheckBox, JComboBox, JMenuItem JRadioButton	点击、选项或选择
ChangeEvent	JSlider	调整一个可移动元素的位置
AdjustmentEvent	JScrollBar	调整滑块位置
ItemEvent	JComboBox, JCheckBox, JRadioButton JRadioButtonMenuItem,JCheckBoxMenuItem	从一组可选方案中选择一个项目
ListSelectionEvent	JList	选项事件
KeyEvent MouseEvent	JComponent 及其派生类	操纵鼠标或键盘
CareEvent	JTextArea,JTextField	选择和编辑文本
WindowEvent	Window 及其派生类 JFrame	对窗口打开、关闭和图标化

每个事件类型都有一个相应的监视器接口,表 4-2 列出了每个接口的方法。实现监视器接口的类必须实现所有定义在接口中的方法。

表 4-2 监视器接口方法

监视器接口	方法	获取事件源的方法
ActionListener	actionPerformed	getSource,getActionCommand
ChangeListener	stateChanged	getSource
AdjustmentListener	adjustmentValueChanged	getAdjustable
FocusListener	focusGained,focusLost	
ItemListener	itemStateChanged	getItemSelectable(),getSource()
ListSelectionListener	valueChanged	e. getSource(). getSelectedValue()

续表 4-2

监视器接口	方法	获取事件源的方法
KeyListener	keyPressed,keyReleased,keyTyped	
CareListener	careUpdate	
MouseListener	mouseClicked,mouseEntered, mouseExited,mousePressed, mouseReleased	
MouseMontionListener	mouseDragged,mouseMoved	
WindowListener	windowClosed, windowClosing, windowDeactivated, windowDeiconified, windowIconified,windowOpened	

4.2 框架窗口

窗口是 GUI 编程的基础,小应用程序或图形界面的应用程序的可视组件都放在窗口中。在 GUI 中,窗口是用户屏幕的一部分,起着在屏幕中一个小屏幕的作用。有以下三种窗口:

(1) Applet 窗口。Applet 类管理这个窗口,当应用程序程序启动时,由系统创建和处理。

(2) 框架窗口(JFrame)。这是通常意义上的窗口,它支持窗口周边的框架、标题栏,以及最小化、最大化和关闭按钮。

(3) 一种无边框窗口(JWindow)。没有标题栏,没有框架,只是一个空的矩形。

用 Swing 中的 JFrame 类或它的子类创建的对象就是 JFrame 窗口。

JFrame 类的主要构造方法:

(1)JFrame(),创建无标题的窗口对象。

(2)JFrame(String s),创建一个标题名是字符串 s 的窗口对象。

JFrame 类的其他常用方法:

(1) setBounds(int x,int y,int width,int height),参数 x,y 指定窗口出现在屏幕的位置;参数 width,height 指定窗口的宽度和高度。单位是像素。

(2) setSize(int width,int height),设置窗口的大小,参数 width 和 height 指定窗口的宽度和高度,单位是像素。

(3) setBackground(Color c),以参数 c 设置窗口的背景颜色。

(4) setVisible(boolean b),参数 b 设置窗口是可见或不可见。JFrame 默认是不可见的。

(5) pack(),用紧凑方式显示窗口。如果不使用该方法,窗口初始出现时可能看不到窗口中的组件,当用户调整窗口的大小时,可能才能看到这些组件。

(6) setTitle(String name),以参数 name 设置窗口的名字。

(7) getTitle(),获取窗口的名字。

(8) setResiable(boolean m),设置当前窗口是否可调整大小(默认可调整大小)。

Swing 里的容器都可以添加组件,除了 JPanel 及其子类(JApplet)之外,其他的 Swing

容器不允许把组件直接加入。其他容器添加组件有两种方法：

一种是用 getContentPane()方法获得内容面板，再将组件加入。例如代码：

```
mw. getContentPane(). add(button);
```

该代码的意义是获得容器的内容面板，并将按钮 button 添加到这个内容面板中。

另一种是建立一个 JPanel 对象的中间容器，把组件添加到这个容器中，再用 setContentPane()把这个容器置为内容面板。例如，代码：

```
JPanel contentPane = new JPanel();
...
mw. setContentPane(contentPane);
```

以上代码把 contentPane 置成内容面板。

【例 4-1】 一个用 JFrame 类创建窗口的 Java 应用程序。窗口只有一个按钮。

```
1:  import javax.swing. * ;
2:    public class Example4_1{
3:      public static void main(String args[]){
4:        JFrame mw = new JFrame("我的第一个窗口");
5:        mw.setSize(250,200);
6:        JButton button = new JButton("我是一个按钮");
7:        mw.getContentPane().add(button);
8:        mw.setVisible(true);
9:      }
10: }
```

用 Swing 编写 GUI 程序时，通常不直接用 JFrame 创建窗口对象，而用 JFrame 派生的子类创建窗口对象，在子类中可以加入窗口的特定要求和特别的内容等。

【例 4-2】 定义 JFrame 派生的子类 MyWindowDemo 创建 JFrame 窗口。类 MyWindowDemo 的构造方法有五个参数：窗口的标题名，加放窗口的组件，窗口的背景颜色以及窗口的高度和宽度。在主方法中，利用类 MyWindowDemo 创建两个类似的窗口。

```
1:  import javax.swing. * ;
2:  import java.awt. * ;
3:  public class Example4_2{
4:    public static MyWindowDemo mw1;
5:    public static MyWindowDemo mw2;
6:    public static void main(String args[]){
7:      JButton butt1 = new JButton("我是一个按钮");
8:      String name1 = "我的第一个窗口";
9:      String name2 = "我的第二个窗口";
10:     mw1 = new MyWindowDemo(name1,butt1,Color.blue,350,450);
```

```
11:        mw1.setVisible(true);
12:        JButton butt2 = new JButton("我是另一个按钮");
13:        mw2 = new MyWindowDemo(name2,butt2,Color.magenta,300,400);
14:        mw2.setVisible(true);
15:    }
16: }
17: class MyWindowDemo extends JFrame{
18:    public MyWindowDemo(String name,JButton button,Color c,int w,int h){
19:        super();
20:        setLayout(new FlowLayout());
21:        setTitle(name);
22:        setSize(w,h);
23:        Container con = getContentPane();
24:        con.add(button);
25:        con.setBackground(c);
26:    }
27: }
```

显示颜色由 Java. awt 包的 Color 类管理，在 Color 类中预定了一些常用的颜色，参见表 4－3。JFrame 类的部分常用方法参见表 4－3。

表 4－3　Color 类中定义的常用颜色

字段摘要		
static Color	black	黑色
static Color	blue	蓝色
static Color	cyan	青色
static Color	darkGray	深灰色
static Color	gray	灰色
static Color	green	绿色
static Color	lightGray	浅灰色
static Color	magenta	洋红色
static Color	orange	桔黄色
static Color	pink	粉红色
static Color	red	红色
static Color	white	白色
static Color	yellow	黄色

表 4-4 JFrame 类的部分常用方法

方法	意义
JFrame()	构造方法,创建一个 JFrame 对象
JFrame(String title)	创建一个以 title 为标题的 JFrame 对象
add()	从父类继承的方法,向窗口添加窗口元素
void addWindowListener(WindowListener)	注册监视器,监听由 JFrame 对象击发的事件
Container getContentPane()	返回 JFrame 对象的内容面板
void setBackground(Color c)	设置背景色为 c
void setForeground(Color c)	设置前景色为 c
void setSize(int w,int h)	设置窗口的宽为 w,高为 h
vid setTitle(String title)	设置窗口中的标题
void setVisible(boolean b)	设置窗口的可见性,true 可见,false 不可见

4.3 其他控件

4.3.1 标签

标签(JLabel)是最简单的 Swing 组件。标签的作用是对位于其后的界面组件作说明。可以设置标签的属性,即前景色,背景色、字体等,但不能动态地编辑标签中的文本。

程序关于标签的基本内容有以下几个方面:

(1)声明一个标签名

(2)创建一个标签对象

(3)将标签对象加入到某个容器。

JLabel 类的主要构造方法是:

(1) JLabel (),构造一个无显示文字的标签。

(2) JLabel (String s),构造一个显示文字为 s 的标签。

(3) JLabel(String s, int align),构造一个显示文字为 s 的标签。align 为显示文字的水平方式,对齐方式有三种:

左对齐:JLabel. LEFT。中心对齐:JLabel. CENTER。右对齐:JLabel. RIGHT。

JLabel 类的其他常用方法是:

(1) setText(String s),设置标签显示文字。

(2) getText(),获取标签显示文字。

(3) setBackground(Color c),设置标签的背景颜色,默认背景颜色是容器的背景颜色。

(4) setForeground(Color c),设置标签上的文字的颜色,默认颜色是黑色。

4.3.2 按钮

按钮(JButton)在界面设计中用于激发动作事件。按钮可显示文本,当按钮被激活时,能激发动作事件。

JButton 常用构造方法有：

(1) JButton(),创建一个没有标题的按钮对象。

(2) JButton(String s),创建一个标题为 s 的按钮对象。

JButton 类的其他常用方法有：

(1) setLabel(String s),设置按钮的标题文字。

(2) getLabel(),获取按钮的标题文字。

(3) setMnemonic(char mnemonic),设置热键

(4) setToolTipText(String s),设置提示文字。

(5) setEnabled(boolean b),设置是否响应事件

(6) setRolloverEnabled(boolean b)设置是否可滚动。

(7) addActionListener(ActionListener aL),向按钮添加动作监视器。

(8) removeActionListener(ActionListener aL),移动按钮的监视器。

按钮处理动作事件的基本内容有以下几个方面：

(1)与按钮动作事件相关的接口是 ActionListener,给出实现该接口的类的定义。

(2)声明一个按钮名。

(3)创建一个按钮对象。

(4)将按钮对象加入到某个容器。

(5)为需要控制的按钮对象注册监视器,对在这个按钮上产生的事件实施监听。

如果是按钮对象所在的类实现监视接口,注册监视器的代码形式是

addActionListener(this),参见例 4-3。

如果是别的类 A 的对象 a 作为监视器,类 A 必须实现 ActionListener 接口,完成监视器注册需用以下形式的两行代码：

A a = new A();//创建类 A 的实例 a

addActionListener(a);//用对象 a 作为监视器对事件进行监视。

(6)在实现接口 ActionListener 的类中,给出处理事件的方法的定义：

public void actionPerformed(ActionEvent e);

在处理事件的方法中,用获取事件源信息的方法获得事件源信息,并判断和完成相应处理。获得事件源的方法有:方法 getSource()获得事件源对象;方法 getActionCommand()获得事件源按钮的文字信息。

【例 4-3】 处理按钮事件实例,应用程序定义了一个窗口,窗口内设置两个按钮,当点击 Red 按钮时,窗口的背景色置成红色;点击 Green 按钮时,窗口的背景色置成绿色。

```
1:  import javax.swing.*;import java.awt.*;import java.awt.event.*;
2:  public class J403{
3:     public static void main(String[]args){
4:        ButtonDemo myButtonGUI = new ButtonDemo();//声明并创建按钮对象
5:        myButtonGUI.setVisible(true);
6:     }
7:  }
```

```
8: class ButtonDemo extends JFrame implements ActionListener{
9:   public static final int Width = 250;
10:  public static final int Height = 200;
11:  ButtonDemo(){
12:    setSize(Width,Height); setTitle("按钮事件样例");
13:    Container conPane = getContentPane();
14:    conPane.setBackground(Color.BLUE);
15:    conPane.setLayout(new FlowLayout());//采用 FlowLayout 布局
16:    JButton redBut = new JButton("Red");
17:    redBut.addActionListener(this);//给 Red 按钮注册监视器
18:    conPane.add(redBut);//在窗口添加 Red 按钮
19:    JButton greenBut = new JButton("Green");
20:    greenBut.addActionListener(this);//给 Green 按钮注册监视器
21:    conPane.add(greenBut);//在窗口添加 Green 按钮
22: }
23: public void actionPerformed(ActionEvent e){//实现接口处理事件的方法
24:    Container conPane = getContentPane();
25:    if(e.getActionCommand().equals("Red"))//是 Red 按钮事件
26:      conPane.setBackground(Color.RED);
27:    else if(e.getActionCommand().equals("Green"))//是 Green 按钮事件
28:      conPane.setBackground(Color.GREEN);
29:    }
30: }
```

用鼠标点击按钮产生事件对象，将事件送达对象，这个过程称为激发事件。当一个事件被送到监视器对象时，监视器对象实现的接口方法被调用，调用时系统会提供事件对象的参数。程序中虽然没有调用监视器方法的的代码，但是程序做了两件事：第一，指定哪一个对象是监视器，它将响应由按钮的激发的事件，这个步骤称为监视器注册。第二，必须定义一个方法，当事件送到监视器时，这个方法将被调用。程序中没有调用这个方法的代码，这个调用是系统执行的。

在上面的程序中，代码 redBut. addActionListener(this)；注册 this 作为 redBut 按钮的监视器，随后的代码也注册 this 作为 greenBut 按钮的监视器。在上述的程序中，this 就是当前的 ButtonDemo 对象 myButtonGUI。这样，ButtonDemo 类就是监视器对象的类，对象 MyButtonGUI 作为两个按钮的监视器。在类 ButtonDemo 中有监视器方法的实现。当一个按钮被点击时，系统以事件的激发者为参数，自动调用方法 actionPerformed ()。

组件不同，激发的事件种类也不同，监视器类的种类也不同。按钮激发的事件称为 action 事件，相应的监视器称为 action 监视器。一个 action 监视器对象的类型为 ActionListener，类要实现 ActionListener 接口。程序体现这些内容需要做到两点：

(1)在类定义的首行写上代码 implements ActionListener；

(2)类内定义方法 actionPerformed ()。

前面程序中的类 ButtonDemo 正确地做到了这两点。

每个界面元素当激发事件时,都有一个字符串与这个事件相对应,这个字符串称为 action 命令。用代码 e. getActionCommand()就能获取 action 事件参数 e 的命令字符串,据此,方法 actionPerformed()就能知道是哪一个按钮激发的事件。在默认情况下,按钮的命令字符串就是按钮上的文字。如有必要可以用方法 setActionCommand()为界面组件设置命令字符串。

4.4 布局设计

在界面设计中,一个容器要放置许多组件。为了美观,则需要将组件合理地安排在容器中,这就是布局设计。Java. awt 中定义了多种布局类,每种布局类对应一种布局的策略。常用的有以下布局类:

(1)FlowLayout,依次放置组件。

(2)BoarderLayout,将组件放置在边界上。

(3)CardLayout,将组件像扑克牌一样叠放,而每次只能显示其中一个组件。

(4)GridLayout,将显示区域按行、列划分成一个个相等的格子,组件依次放入这些格子中。

(5)GridBagLayout,将显示区域划分成许多矩形小单元,每个组件可占用一个或多个小单元。

其中 GridBagLayout 能进行精细的位置控制,也最复杂,这里不讨论这种布局策略。

每个容器都有一个布局管理器,由它来决定如何安排放入容器内的组件。布局管理器是实现 LayoutManager 接口的类。

4.4.1 FlowLayout 布局

FlowLayout 布局是将其中的组件按照加入的先后顺序从左到右排列,一行满之后就转到下一行继续从左到右排列,每一行中的组件都居中排列。这是一种最简便的布局策略,一般用于组件不多的情况,当组件较多时,容器中的组件就会显得高低不平,各行长短不一。

FlowLayout 是小应用程序和面板默认布局,其构造方法有:

(1) FlowLayout(),生成一个默认的 FlowLayout 布局。默认情况下,组件居中,间隙为 5 个像素。

(2) FlowLayout(int aligment),设定每行的组件的对齐方式。alignment 取值可以为 FlowLayout. LEFT,FlowLayout. CENTER,FlowLayout. RIGHT。

(3) FlowLayout(int aligment,int horz, int vert),设定对齐方式,并设定组件的水平间距 horz 和垂直间距 vert。

用超类 Container 的方法 setLayout()为容器设定布局。例如,代码 setLayout(new FlowLayout())为容器设定 FlowLayout 布局。将组件加入容器的方法是 add(组件名)。

4.4.2 BorderLayout 布局

BorderLayout 布局策略是把容器内的空间简单划分为东"East",西"West",南

"South",北"North",中"Center"五个区域。加入组件时,都应该指明把组件放在哪一个区域中。一个位置放一个组件。如果某个位置要加入多个组件,应先将要加入该位置的组件放在另一个容器中,然后再将这个容器加入到这个位置。

BorderLayout 布局的构造方法有:

(1) BorderLayout(),生成一个默认的 BorderLayout 布局。默认情况下,没有间隙。

(2) BorderLayout(int horz,int vert),设定组件之间的水平间距和垂直间距。

BorderLayout 布局策略的设定方法是 setLayout(new BorderLayout())。将组件加入到容器的方法是 add(组件名,位置),如果加入组件时没有指定位置,则默认为"中"位置。

BorderLayout 布局是 JWindow、JFrame、JDialog 的默认布局。

【例 4-4】 应用程序设有五个标签、分别放于窗口的东、西、南、北和中五个区域。

```
1: import Javax. swing. * ;import Java. awt. * ;
2: public class J405{
3:   public static void main(String[]args){
4:     JLabel label1,label2,label3,label4,label5;
5:     JFrame mw = new JFrame("我是一个窗口");//创建一个窗口容器对象
6:     mw. setSize(250,200);
7:     Container con = mw. getContentPane();
8:     con. setLayout(new BorderLayout());
9:     label1 = new JLabel("东标签");//默认左对齐
10:    label2 = new JLabel("南标签",JLabel. CENTER);
11:    label3 = new JLabel("西标签");
12:    label4 = new JLabel("北标签",JLabel. CENTER);
13:    label5 = new JLabel("中标签",JLabel. CENTER);
14:    con. add(label1,"East");
15:    con. add(label2,"South");
16:    con. add(label3,"West");
17:    con. add(label4,"North");
18:    con. add(label5,"Center");
19:    mw. setVisible(true);
20:  }
21: }
```

4.4.3 GridLayout 布局

GridLayout 布局是把容器划分成若干行和列的网格状,行数和列数由程序控制,组件放在网格的小格子中。GridLayout 布局的特点是组件定位比较精确。由于 GridLayout 布局中每个网格具有相同形状和大小,要求放入容器的组件也应保持相同的大小。

GridLayout 布局的构造方法有:

(1) GridLayout(),生成一个单列的 GridLayout 布局。默认情况下,无间隙。

(2) GridLayout(int row,int col),设定一个有行 row 和列 col 的 GridLayout 布局。

(3) GridLayout(int row,int col,int horz,int vert),设定布局的行数和列数、组件的水平间距和垂直间距。

GridLayout 布局以行为基准,当放置的组件个数超额时,自动增加列;反之,组件太少也会自动减少列,行数不变,组件按行优先顺序排列(根据组件自动增减列)。GridLayout 布局的每个网格必须填入组件,如果希望某个网格为空白,可以用一个空白标签(add(new Label()))顶替。

【例 4-5】 小应用程序先将若干个按钮和若干个标签放入 JPanel 中,然后将 JPanel 放入 JScrollPane 中,最后,将 JScrollPane 放入小程序的窗口中,程序所创建的 JScrollPane 总是带水平和垂直滚动条,滚动面板的可视范围小于面板的实际要求,可以移动滚动条的滑块显示面板原先不在可视范围内的区域。

```
1:  import java.applet.*;
2:  import javax.swing.*;
3:  import java.awt.*;
4:  class MyWindow extends JFrame{
5:    public MyWindow(int w,int h){
6:      setTitle("滚动面板实例");
7:      Container con = getContentPane();
8:      con.setPreferredSize(new Dimension(w,h));
9:      con.setLayout(new BorderLayout());
10:     JPanel p = new JPanel();
11:     p.setLayout(new GridLayout(6,6));
12:     for(int i = 0;i<6;i++){
13:       p.add(new JLabel());
14:       for(int j = 1;j<=2;j++){
15:         p.add(new JButton("按钮" + (2*i+j)));
16:         p.add(new JLabel("标签" + (2*i+j)));
17:       }
18:       p.add(new JLabel());
19:     }
20:     p.setBackground(Color.blue);
21:     p.setPreferredSize(new Dimension(w+60,h+60));
22:     ScrollPane scrollPane = new ScrollPane(p);
23:     scrollPane.setPreferredSize(new Dimension(w-60,h-60));
24:     add(scrollPane,BorderLayout.CENTER);//小程序添加滚动面板
25:     setVisible(true); pack();
26:   }
27: }
```

```
28: class ScrollPane extends JScrollPane{
29:   public ScrollPane(Component p){
30:     super(p);
31:     setHorizontalScrollBarPolicy(JScrollPane.HORIZONTAL_SCROLLBAR_
        ALWAYS);
32:     setVerticalScrollBarPolicy(JScrollPane.VERTICAL_SCROLLBAR_
        ALWAYS);
33:   }
34: }
35: public class J506 extends Applet{
36:   MyWindow myWindow;
37:   public void init(){
38:     myWindow = new MyWindow(400,350);
39:   }
40: }
```

GridLayout 布局要求所有组件的大小保持一致，这可能会使用户界面不够美观。一个补救的办法是让一些小组件合并放在一个容器中，然后把这个容器作为组件，再放入到 GridLayout 布局中。这就是前面所说的容器嵌套。例如，容器 A 使用 GridLayout 布局，将容器均分为网格；另有容器 B 和 C 各放入若干组件后，把 B 和 C 分别作为组件添加到容器 A 中。容器 B 和 C 也可以设置为 GridLayout 布局，把自己分为若干网格，也可以设置成其他布局。这样，从外观来看，各组件的大小就有了差异。

4.4.4 CardLayout 布局

采用 CardLayout 布局的容器虽可容纳多个组件，但是多个组件拥有同一个显示空间，某一时刻只能显示一个组件。就像一叠扑克牌每次只能显示最上面的一张一样，这个显示的组件将占据容器的全部空间。CardLayout 布局设计步骤如下：

先创建 CardLayout 布局对象。然后，使用 setLayout()方法为容器设置布局。最后，调用容器的 add()方法将组件加入容器。CardLayout 布局策略加入组件的方法是：

add(组件代号，组件)；

其中组件代号是字符串，是另给的，与组件名无关。例如，以下代码为一个 JPanel 容器设定 CardLayout 布局：

```
CardLayout myCard = new CardLayout();//创建 CardLayout 布局对象
JPanel p = new JPanel();//创建 Panel 对象
p.setLayout(myCard);
```

用 CardLayout 类提供的方法显示某一组件的方式有两种：

(1)使用 show(容器名，组件代号)形式的代码，指定某个容器中的某个组件显示。

例如，以下代码指定容器 p 的组件代号 k，显示这个组件：

myCard.show(p,k);

(2)按组件加入容器的顺序显示组件。

first(容器):例如,代码 myCard. first(p);

last(容器):例如 , myCard. last(p);

next(容器):例如,myCard. next(p);

previous(容器):myCard. previous(p);

【例 4-6】 小应用程序使用 CardLayout 布局,面板容器 p 使用 CardLayout 布局策略设置 10 个标签组件。窗口设有 4 个按钮,分别负责显示 p 的第一个组件、最后一个组件、当前组件的前一个组件和当前的组件的最后一个组件。

```
1:  import java.applet.*;import java.awt.*;
2:  import java.awt.event.*;import javax.swing.*;
3:  class MyPanel extends JPanel{
4:    int x;JLabel label1;
5:    MyPanel(int a){
6:      x=a;
7:      getSize();
8:      label1=new JLabel("我是第"+x+"个标签");
9:      add(label1);
10:   }
11:   public Dimension getPreferredSize(){
12:     return new Dimension(200,50);
13:   }
14: }
15: public class J407 extends Applet implements ActionListener{
16:   CardLayout mycard;MyPanel myPanel[];JPanel p;
17:   private void addButton(JPanel pan,String butName,ActionListener
      listener){
18:     JButton aButton=new JButton(butName);
19:     aButton.addActionListener(listener);
20:     pan.add(aButton);
21:   }
22:   public void init(){
23:     setLayout(new BorderLayout());//小程序的布局是边界布局
24:     mycard=new CardLayout();
25:     this.setSize(400,150);
26:     p=new JPanel();
27:     p.setLayout(mycard);//p 的布局设置为卡片式布局
28:     myPanel=new MyPanel[10];
29:     for(int i=0;i<10;i++){
```

```
30:         myPanel[i] = new MyPanel(i + 1);
31:         p.add("A" + i,myPanel[i]);
32:         }
33:         JPanel p2 = new JPanel();
34:         addButton(p2,"第一个",this);
35:         addButton(p2,"最后一个",this);
36:         addButton(p2,"前一个",this);
37:         addButton(p2,"后一个",this);
38:         add(p,"Center"); add(p2,"South");
39:     }
40:     public void actionPerformed(ActionEvent e){
41:         if(e.getActionCommand().equals("第一个"))mycard.first(p);
42:         else if(e.getActionCommand().equals("最后一个"))mycard.last(p);
43:         else if(e.getActionCommand().equals("前一个"))mycard.previous(p);
44:         else if(e.getActionCommand().equals("后一个"))mycard.next(p);
45:     }
46: }
```

4.4.5 null 布局与 setBounds 方法

空布局就是把一个容器的布局设置为 null 布局。空布局采用 setBounds()方法设置组件本身的大小和在容器中的位置:

setBounds(int x,int y,int width,int height)

组件所占区域是一个矩形,参数 x,y 是组件的左上角在容器中的位置坐标;参数 weight,height 是组件的宽和高。

空布局安置组件的办法分两个步骤:先使用 add()方法为容器添加组件。然后调用 setBounds()方法设置组件在容器中的位置和组件本身的大小。

与组件相关的其他方法:

(1) getSize(). width,

(2) getSize(). height

(3) setVgap(ing vgap)

(4) setHgap(int hgap)

4.5 面板

面板有两种,一种是普通面板(JPanel),另一种是滚动面板(JScrollPane)。

4.5.1 Jpanel

面板是一种通用容器,JPanel 的作用是实现界面的层次结构,在它上面放入一些组件,也可以在上面绘画,将放有组件和绘画的 JPanel 再放入另一个容器里。JPanel 的默认布局为 FlowLayout。

面板处理程序的基本内容有以下几个方面

(1)通过继承声明 JPanel 类的子类，子类中有一些组件，并在构造方法中将组件加入面板。

(2)声明 JPanel 子类对象。

(3)创建 JPanel 子类对象。

(4)将 JPanel 子类对象加入到某个容器。

JPanel 类的常用构造方法有：

(1) JPanel()，创建一个 JPanel 对象。

(2) JPanel(LayoutManager layout)，创建 JPanel 对象时指定布局 layout。

JPanel 对象添加组件的方法：

(1) add(组件)，添加组件。

(2) add(字符串，组件)，当面板采用 GardLayout 布局时，字符串是引用添加组件的代号。

【例 4-7】 小应用程序有两个 JPanel 子类对象和一个按钮。每个 JPanel 子类对象又有两个按钮和一个标签。

```
1:  import java.applet. * ;
2:  import javax.swing. * ;
3:  class MyPanel extends JPanel{
4:    JButton button1,button2;
5:    JLabel Label;
6:    MyPanel(String s1,String s2,String s3){
7:      //Panel 对象被初始化为有两个按钮和一个文本框
8:      button1 = new JButton(s1);button2 = new JButton(s2);
9:      Label = new JLabel(s3);
10:     add(button1);add(button2);add(Label);
11:   }
12: }
13: public class J404 extends Applet{
14:   MyPanel panel1,panel2;
15:   JButton Button;
16:   public void init(){
17:     panel1 = new MyPanel("确定","取消","标签,我们在面板 1 中");
18:     panel2 = new MyPanel("确定","取消","标签,我们在面板 2 中");
19:     Button = new JButton("我是不在面板中的按钮");
20:     add(panel1);add(panel2);add(Button);
21:     setSize(300,200);
22:   }
23: }
```

4.5.2 JScrollPane

当一个容器内放置了许多组件，而容器的显示区域不足以同时显示所有组件时，如果让容器带滚动条，通过移动滚动条的滑块，容器中所有位置上的组件都能看到。滚动面板JScrollPane能实现这样的要求，JScrollPane是带有滚动条的面板。JScrollPane是Container类的子类，也是一种容器，但是只能添加一个组件。JScrollPane的一般用法是先将一些组件添加到一个JPanel中，然后再把这个JPanel添加到JScrollPane中。这样，从界面上看，在滚动面板上，好像也有多个组件。在Swing中，像JTextArea、JList、JTable等组件都没有自带滚动条，都需要将它们放置于滚动面板，利用滚动面板的滚动条，浏览组件中的内容。

JScrollPane类的构造方法有：

(1) JScrollPane()，先创建JScrollPane对象，然后再用方法setViewportView(Component com)为滚动面板对象放置组件对象。

(2) JScrollPane(Component com)，创建JScrollPane对象，参数com是要放置于JScrollPane对象的组件对象。为JScrollPane对象指定了显示对象之后，再用add()方法将JScrollPane对象放置于窗口中。

JScrollPane对象设置滚动条的方法是：

(1)setHorizontalScrollBarPolicy(int policy)，policy取以下列3个值之一：

```
JScrollPane. HORIZONTAL_SCROLLBAR_ALWAYS
JScrollPane. HORIZONTAL_SCROLLBAR_AS_NEED
JScrollPane. HORIZONTAL_SCROLLBAR_NEVER
```

(2)setVerticalScrollBarPolicy(int policy)，policy取以下列3个值之一：

```
JScrollPane. VERTICAL_SCROLLBAR_ALWAYS
JScrollPane. VERTICAL_SCROLLBAR_AS_NEED
JScrollPane. VERTICAL_SCROLLBAR_NEVER
```

以下代码将文本区放置于滚动面板，滑动面板的滚动条能浏览文本区

```
JTextArea textA = new JTextArea(20,30);
JScrollPane jsp = new JScrollPane(textA);
getContentPane(). add(jsp);//将含文本区的滚动面板加入到当前窗口中。
```

4.6 文本框和文本区

在图形界面中，文本框和文本区是用于信息输入输出的组件。

4.6.1 文本框

文本框(JTextField)是界面中用于输入和输出一行文本的框。JTextField类用来建立文本框。与文本框相关的接口是ActionListener。

文本框处理程序的基本内容有以下几个方面：

(1)声明一个文本框名。

(2)建立一个文本框对象。

(3)将文本框对象加入到某个容器。

(4)对需要控制的文本框对象注册监视器,监听文本框的输入结束(即输入回车键)事件。

(5)一个处理文本框事件的方法,完成对截获事件进行判断和处理。

JTextField 类的主要构造方法:

(1) JTextField(),文本框的字符长度为 1。

(2) JTextField(int columns),文本框初始值为空字符串,文本框的字符长度设为 columns。

(3) JTextField(String text),文本框初始值为 text 的字符串。

(4) JTextField(String text,int columns);文本框初始值为 text,文本框的字符长度为 columns。

JTextField 类的其他方法:

(1) setFont(Font f),设置字体。

(2) setText(String text),在文本框中设置文本。

(3) getText(),获取文本框中的文本。

(4) setEditable(boolean),指定文本框的可编辑性,默认为 true,可编辑。

(5) setHorizontalAlignment (int alignment) 设置文本对齐方式。对齐方式有:JTextField. LEFT, JTextField. CENTER, JTextField. RIGHT。

(6) requestFocus(),设置焦点。

(7) addActionListener (ActionListener),为文本框设置动作监视器,指定 ActionListener 对象接收该文本框上发生的输入结束动作事件。

(8) removeActionListener(ActionListener)移去文本框监视器。

(9) getColumns(),返回文本框的列数。

(10) getMinimumSize(),返回文本框所需的最小尺寸。

(11) getMinimumSize(int),返回文本框在指定的字符数情况下,所需的最小尺寸。

(12) getPreferredSize(),返回文本框希望具有的尺寸。

(13) getPreferredSize(int),返回文本框在指定字符数情况下,希望具有的尺寸。

【例 4-8】 小应用程序有两个文本框。一个文本用于输入一个整数,另一个文本框显示这个整数的平方值。程序用字符串转基本类型的方法 Long. parseLong(text1. getText()),读取文本框 text1 中的字符串,并将它转换成整数。程序用 Sqr 类的实例作为监视器,但为了让监视器能访问主类的变量,主类中的变量被声明为类变量,并且不设置访问权限。

```
1: import java.applet. * ;
2: import javax.swing. * ;
3: class MyPanel extends JPanel{
4:    JButton button1,button2;
5:    JLabel Label;
6:    MyPanel(String s1,String s2,String s3){
```

```
7:        //Panel 对象被初始化为有两个按钮和一个文本框
8:        button1 = new JButton(s1);button2 = new JButton(s2);
9:        Label = new JLabel(s3);
10:       add(button1);add(button2);add(Label);
11:     }
12: }
13: public class J404 extends Applet{
14:   MyPanel panel1,panel2;
15:   JButton Button;
16:   public void init(){
17:     panel1 = new MyPanel("确定","取消","标签,我们在面板 1 中");
18:     panel2 = new MyPanel("确定","取消","标签,我们在面板 2 中");
19:     Button = new JButton("我是不在面板中的按钮");
20:     add(panel1);add(panel2);add(Button);
21:     setSize(300,200);
22:   }
23: }
```

密码框(JPasswordField)是一个单行的输入组件,与 JTextField 基本类似。密码框多一个屏蔽功能,就是在输入时,都会以一个别的指定的字符(一般是 * 字符)输出。除了前面介绍的文本框的方法外,另有一些密码框常用的方法:

(1) getEchoChar(),返回密码的回显字符。

(2) setEchoChar(char),设置密码框的回显字符。

4.6.2 文本区

文本区(JTextArea)是窗体中一个放置文本的区域。文本区与文本框的主要区别是文本区可存放多行文本。Javax. swing 包中的 JTextArea 类用来建立文本区。JTextArea 组件没有事件。

文本区处理程序的基本内容有以下几个方面:

(1)声明一个文本区名。

(2)建立一个文本区对象。

(3)将文本区对象加入到某个容器。

JTextArea 类的主要构造方法:

(1) JTextArea(),以默认的列数和行数,创建一个文本区对象。

(2) JTextArea(String s),以 s 为初始值,创建一个文本区对象。

(3) JTextArea(Strings ,int x,int y),以 s 为初始值,行数为 x,列数为 y,创建一个文本区对象。

(4) JTextArea(int x,int y)以行数为 x,以列数为 y,创建一个文本区对象。

JTextArea 类的其他常用方法:

(1) setText(String s),设置显示文本,同时清除原有文本。

(2) getText(),获取文本区的文本。

(3) insert(String s,int x),在指定的位置插入指定的文本。

(4) replace(String s,int x,int y),用给定的字符串替换从 x 位置开始到 y 位置结束的文本。

(5) append(String s),在文本区追加文本。

(6) getCarePosition(),获取文本区中活动光标的位置。

(7) setCarePosition(int n),设置活动光标的位置。

(8) setLineWrap(boolean b),设置自动换行,缺省情况,不自动换行。

以下代码创建一个文本区,并设置能自动换行。

```
JTextArea textA = new JTextArea("我是一个文本区",10,15);
textA. setLineWrap(true);//设置自动换行
```

当文本区中的内容较多,不能在文本区全部显示时,可给文本区配上滚动条。给文本区设置滚动条可用以下代码:

```
JTextArea ta = new JTextArea();
JScrollPane jsp = new JScrollPane(ta);//给文本区添加滚动条
```

4.6.3 数据输入和输出

在 GUI 中,常用文本框和文本区实现数据的输入和输出。如果采用文本区输入,通常另设一个数据输入完成按钮。当数据输入结束时,点击这个按钮。事件处理程序利用 getText()方法从文本区中读取字符串信息。对于采用文本框作为输入的情况,最后输入的回车符可以激发输入完成事件,通常不用另设按钮。事件处理程序可以利用单词分析器分析出一个个数,再利用字符串转换数值方法,获得输入的数值。对于输出,程序先将数值转换成字符串,然后通过 setText()方法将数据输出到文本框或文本区。

【例 4-9】 小应用程序设置一个文本区、一个文本框和两个按钮。用户在文本区中输入整数序列,单击求和按钮,程序对文本区中的整数序列进行求和,并在文本框中输出和。单击第二个按钮,清除文本区和文本框中的内容。

```
1:  import Java. util. * ;
2:  import Java. applet. * ;
3:  import Java. awt. * ;
4:  import Javax. swing. * ;
5:  import Java. awt. event. * ;
6:  public class J409 extends Applet implements ActionListener{
7:    JTextArea textA;JTextField textF;JButton b1,b2;
8:    public void init(){
9:      setSize(250,150);
10:     textA = new JTextArea("",5,10);
11:     textA. setBackground(Color. blue);
```

```
12:     textF = new JTextField("",10);
13:     textF. setBackground(Color. pink);
14:     b1 = new JButton("求 和"); b2 = new JButton("重新开始");
15:     textF. setEditable(false);
16:     b1. addActionListener(this); b2. addActionListener(this);
17:     add(textA); add(textF); add(b1);add(b2);
18:   }
19:   public void actionPerformed(ActionEvent e){
20:     if(e. getSource() = = b1){
21:       String s = textA. getText();
22:       StringTokenizer tokens = new StringTokenizer(s);
23:       //使用默认的分隔符集合:空格、换行、Tab 符合回车作分隔符
24:       int n = tokens. countTokens(),sum = 0,i;
25:       for(i = 0;i< = n - 1;i + + ){
26:         String temp = tokens. nextToken();//从文本区取下一个数据
27:         sum + = Integer. parseInt(temp);
28:       }
29:       textF. setText("" + sum);
30:     }
31:     else if(e. getSource() = = b2){
32:       textA. setText(null);
33:       textF. setText(null);
34:     }
35:   }
36: }
```

【例 4-10】 小应用程序计算从起始整数到终止整数中是因子倍数的所有数。小程序容器用 GridLayout 布局将界面划分为 3 行列，第一行是标签，第二行和第三行是两个 Panel。设计两个 Panel 容器类 Panel1,Panel2,并分别用 GridLayout 布局划分。Panel1 为 1 行 6 列,Panel2 为 1 行 4 列。然后将标签和容器类 Panel1,Panel2 产生的组件加入到窗口的相应位置中。

```
1: import Java. applet. * ;
2: import Javax. swing. * ;
3: import Java. awt. * ;
4: import Java. awt. event. * ;
5: class Panel1 extends JPanel{
6:   JTextField text1,text2,text3;
7:   Panel1(){//构造方法。当创建 Panel 对象时,Panel 被初始化为有三个标签
```

```
8:      //三个文本框,布局为GridLayout(1,6)
9:      text1 = new JTextField(10);text2 = new JTextField(10);
10:     text3 = new JTextField(10);setLayout(new GridLayout(1,6));
11:     add(new JLabel("起始数",JLabel.RIGHT));add(text1);
12:     add(new JLabel("终止数",JLabel.RIGHT));add(text2);
13:     add(new JLabel("因子",JLabel.RIGHT));add(text3);
14:   }
15: }
16: class Panel2 extends JPanel{//扩展Panel类
17:   JTextArea text;JButton Button;
18:   Panel2(){//构造方法。当创建Panel对象时,Panel被初始化为有一个标签
19:     //一个文本框,布局为GridLayout(1,4)
20:     text = new JTextArea(4,10);text.setLineWrap(true);
21:     JScrollPane jsp = new JScrollPane(text);
22:     Button = new JButton("开始计算");
23:     setLayout(new GridLayout(1,4));
24:     add(new JLabel("计算结果:",JLabel.RIGHT));
25:     add(jsp);
26:     add(new Label());add(Button);
27:   }
28: }
29: public class J410 extends Applet implements ActionListener{
30:   Panel1 panel1;Panel2 panel2;
31:   public void init(){
32:     setLayout(new GridLayout(3,1));
33:     setSize(400,200);panel1 = new Panel1();panel2 = new Panel2();
34:     add(new JLabel("计算从起始数到终止数是因子倍数的数",JLabel.
        CENTER));
35:     add(panel1);add(panel2);
36:     (panel2.Button).addActionListener(this);
37:   }
38:   public void actionPerformed(ActionEvent e){
39:     if(e.getSource() == (panel2.Button)){
40:       long n1,n2,f,count = 0;
41:       n1 = Long.parseLong(panel1.text1.getText());
42:       n2 = Long.parseLong(panel1.text2.getText());
43:       f = Long.parseLong(panel1.text3.getText());
44:       for(long i = n1;i<= n2;i++)
```

```
45:            {if(i % f = = 0)
46:              panel2. text. append(String. valueOf(i) +"");
47:          }
48:       }
49:    }
50: }
```

4.7 选择框和单选按钮

选择框、单选框和单选按钮都是选择组件,选择组件有两种状态,一种是选中(on),另一种是未选中(off),它们提供一种简单的“on/off”选择功能,让用户在一组选择项目中作选择。

4.7.1 选择框

选择框(JCheckBox)的形状是一个小方框,被选中则在框中打勾。当在一个容器中有多个选择框,同时可以有多个选择框被选中,这样的选择框也称复选框。与选择框相关的接口是 ItemListener,事件类是 ItemEvent。

JCheckBox 类常用的构造方法有以下 3 个:

(1) JCheckBox(),用空标题构造选择框。

(2) JCheckBox(String s),用给定的标题 s 构造选择框。

(3) JCheckBox(String s, boolean b),用给定的标题 s 构造选择框,参数 b 设置选中与否的初始状态。

JCheckBox 类的其他常用方法如下:

(1) getState(),获取选择框的状态。

(2) setState(boolean b),设置选择框的状态

(3) getLabel(),获取选择框的标题。

(4) setLabel(String s),设置选择框的标题。

(5) isSelected(),获取选择框是否被选中的状态。

(6) itemStateChanged(ItemEvent e),处理选择框事件的接口方法。

(7) getItemSelectable(),获取可选项。获取事件源。

(8) addItemListener(ItemListener l),为选择框设定监视器。

(9) removeItemListener(ItemListener l),移去选择框的监视器。

【例 4-11】 声明一个面板子类,面板子类对象有 3 个选择框。

```
1:    class Panel1 extends JPanel{
2:    JCheckBox box1,box2,box3;
3:    Panel1(){
4:      box1 = new JCheckBox("足球");
5:      box2 = new JCheckBox("排球");
6:      box2 = new JCheckBox("篮球");
7:    }
8:    }
```

4.7.2 单选框

当在一个容器中放入多个选择框，且没有 ButtonGroup 对象将它们分组，则可以同时选中多个选择框。如果使用 ButtonGroup 对象将选择框分组，同一时刻组内的多个选择框只允许有一个被选中，称同一组内的选择框为单选框。

4.7.3 单选按钮

单选按钮(JRadioButton)的功能与单选框相似。使用单选按钮的方法是将一些单选按钮用 ButtonGroup 对象分组，使同一组的单选按钮只允许有一个被选中。单选按钮与单选框的差异是显示的样式不同，单选按钮是一个圆形的按钮，单选框是一个小方框。

JRadioButton 类的常用构造方法有以下几个：

(1) JRadioButton()，用空标题构造单选按钮。

(2) JRadioButton(String s)，用给定的标题 s 构造单选按钮。

(3) JRadioButton(String s,boolean b)，用给定的标题 s 构造单选按钮，参数 b 设置选中与否的初始状态。

单选按钮使用时需要使用 ButtonGroup 将单选按钮分组，单选按钮的分组方法是先创建对象，然后将同组的单选按钮添加到同一个 ButtonGroup 对象中。

4.7.4 选择项目事件处理

用户对选择框或单选按钮做出选择后，程序应对这个选择作出必要的响应，程序为此要处理选择项目事件。选择项目处理程序的基本内容有：

(1)监视选择项目对象的类要实现接口 ItemListener。

(2)程序要声明和建立选择对象。

(3)为选择对象注册监视器。

(4)编写处理选择项目事件的接口方法 itemStateChanged(ItemEvent e)，在该方法内用 getItemSelectable()方法获取事件源，并作相应处理。

【例 4-12】 处理选择项目事件的小应用程序。一个由 3 个单选按钮组成的产品选择组，当选中某个产品时，文本区将显示该产品的信息。一个由 3 个选择框组成的购买产品数量选择框组，当选择了购买数量后，在另一个文本框显示每台价格。

```
1:  import java.applet. * ;
2:  import javax.swing. * ;
3:  import java.awt. * ;
4:  import java.awt.event. * ;
5:  class Panel1 extends JPanel{
6:    JRadioButton box1,box2,box3;
7:    ButtonGroup g;
8:    Panel1(){
9:      setLayout(new GridLayout(1,3));
10:     g = new ButtonGroup();
11:     box1 = new JRadioButton(MyWindow.fName[0]+"计算机",false);
```

```
12：      box2 = new JRadioButton(MyWindow.fName[1] + "计算机",false);
13：      box3 = new JRadioButton(MyWindow.fName[2] + "计算机",false);
14：      g.add(box1);g.add(box2);g.add(box3);
15：      add(box1);add(box2);add(box3);
16：      add(new JLabel("计算机 3 选 1"));
17：    }
18：  }
19：  class Panel2 extends JPanel{
20：    JCheckBox box1,box2,box3;
21：    ButtonGroup g;
22：    Panel2(){
23：      setLayout(new GridLayout(1,3));
24：      g = new ButtonGroup();
25：      box1 = new JCheckBox("购买 1 台 ");
26：      box2 = new JCheckBox("购买 2 台 ");
27：      box3 = new JCheckBox("购买 3 台 ");
28：      g.add(box1);g.add(box2);g.add(box3);
29：      add(box1);add(box2);add(box3);
30：      add(new JLabel(" 选择 1、2 或 3"));
31：    }
32：  }
33：  class MyWindow extends JFrame implements ItemListener{
34：    Panel1 panel1;
35：  Panel2 panel2;
36：    JLabel label1,label2;
37：    JTextArea text1,text2;
38：    static String fName[] = {"HP","IBM","DELL"};
39：    static double priTbl[][] = {{1.20,1.15,1.10},{1.70,1.65,1.60},{1.
        65,1.60,1.58}};
40：    static int production = -1;
41：    MyWindow(String s){
42：      super(s);
43：      Container con = this.getContentPane();
44：      con.setLayout(new GridLayout(3,2));
45：      this.setLocation(100,100);
46：      this.setSize(400,100);
47：      panel1 = new Panel1();panel2 = new Panel2();
48：      label1 = new JLabel("产品介绍",JLabel.CENTER);
```

```
49:      label2 = new JLabel("产品价格",JLabel.CENTER);
50:      text1 = new JTextArea();text2 = new JTextArea();
51:      con.add(label1);con.add(label2);con.add(panel1);
52:      con.add(panel2);con.add(text1);con.add(text2);
53:      panel1.box1.addItemListener(this);
54:      panel1.box2.addItemListener(this);
55:      panel1.box3.addItemListener(this);
56:      panel2.box1.addItemListener(this);
57:      panel2.box2.addItemListener(this);
58:      panel2.box3.addItemListener(this);
59:      this.setVisible(true);this.pack();
60:    }
61:    public void itemStateChanged(ItemEvent e){//选项状态已改变
62:      if(e.getItemSelectable() = = panel1.box1){//获取可选项
63:        production = 0;
64:        text1.setText(fName[0] + "公司生产");text2.setText("");
65:      }
66:      else if(e.getItemSelectable() = = panel1.box2){
67:        production = 1;
68:        text1.setText(fName[1] + "公司生产");text2.setText("");
69:      }
70:      else if(e.getItemSelectable() = = panel1.box3){
71:        production = 2;
72:        text1.setText(fName[2] + "公司生产");text2.setText("");
73:      }
74:      else{
75:        if(production = = - 1)return;
76:        if(e.getItemSelectable() = = panel2.box1){
77:          text2.setText("" + priTbl[production][0] + "万元/台");
78:        }
79:        else if(e.getItemSelectable() = = panel2.box2){
80:          text2.setText("" + priTbl[production][1] + "万元/台");
81:        }
82:        else if(e.getItemSelectable() = = panel2.box3){
83:          text2.setText("" + priTbl[production][2] + "万元/台");
84:        }
85:      }
86:    }
```

```
87: }
88: public class Example6_2 extends Applet{
89:     MyWindow myWin = new MyWindow("选择项目处理示例程序");
90: }
```

4.8 列表和组合框

列表和组合框是又一类供用户选择的界面组件，用于在一组选择项目中进行选择，组合框还可以输入新的选择。

4.8.1 列表

列表(JList)在界面中表现为列表框，是JList类或它的子类的对象。程序可以在列表框中加入多个文本选择项条目。列表事件的事件源有两种：一是鼠标双击某个选项，二是鼠标单击某个选项。

双击选项是动作事件，与该事件相关的接口是ActionListener，注册监视器的方法是addActionListener()，接口方法是actionPerformed(ActionEvent e)。

单击选项是选项事件，与选项事件相关的接口是ListSelectionListener，注册监视器的方法是addListSelectionListener，接口方法是valueChanged(ListSelectionEvent e)。

JList类的常用构造方法：

(1) JList()，建立一个列表。

(2) JList(String list[])，建立列表，list是字符串数组，数组元素是列表的选择条目。

JList类的常用方法：

(1) getSelectedIndex()，获取选项的索引。返回最小的选择单元索引；只选择了列表中单个项时，返回该选择。

(2) getSelectedValue()，获取选项的值。

(3) getSelectedIndices()，返回所选的全部索引的数组(按升序排列)。

(4) getSelect()，返回所有选择值的数组，根据其列表中的索引顺序按升序排序。

(5) getItemCount()，获取列表中的条数。

(6) setVisibleRowCount(int n)，设置列表可见行数。

(7) setSelectionMode(int seleMode)，设置列表选择模型。选择模型有单选和多选两种。

单选：ListSelectionModel. SINGLE_SELECTION.

多选：ListSelectionModel. MULTIPLE. INTERVAL_SELECTION.

(8) remove(int n)，从列表的选项菜单中删除指定索引的选项。

(9) removeAll()，删除列表中的全部选项。

列表可以添加滚动条，列表添加滚动条的方法是先创建列表，然后再创建一个JScrollPane滚动面板对象，在创建滚动面板对象时指定列表。以下代码示意为列表list2添加滚动条：

```
JScrollPane jsp = new JScrollPane(list2);
```

【例 4 - 13】 小应用程序有两个列表，第一个列表只允许单选，第二个列表允许多选。

```
1:  import java.applet. * ;
2:  import javax.swing. * ;
3:  import javax.swing.event. * ;
4:  import java.awt. * ;
5:  import java.awt.event. * ;
6:  class MyWindow extends JFrame implements ListSelectionListener{
7:    JList list1,list2;
8:    String news[] = {"人民日报","新民晚报","浙江日报","文汇报"};
9:    String sports[] = {"足球","排球","乒乓球","篮球"};
10:   JTextArea text;
11:   MyWindow(String s){
12:     super(s);
13:     Container con = getContentPane();
14:     con.setBackground(Color.BLUE);
15:     con.setLayout(new GridLayout(2,2));
16:     con.setSize(200,500);
17:     list1 = new JList(news);
18:     list1.setVisibleRowCount(3);
19:     list1.setSelectionMode(ListSelectionModel.SINGLE_SELECTION);
20:     list1.addListSelectionListener(this);
21:     list2 = new JList(sports);
22:     list2.setVisibleRowCount(2);
23:     list2.setSelectionMode(ListSelectionModel.MULTIPLE_INTERVAL_
        SELECTION);
24:     list2.addListSelectionListener(this);
25:     con.add(list1);
26:     con.add(list2);
27:     text = new JTextArea(10,20);
28:     con.add(text);
29:     this.setVisible(true);
30:     this.pack();
31:   }
32:   public void valueChanged(ListSelectionEvent e){//每当选择值发生更
      改时调用
33:     if(e.getSource() = = list1){
34:       text.setText(null);
35:       Object listValue = ((JList)e.getSource()).getSelectedValue();
```

```
36:         String seleName = listValue.toString();
37:         for(int i = 0;i<news.length;i + + )
38:           if(news[i].equals(seleName)){
39:             text.append(seleName + "被选中\n");
40:           }
41:       }
42:       else if(e.getSource() = = list2){
43:         text.setText(null);
44:         int tempList[] = list2.getSelectedIndices();
45:         for(int i = 0;i<tempList.length;i + + )
46:           text.append(sports[tempList[i]] + "被选中\n");
47:       }
48:     }
49: }
50: public class Example6_3 extends Applet{
51:   MyWindow myWin = new MyWindow("列表示例");
52: }
```

4.8.2 组合框

组合框(JComboBox)是文本框和列表的组合,可以在文本框中输入选项,也可以单击下拉按钮从显示的列表中进行选择。

组合框的常用构造方法:

(1) JComboBox(),建立一个没有选项的 JComboBox 对象。

(2) JComboBox(JComboBoxModel aModel),用数据模型建立一个 JComboBox 对象。

(3) JComboBox(Object[]items),利用数组对象建立一个 JComboBox 对象。

组合框的其他常用方法有以下几个:

(1) addItem(Object obj),向组合框加选项。

(2) getItemCount(),获取组合框的条目总数。

(3) removeItem(Object ob),删除指定选项。

(4) removeItemAt(int index),删除指定索引的选项。

(5) insertItemAt(Object ob,int index),在指定的索引处插入选项。

(6) getSelectedIndex(),获取所选项的索引值(从 0 开始)。

(7) getSelectedItem(),获得所选项的内容。

(8) setEditable(boolean b),设为可编辑。组合框的默认状态是不可编辑的,需要调用本方法设定为可编辑,才能响应选择输入事件。

在 JComboBox 对象上发生事件分为两类。一是用户选定项目,事件响应程序获取用户所选的项目。二是用户输入项目后按回车键,事件响应程序读取用户的输入。第一类事件的接口是 ItemListener;第二类事件是输入事件,接口是 ActionListener。

【例 4 - 14】 一个说明组合框用法的应用程序。程序中声明的组合框子类实现 ItemLister 接口和 ActionListener 接口。组合框子类的窗口中设置了一个文本框和一个组合框，组合框中有三个选择。实现接口的监视方法将组合框的选择结果在文本框中显示。

```
1:  import javax.swing. * ;
2:  import java.awt. * ;
3:  import java.awt.event. * ;
4:  public class Example4_14{
5:    public static void main(String args[]){
6:      ComboBoxDemo mycomboBoxGUI = new ComboBoxDemo();
7:    }
8:  }
9:  class ComboBoxDemo extends JFrame implements ActionListener,
    ItemListener{
10:   public static final int Width = 350;
11:   public static final int Height = 150;
12:   String proList[] = { "踢足球","打篮球","打排球" };
13:   JTextField text;
14:   JComboBox comboBox;
15:   public ComboBoxDemo(){
16:     setSize(Width,Height);
17:     setTitle("组合框使用示意程序");
18:     Container conPane = getContentPane();
19:     conPane.setBackground(Color.BLUE);
20:     conPane.setLayout(new FlowLayout());
21:     comboBox = new JComboBox(proList);
22:     comboBox.addActionListener(this);
23:     comboBox.addItemListener(this);
24:     comboBox.setEditable(true);//响应键盘输入
25:     conPane.add(comboBox);
26:     text = new JTextField(10);
27:     conPane.add(text);
28:     this.setVisible(true);
29: }
30: public void actionPerformed(ActionEvent e){
31:     if(e.getSource() = = comboBox)
32:       text.setText(comboBox.getSelectedItem().toString());
33: }
34: public void itemStateChanged(ItemEvent e){
```

```
35:       if(e.getSource() = = comboBox){
36:         text.setText(comboBox.getSelectedItem().toString());
37:       }
38: }
```

4.9 菜单

有两种类型的菜单:下拉式菜单和弹出式菜单。本书只讨论下拉式菜单编程方法。菜单与 JComboBox 和 JCheckBox 不同,它们在界面中是一直可见的。菜单与 JComboBox 的相同之处是每次只可选择一个项目。

在下拉式菜单或弹出式菜单中选择一个选项就产生一个 ActionEvent 事件。该事件被发送给那个选项的监视器,事件的意义由监视器解释。

4.9.1 菜单条、菜单和菜单项

下拉式菜单通过出现在菜单条上的名字可视化表示,菜单条(JMenuBar)通常出现在 JFrame 的顶部,一个菜单条显示多个下拉式菜单的名字。可以用两种方式来激活下拉式菜单。一种是按下鼠标的按钮,并保持按下状态,移动鼠标,直至释放鼠标完成选择,高亮度显示的菜单项即为所选择的。另一种方式是当光标位于菜单条中的菜单名上时,点击鼠标,在这种情况下,菜单会展开,且高亮度显示菜单项。

一个菜单条可以放多个菜单(JMenu),每个菜单又可以有许多菜单项(JMenuItem),例如,Eclipse 环境的菜单条有 File、Edit、Source、Refactor 等菜单,每个菜单又有许多菜单项。例如,File 菜单有 New、Open File、Close 、Close All 等菜单项。

向窗口增设菜单的方法是:先创建一个菜单条对象,然后再创建若干菜单对象,把这些菜单对象放在菜单条里,再按要求为每个菜单对象添加菜单项。

菜单中的菜单项也可以是一个完整的菜单。由于菜单项又可以是另一个完整菜单,因此可以构造一个层次状菜单结构。

类 JMenuBar 的实例就是菜单条。例如,以下代码创建菜单条对象 menubar:

JMenuBar menubar = new JMenuBar();

在窗口中增设菜单条,必须使用 JFrame 类中的 setJMenuBar()方法。例如,代码:

setJMenuBar(menubar);

类 JMenuBar 的常用方法有:

(1) add(JMenu m),将菜单 m 加入到菜单条中。

(2) countJMenus(),获得菜单条中菜单条数。

(3) getJMenu(int p),取得菜单条中的菜单。

(4) remove(JMenu m),删除菜单条中的菜单 m。

1. 菜单

由类 JMenu 创建的对象就是菜单。类 JMenu 的常用方法如下:

(1) JMenu(),建立一个空标题的菜单。

(2) JMenu(String s),建立一个标题为 s 的菜单。

(3) add(JMenuItem item),向菜单增加由参数 item 指定的菜单选项。

(4) add(JMenu menu),向菜单增加由参数 menu 指定的菜单。实现在菜单嵌入子菜单。

(5) addSeparator(),在菜单选项之间画一条分隔线。

(6) getItem(int n),得到指定索引处的菜单项。

(7) getItemCount(),得到菜单项数目。

(8) insert(JMenuItem item,int n),在菜单的位置 n 插入菜单项 item.

(9) remove(int n),删除菜单位置 n 的菜单项

(10) removeAll(),删除菜单的所有菜单项。

2. 菜单项

类 JMenuItem 的实例就是菜单项。类 JMenuItem 的常用方法如下:

(1)JMenuItem()构造无标题的菜单项。

(2)JMenuItem(String s),构造有标题的菜单项。

(3)setEnabled(boolean b),设置当前单项是否可被选择。

(4)isEnabled(),返回当前菜单项是否可被用户选择。

(5)getLabel(),得到菜单项的名称。

(6)setLabel(),设置菜单选项的名称。

(7)addActionListener(ActionListener e),为菜单项设置监视器。监视器接受点击某个菜单的动作事件。

3. 菜单事件

菜单的事件源是用鼠标点击某个菜单项。处理该事件的接口是 ActionListener,要实现的接口方法是 actionPerformed(ActionEvent e),获得事件源的方法 getSource().

【例 4-15】 小应用程序示意窗口有菜单条的实现方法。设有一个按钮,当按钮处于打开窗口状态时,单击按钮将打开一个窗口,窗口设有一个菜单条,有两个菜单,每个菜单又各有三个菜单项。当一个菜单项被选中时,菜单项监视方法在文本框中显示相应菜单项被选中字样。

```
1:  import java.applet. * ;
2:  import javax.swing. * ;
3:  import java.awt. * ;
4:  import java.awt.event. * ;
5:  class MenuWindow extends JFrame implements ActionListener{
6:     public static JTextField text;
7:     private void addItem(JMenu Menu,String menuName,ActionListener
       listener){
8:       JMenuItem anItem = new JMenuItem(menuName);
9:       anItem.setActionCommand(menuName);
10:      anItem.addActionListener(listener);
11:      Menu.add(anItem);
12:    }
```

```
13:    public MenuWindow(String s,int w,int h){
14:      setTitle(s);
15:      Container con = this.getContentPane();
16:      con.setLayout(new BorderLayout());
17:      this.setLocation(100,100);
18:      this.setSize(w,h);
19:      JMenu menu1 = new JMenu("体育");
20:      addItem(menu1," 跑步",this);
21:      addItem(menu1," 跳绳",this);
22:      addItem(menu1,"打球",this);
23:      JMenu menu2 = new JMenu("娱乐");
24:      addItem(menu2,"唱歌",this);
25:      addItem(menu2,"跳舞",this);
26:      addItem(menu2,"游戏",this);
27:      JMenuBar menubar = new JMenuBar();
28:      text = new JTextField();
29:      menubar.add(menu1);
30:      menubar.add(menu2);
31:      setJMenuBar(menubar);
32:      con.add(text,BorderLayout.NORTH);
33:    }
34:    public void actionPerformed(ActionEvent e){
35:      text.setText(e.getActionCommand() +"菜单项被选中!");
36:    }
37:  }
38:  public class Example6_5 extends Applet implements ActionListener{
39:    MenuWindow window;
40:    JButton button;
41:    boolean bflg;
42:    public void init(){
43:      button = new JButton("打开我的体育娱乐之窗");bflg = true;
44:      window = new MenuWindow("体育娱乐之窗",100,100);
45:      button.addActionListener(this);
46:      add(button);
47:    }
48:    public void actionPerformed(ActionEvent e){
49:      if(e.getSource() = = button){
50:        if(bflg){
```

```
51:          window.setVisible(true);
52:          bflg = false;
53:          button.setLabel("关闭我的体育娱乐之窗");
54:        }
55:        else{
56:          window.setVisible(false);
57:          bflg = true;
58:          button.setLabel("打开我的体育娱乐之窗");
59:        }
60:      }
61:    }
62:  }
```

4. 子菜单

创建了一个菜单,并创建多个菜单项,其中某个菜单项又是一个(含其他菜单项的)菜单,这就构成菜单嵌套。例如,将上述程序中的有关代码改成如下:

Menu menu1,menu2,item4;

MenuItem item3,item5,item6,item41,item42;

另插入以下代码创建 item41 和 item42 菜单项,并把它们加入到 item4 菜单中:

```
1:    item41 = new MenuItem("东方红");
2:    item42  = new MenuItem("牡丹");
3:    item4. add(item41);
4:    item4. add(item42);
```

则点击 item4 菜单时,又会打开两个菜单项供选择。

5. 菜单增加退出项

增设一个新的菜单项,对该菜单项加入监视,对应的监视方法中使用 System. exit()方法,就能实现单击该菜单项时退出 Java 运行环境。例如,以下示意代码:

…

```
1:    item7  = new MenuItem("退出");
2:    item7. addActionListener(this);
3:    …
4:    public void actionPerformed(ActionEvent e){
5:    if(e. getSource() = = item7)
6:    {
7:    System. exit(0);
8:    }
9:    }
```

6. 设置菜单项的快捷键

用 MenuShortcut 类为菜单项设置快捷键。构造方法是 MenuShortcut(int key)。其中 key 可以取值 KeyEvent. VK_A 至 KenEvent. VK_Z，也可以取 ‘a’到 ‘z’键码值。菜单项使用 setShortcut(MenuShortcut k)方法来设置快捷键。例如，以下代码设置字母 e 为快捷键。

```
1:    class Herwindow extends Frame implements ActionListener{
2:    MenuBar menbar;
3:    Menu menu;
4:    MenuItem item;
5:    MenuShortcut shortcut = new MenuShortcut(KeyEvent. VK_E);
6:    …
7:    item. setShortcut(shortcut);
8:    …
9:    }
```

4.9.2 选择框菜单项

菜单也可以包含具有持久的选择状态的选项，这种特殊的菜单可由 JCheckBoxMenuItem 类来定义。JCheckBoxMenuItem 对象像选择框一样，能表示一个选项被选中与否，也可以作为一个菜单项加到下拉菜单中。点击 JCheckBoxMenuItem 菜单时，就会在它的左边出现打勾符号或清除打勾符号。例如，在例 4.15 程序的类 MenuWindow 中，将代码

```
addItem(menu1,“跑步”,this);addItem(menu1,”跳绳”,this);
```

改写成以下代码，就将两个普通菜单项“跑步“和“跳绳”改成两个选择框菜单项：

```
1:    JCheckBoxMenuItem item1 = new JCheckBoxMenuItem(“跑步”);
2:    JCheckBoxMenuItem item2 = new JCheckBoxMenuItem(“跳绳”);
3:    item1. setActionCommand(“跑步”);
4:    item1. addActionListener(this);
5:    menu1. add(item1);
6:    item2. setActionCommand(“跳绳”);
7:    item2. addActionListener(this);
8:    menu1. add(item2);
```

4.10 对话框

对话框是给人机对话过程提供交互模式的工具。应用程序通过对话框，或给用户提供信息，或从用户获得信息。对话框是一个临时窗口，可以在其中放置用于得到用户输入的控件。在 Swing 中，有两个对话框类，它们是 JDialog 类和 JOptionPane 类。JDialog 类提供构造并管理通用对话框；JOptionPane 类给一些常见的对话框提供许多便于使用的选项，例如，简单的“yes－no”对话框等。

4.10.1 JDialog 类

JDialog 类用作对话框的基类。对话框与一般窗口不同，对话框依赖其他窗口，当它所依赖的窗口消失或最小化时，对话框也将消失；窗口还原时，对话框又会自动恢复。

对话框分为强制和非强制两种。强制型对话框不能中断对话过程，直至对话框结束，才让程序响应对话框以外的事件。非强制型对话框可以中断对话过程，去响应对话框以外的事件。强制型也称有模式对话框，非强制对话框也称非模式对话框。

JDialog 对象也是一种容器，因此也可以给 JDialog 对话框指派布局管理器，对话框的默认布局为 BoarderLayout 布局。但组件不能直接加到对话框中，对话框也包含一个内容面板，应当把组件加到 JDialog 对象的内容面板中。由于对话框依赖窗口，因此要建立对话框，必须先要创建一个窗口。

JDialog 类常用的构造方法有 3 个：

(1) JDialog()，构造一个初始化不可见的非强制型对话框。

(2) JDialog(JFrame f,String s)，构造一个初始化不可见的非强制型对话框，参数 f 设置对话框所依赖的窗口，参数 s 用于设置标题。通常先声明一个 JDialog 类的子类，然后创建这个子类的一个对象，就建立了一个对话框。

(3) JDialog(JFrame f,String s,boolean b)，构造一个标题为 s，初始化不可见的对话框。参数 f 设置对话框所依赖的窗口，参数 b 决定对话框是否强制或非强制型。

JDialog 类的其他常用方法有以下几个：

(1) getTitle()，获取对话框的标题。

(2) setTitle(String s)，设置对话框的标题。

(3) setModal(boolean b)，设置对话框的模式。

(4) setSize()，设置框的大小。

(5) setVisible(boolean b)，显示或隐藏对话框。

4.10.2 JOptionPane 类

经常遇到非常简单的对话情况，为了简化常见对话框的编程，JOptionPane 类定义了四个简单对话框类型，参见下表。JOptionPane 类提供一组静态方法，让用户选用某种类型的对话框。下面的代码是选用确认对话框：

int result = JOptionPane. showConfirmDialog(parent,"确实要退出吗", "退出确认",
JOptionPane. YES_NO_CANCEL_OPTION)；

其中方法名的中间部分文字"Confirm"是创建对话框的类型，文字 Confirm 指明是选用确认对话框。将文字 Confirm 改为另外三种类型的某一个，就成为相应类型的对话框。上述代码的四个参数的意义是：第一个参数指定这个对话框的父窗口；第二个参数是对话框显示的文字；第三个参数是对话框的标题；最后一个参数指明对话框有三个按钮，分别为"是(Y)"，"否(N)"，和"撤销"。方法的返回结果是用户响应了这个对话框后的结果，参见表 4-6。

输入对话框以列表或文本框形式请求用户输入选择信息，用户可以从列表中选择选项或从文本框中输入信息。以下是一个从列表中选择运行项目的输入对话框的示意代码：

String result = (String)JOptionPane. showInputDialog(parent,"请选择一项运动项

目”，“这是运动项目选择对话框”，JOptionPane. QUESTION_MESSAGE，null，new Object[]{“踢足球”，“打篮球”，“跑步”，“跳绳”}，“跑步”)；

第四个参数是信息类型，第五个参数在这里没有特别的作用，总是用 null；第六个参数定义了一个供选择的字符串数组，第七个参数是选择的默认值。对话框还包括“确定”和“撤销”按钮。

表 4-5 JOptionPane 对话框类型

输入	通过文本框、列表或其他手段输入，另有“确定”和“撤销”按钮
确认	提出一个问题，待用户确认，另有“是(Y)”、“否(N)”和“撤销”按钮
信息	显示一条简单的信息，另有“确定”和“撤销”按钮
选项	显示一列供用户选择的选项

表 4-6 由 JOptionPane 对话框返回的结果

YES_OPTION	用户按了“是(Y)”按钮
NO_OPTION	用户按了“否(N)”按钮
CANCEL_OPTION	用户按了“撤销”按钮
OK_OPTION	用户按了“确定”按钮
CLOSED_OPTION	用户没按任何按钮，关闭对话框窗口

表 4-7 JOptionPane 对话框图标类型

PLAIN_MESSAGE	不包括任何图标
WARNING_MESSAGE	包括一个警告图标
QUESTION_MESSAGE	包括一个问题图标
INFORMATIN_MESSAGE	包括一个信息图标
ERROR_MESSAGE	包括一个出错图标

有时，程序只是简单地输出一些信息，并不要求用户有反馈。这样的对话框可用以下形式的代码创建：

JOptionPane. showMessageDialog(parent，“这是一个 Java 程序”，“我是输出信息对话框”，JOptionPane. PLAIN_MESSAGE)；

上述代码中前三参数的意义与前面所述相同，最后参数是指定信息类型为不包括任何图标。

4.11 滚动条

滚动条(JScrollBar)也称为滑块，用来表示一个相对值，该值代表指定范围内的一个整数。例如，用 Word 编辑文档时，编辑窗右边的滑块对应当前编辑位置在整个文档中的相对位置，可以通过移动选择新的编辑位置。在 Swing 中，用 JScrollBar 类实现和管理可调界面。JScrollBar 类常用的构造方法是：

JScrollBar(int dir,int init,int width,int low,int high)

其中,dir 表示滚动条的方向。JScrollBar 类定义了两个常量,JScrollBar. VERTICAL 表示垂直滚动条;JScrollBar. HORIZONTAL 表示水平滚动条。init 表示滚动条的初始值,该值确定滚动条滑块开始时的位置;width 是滚动条滑块的宽度;最后两个参数指定滚动的下界和上界。注意滑块的宽度可能影响滚动条可得到的实际的最大值。例如,滚动条的范围是 0 至 255,滑块的宽度是 10,并利用滑块的左端或顶端来确定它的实际位置。那么滚动条可以达到的最大值是指定最大值减去滑块的宽度。所以滚动条的值不会超过 245。

JScrollBar 类其他常用方法是:

(1) setUnitIncrement(),设置增量,即单位像素的增值。

(2) getUnitIncrement(),获取增量。

(3) setBlockIncrement(),设置滑块增量,即滑块的幅度。

(4) getBlockIncrement(),获取滑块增量。

(5) setMaxinum(),设置最大值。

(6) getMaxinum(),获取最大值。

(7) setMininum(),设置最小值

(8) getMininum(),获取最小值

(9) setValue(),设置新值

(10) getValue(),获取当前值。

JScrollBar 类对象的事件类型是 AdjustmentEvent;类要实现的接口是 AdjustmentListener,接口方法是 adjustmentValueChanged();注册监视器的方法是 addAdjustmentListener();获取事件源对象的方法是 getAdjustable()。

4.12 鼠标事件

鼠标事件的事件源往往与容器相关,当鼠标进入容器、离开容器,或者在容器中单击鼠标、拖动鼠标时都会发生鼠标事件。Java 语言为处理鼠标事件提供两个接口:MouseListener,MouseMotionListener 接口。

4.12.1 MouseListener 接口

MouseListener 接口能处理 5 种鼠标事件:按下鼠标,释放鼠标,点击鼠标、鼠标进入、鼠标退出。相应的方法有:

(1) getX(),鼠标的 X 坐标

(2) getY(),鼠标的 Y 坐标

(3) getModifiers(),获取鼠标的左键或右键。

(4) getClickCount(),鼠标被点击的次数。

(5) getSource(),获取发生鼠标的事件源。

(6) addMouseListener(监视器),加放监视器。

(7) removeMouseListener(监视器),移去监视器。

要实现的 MouseListener 接口的方法有:

(1) mousePressed(MouseEvent e)。

(2) mouseReleased(MouseEvent e)。

(3) mouseEntered(MouseEvent e)。

(4) mouseExited(MouseEvent e)。

(5) mouseClicked(MouseEvent e)。

【例 4-16】 小应用程序设置了一个文本区,用于记录一系列鼠标事件。当鼠标进入小应用程序窗口时,文本区显示"鼠标进来";当鼠标离开窗口时,文本区显示"鼠标走开";鼠标被按下时,文本区显示"鼠标键按下";鼠标双击时,文本区显示"鼠标双击";并显示鼠标的坐标。程序还显示一个红色的圆,当点击鼠标时,红色的圆的半径会不断变大。

```
1:  import java.applet. * ;
2:  import javax.swing. * ;
3:  import java.awt. * ;
4:  import java.awt.event. * ;
5:  class MyPanel extends JPanel{
6:    public void print(int r){
7:      Graphics g = getGraphics();
8:        g.clearRect(0,0,this.getWidth(),this.getHeight());
9:        g.setColor(Color.red);
10:       g.fillOval(10,10,r,r);
11:   }
12: }
13: class MyWindow extends JFrame implements MouseListener{
14:   JTextArea text;
15:   MyPanel panel;
16:   int x,y,r = 10;
17:   int mouseFlg = 0;
18:   static String mouseStates[] = {"鼠标键按下","鼠标松开","鼠标进来",
      "鼠标走开","鼠标双击"};
19:   MyWindow(String s){
20:     super(s);
21:     Container con = this.getContentPane();
22:     con.setLayout(new GridLayout(2,1));
23:     this.setSize(200,300);
24:     this.setLocation(100,100);
25:     panel = new MyPanel();
26:     con.add(panel);
27:     text = new JTextArea(10,20);
28:     text.setBackground(Color.blue);
29:     con.add(text);
```

```
30:     addMouseListener(this);
31:     this.setVisible(true);
32:     this.pack();
33:   }
34:   public void paint(Graphics g){
35:     r = r+4;
36:     if(r>80){
37:       r=10;
38:     }
39:     text.append(mouseStates[mouseFlg]+"了,位置是:" +x+","+y+
    "\n");
40:     panel.print(r);
41:   }
42:   public void mousePressed(MouseEvent e){
43:     x = e.getX();
44:     y = e.getY();
45:     mouseFlg = 0;
46:     repaint();
47:   }
48:   public void mouseReleased(MouseEvent e){
49:     x = e.getX();
50:     y = e.getY();
51:     mouseFlg = 1;
52:     repaint();
53:   }
54:   public void mouseEntered(MouseEvent e){
55:     x = e.getX();
56:     y = e.getY();
57:     mouseFlg = 2;
58:     repaint();
59:   }
60:   public void mouseExited(MouseEvent e){
61:     x = e.getX();
62:     y = e.getY();
63:     mouseFlg = 3;
64:     repaint();
65:   }
66:   public void mouseClicked(MouseEvent e){
```

```
67:     if(e.getClickCount() = = 2){
68:       x = e.getX();
69:       y = e.getY();
70:       mouseFlg = 4;
71:       repaint();
72:     }
73:     else
74:     {}
75:   }
76: }
77: public class Example6_8 extends Applet{
78:   public void init(){
79:       MyWindow myWnd = new MyWindow("鼠标事件示意程序");
80:   }
81: }
```

任何组件上都可以发生鼠标事件:鼠标进入、鼠标退出、按下鼠标等。例如,在上述程序中添加一个按钮,并给按钮对象添加鼠标监视器,在类 MyWindow 中添加如下代码,即能示意按钮上的所有鼠标事件。

```
1:    JButton button;
2:    button = new JButton("按钮也能发生鼠标事件");
3:
4:    text = new JTextArea(15,20);
5:    con add(button);
6:    ;
7:    button. addMouseListener(this);
8:    }
```

如果程序希望进一步知道按下或点击的是鼠标左键或右键,鼠标的左键或右键可用 InputEvent 类中的常量 BUTTON1_MASK 和 BUTTON3_MASK 来判定。例如,以下表达式判断是否按下或点击了鼠标右键:

e. getModifiers()==InputEvent. BUTTON3_MASK

4.12.2 MouseMotionListener 接口

MouseMotionListener 接口处理拖动鼠标和鼠标移动两种事件。

注册监视器的方法是:

addMouseMotionListener(监视器)

要实现的的接口方法有两个:

(1) mouseDragged(MouseEvent e)

(2) mouseMoved(MouseEvent e)

【例 4－17】 一个滚动条与显示窗口同步变化的应用程序。窗口有一个方块，用鼠标拖运方块，或用鼠标点击窗口，方块改变显示位置，相应水平和垂直滚动条的滑块也会改变它们在滚动条中的位置。反之，移动滚动条的滑块，方块在窗口中的显示位置也会改变。

```
1:  import javax.swing.*;
2:  import java.awt.*;
3:  import java.awt.event.*;
4:  class MyWindow extends JFrame{
5:    public MyWindow(String s){
6:      super(s);
7:      Container con = this.getContentPane();
8:      con.setLayout(new BorderLayout());
9:      this.setLocation(100,100);
10:     JScrollBar xAxis = new JScrollBar(JScrollBar.HORIZONTAL,50,1,0,
        100);
11:     JScrollBar yAxis = new JScrollBar(JScrollBar.VERTICAL,50,1,0,
        100);
12:     MyListener listener = new MyListener(xAxis,yAxis,238,118);
13:     JPanel scrolledCanvas = new JPanel();
14:     scrolledCanvas.setLayout(new BorderLayout());
15:     scrolledCanvas.add(listener,BorderLayout.CENTER);
16:     scrolledCanvas.add(xAxis,BorderLayout.SOUTH);
17:     scrolledCanvas.add(yAxis,BorderLayout.EAST);
18:     con.add(scrolledCanvas,BorderLayout.NORTH);
19:     this.setVisible(true);
20:     this.pack();
21:   }
22:   public Dimension getPreferredSize(){
23:     return new Dimension(500,300);
24:   }
25: }
26:   class MyListener extends JComponent implements MouseListener,
      MouseMotionListener,AdjustmentListener{
27:   private int x,y;
28:   private JScrollBar xScrollBar;
29:   private JScrollBar yScrollBar;
30:   private void updateScrollBars(int x,int y){
31:     int d;
32:     d = (int)(((float)x/(float)getSize().width) * 100.0);
```

```
33:     xScrollBar.setValue(d);
34:     d = (int)(((float)y/(float)getSize().height) * 100.0);
35:     yScrollBar.setValue(d);
36:   }
37:   public MyListener(JScrollBar xaxis,JScrollBar yaxis,int x0,int y0){
38:     xScrollBar = xaxis;
39:     yScrollBar = yaxis;
40:     x = x0;
41:     y = y0;
42:     xScrollBar.addAdjustmentListener(this);
43:     yScrollBar.addAdjustmentListener(this);
44:     this.addMouseListener(this);
45:     this.addMouseMotionListener(this);
46:   }
47:   public void paint(Graphics g){
48:     g.setColor(getBackground());
49:     Dimension size = getSize();
50:     g.fillRect(0,0,size.width,size.height);
51:     g.setColor(Color.blue);
52:     g.fillRect(x,y,50,50);
53:   }
54:   public void mouseEntered(MouseEvent e){}
55:   public void mouseExited(MouseEvent e){}
56:   public void mouseClicked(MouseEvent e){}
57:   public void mouseRelease(MouseEvent e){}
58:   public void mouseMoved(MouseEvent e){}
59:   public void mousePressed(MouseEvent e){
60:     x = e.getX();
61:     y = e.getY();
62:     updateScrollBars(x,y);
63:     repaint();
64:   }
65:   public void mouseDragged(MouseEvent e){
66:     x = e.getX();
67:     y = e.getY();
68:     updateScrollBars(x,y);
69:     repaint();
70:   }
```

```
71:    public void adjustmentValueChanged(AdjustmentEvent e){
72:      if(e.getSource() = = xScrollBar)
73:        x = (int)((float)(xScrollBar.getValue()/100.0) * getSize().
           width);
74:      else if(e.getSource() = = yScrollBar)
75:        y = (int)((float)(yScrollBar.getValue()/100.0) * getSize().
           height);
76:      repaint();
77:    }
78:  }
79:  public class Example6_9{
80:    public static void main(String[] args){
81:      MyWindow myWindow = new MyWindow("滚动条示意程序");
82:    }
83:  }
```

上述例子中,如果只要求通过滑动滑块,改变内容的显示位置,可以简单地使用滚动面板 JScrollPane。如果是这样,关于滚动条的创建和控制都可以免去,直接由 JScrollPane 内部实现。参见以下修改后的 MyWindow 的定义:

```
1:  class MyWindow extends JFrame{
2:    public MyWindow(String s){
3:      super(s);
4:      Container con = this.getContentPane();
5:      con.setLayout(new BorderLayout());
6:      this.setLocation(100,100);
7:      MyListener listener = new MyListener();
8:      listener.setPreferredSize(new Dimension(700,700));
9:      JScrollPane scrolledCanvas = new JScrollPane(listener);
10:     this.add(scrolledCanvas,BorderLayout.CENTER);
11:     this.setVisible(true);
12:     this.pack();
13:   }
14:   public Dimension getPreferredSize(){
15:     return new Dimension(400,400);
16:   }
17: }
```

鼠标指针形状也能由程序控制,setCursor()方法能设置鼠标指针形状。例如,代码 setCursor(Cursor. getPredefinedCursor(cursor. WAIT_CURSOR))。

Windows 平台上的常见鼠标指针形状定义如下：

HAND_CURSOR,WAIT_CURSOR,NE_RESIZE_CURSOR,N_RESIZE_CURSOR,MOVE_CURSOR,CROSHAIR_CURSOR,SE_RESIZE_CURSOR,E_RESIZE_CURSOR.

4.13 键盘事件

键盘事件的事件源一般与组件相关，当一个组件处于激活状态时，按下、释放或敲击键盘上的某个键时就会发生键盘事件。键盘事件的接口是 KeyListener，注册键盘事件监视器的方法是 addKeyListener(监视器)。实现 KeyListener 接口有 3 个：

(1) keyPressed(KeyEvent e)，键盘上某个键被按下。

(2) keyReleased(KeyEvent e)，键盘上某个键被按下，又释放。

(3) keyTyped(KeyEvent e)，keyPressed 和 keyReleased 两个方法的组合。

管理键盘事件的类是 KeyEvent，该类提供方法：

public int getKeyCode()，获得按动的键码，键码表在 KeyEvent 类中定义。

【例 4-18】 小应用程序有一个按钮和一个文本区，按钮作为发生键盘事件的事件源，并对它实施监视。程序运行时，先点击按钮，让按钮激活。以后输入英文字母时，在正文区显示输入的字母。字母显示时，字母之间用空格符分隔，且满 10 个字母时，换行显示。

```
1:  import java.applet.*;
2:  import java.awt.*;
3:  import java.awt.event.*;
4:  public class Example6_10 extends Applet implements KeyListener{
5:    int count =0;
6:    Button button = new Button();
7:    TextArea text = new TextArea(5,20);
8:    public void init(){
9:      button.addKeyListener(this);
10:     add(button);add(text);
11:   }
12:   public void keyPressed(KeyEvent e){
13:     int t = e.getKeyCode();
14:     if(t>=KeyEvent.VK_A&&t<=KeyEvent.VK_Z){
15:       text.append((char)t+" ");
16:       count++;
17:       if(count%10==0)
18:         text.append("\n");
19:     }
20:   }
21:   public void keyTyped(KeyEvent e){}
22:   public void keyReleased(KeyEvent e){}
23: }
```

4.14 习题 4

1. Swing 与 AWT 有何关系?

答:Swing 可以看作是 AWT 的改良版,而不是代替 AWT,是对 AWT 的提高和扩展。在写 GUI 程序时,Swing 和 AWT 都要使用,它们共存于 JAVA 基础类中。Swing 中的类是从 AWT 中继承的。但它们也有重要的不同:AWT 依赖于主平台绘制用户界面组件,而 Swing 有自己的机制,在主平台提供的窗口中绘制和管理界面组件。Swing 和 AWT 之间的最明显的区别是界面组件的外观,AWT 在不同平台上运行相同的程序,界面的外观和风格可能会有一些差异,而一个基于 Swing 的应用程序可能在任何平台上都会有相同的外观和风格。

2. 编写一个小程序,小应用程序窗口有一个按钮,点击这个按钮时,点击按钮的次数会显示在按钮上。

```
1:    import Java. applet. * ;
2:    import Javax. swing. * ;
3:    import Java. awt. event. * ;
4:    import Java. awt. * ;
5:    public class ButtonNumberTest extends Applet {
6:    static JFrame mw;
7:    static JButton buttonx;
8:    Sqr s = new Sqr();
9:    public void init() {
10:      mw = new JFrame("按钮点击次数统计");
11:      mw. setSize(200,150);
12:      mw. setLayout(new FlowLayout());
13:      buttonx = new JButton("0");
14:      mw. add(buttonx);
15:      buttonx. addActionListener(s);
16:      mw. setVisible(true); } }
17: class Sqr implements ActionListener {
18:   public void actionPerformed(ActionEvent e) {
19:     if(e. getSource() = = ButtonNumberTest. buttonx) {
20:         int n = Integer. parseInt(ButtonNumberTest. buttonx. getLabel
        ());
21:          n = n + 1; ButtonNumberTest. buttonx. setLabel(String. valueOf
         (n)); }
22:     else{}
23:   }
24: }
```

3. 创建一个有文本框和三个按钮的程序。当按下某个按钮时，使不同的文字显示在文本框中。

```
1:  import java.applet. * ;
2:  import java.awt. * ;
3:  import javax.swing. * ;
4:  import java.awt.event. * ;
5:  public class ButtonTest extends Applet implements ActionListener{
6:    JTextField text;
7:    JButton b1,b2,b3;
8:    public void init(){
9:      setSize(250,150);
10:     text = new JTextField("",20);
11:     b1 = new JButton("中文");
12:     b2 = new JButton("英文");
13:     b3 = new JButton("数字");
14:     text.setEditable(false);
15:     b1.addActionListener(this);
16:     b2.addActionListener(this);
17:     b3.addActionListener(this);
18:     add(text);add(b1);add(b2);add(b3);
19:     }
20:   public void actionPerformed(ActionEvent e){
21:     if(e.getSource() = = b1)text.setText("中文按钮");
22:     else if(e.getSource() = = b2)text.setText("English");
23:     else if(e.getSource() = = b3)
24:     text.setText("123456");
25:   }
26: }
```

第5章 Web编程

WEB BIANCHENG

5.1 JSP 简介

JSP(Java Server Page)是运行于服务器端的脚本语言之一，是 Java 阵营中最具有代表性的解决方案。JSP 是基于 Java Servlet 以及整个 Java 体系的 Web 开发技术，因此 JSP 继承了 Java 的一切优点。JSP 程序有严格的 Java 语法和丰富的 Java 类库支持。利用这一技术可以建立安全、跨平台的先进动态网站，不仅能够制作像 HTML 一样的静态网页，还能制作包含动态数据的网页。JSP 语言制作网页比其他服务器脚本语言更加简单、快捷和有力。

JSP 和 ASP、PHP 类似，它们都是在通常的网页文件中嵌入脚本代码，用于产生动态内容，不过 JSP 文件中嵌入的是 Java 代码和 JSP 标记。

5.1.1 JSP 运行原理

当服务器上的一个 JSP 页面被第一次请求执行时，服务器上的 JSP 引擎首先将 JSP 页面文件转译成一个 Java 文件，并编译这个 Java 文件生成.class 的字节码文件，然后执行字节码文件响应客户的请求，具体的响应过程如下。

(1)把 JSP 页面中的 HTML 标记符号(页面的静态部分)交给客户的浏览器负责显示。

(2)负责处理 JSP 标记，并将有关的处理结果发送到客户的浏览器。

(3)执行“＜%”和“%＞”之间的 Java 程序片(JSP 页面中的动态部分)，并把执行结果交给客户的浏览器显示。

(4)当多个客户请求一个 JSP 页面时，Tomcat 服务器为每个客户启动一个线程，该线程负责执行常驻内存的字节码文件来响应相应客户的请求。

5.1.2 Web 服务器

Web 服务器是可以向发出请求的浏览器提供文档的程序。

1. 服务器是一种被动程序：只有当 Internet 上运行在其他计算机中的浏览器向服务器发出请求时，服务器才会响应该请求。

2. 最常用的 Web 服务器是阿帕奇(Apache)服务器和 Microsoft 的 Internet 信息服务器(Internet Information Server，IIS)。

3. Internet 上的服务器也称为 Web 服务器，是一台在 Internet 上具有独立 IP 地址的计算机，可以向 Internet 上的客户机提供 WWW、Email 和 FTP 等各种 Internet 服务。

Web 服务器的内容：

(1)应用层使用 HTTP 协议。

(2)HTML 文档格式。

(3)浏览器统一资源定位器(URL)。

在这里需要注意区分 Web 服务器与应用服务器,通俗的讲,。Web 服务器传送页面使浏览器可以浏览,应用程序服务器提供的是客户端应用程序可以调用的方法。确切一点,可以这样理解:Web 服务器专门处理 HTTP 请求(request),但是应用程序服务器是通过很多协议来为应用程序提供商业逻辑。

Web 服务器可以解析 HTTP 协议。当 Web 服务器接收到一个 HTTP 请求(request),会返回一个 HTTP 响应(response)。为了处理一个请求,Web 服务器可以响应一个静态页面或图片,进行页面跳转(redirect),或者把动态响应(dynamic response)的生成委托(delegate)给一些其它的程序例如 CGI 脚本,JSP 脚本,servlets,ASP(Active Server Pages)脚本,JavaScript,或者一些其它的服务器端(server－side)技术。无论它们的目的如何,这些服务器端的程序最终会产生一个 HTML 页面作为响应,来让浏览器浏览。

5.2 JSP开发环境

由于 JSP 是动态网页,不仅要在客户端的个人计算机进行显示,还要在客户机和服务器之间传递信息,所以执行一个 JSP 文件,至少涉及两台计算机。通常情况下,我们只有一台计算机,怎样才能让一台计算机同时扮演客户机和服务器两个角色呢?,简单来说就是让个人计算机同时完成发送请求(通过浏览器)和响应请求(Web 服务器)的功能。为了解决这个问题要做好以下两项准备工作。

(1)要在个人计算机中安装一个可以浏览网页的浏览器。

(2)要在自己的计算机中安装一个支持 JSP 的 Web 服务器,即构成一个虚拟服务器或者安装 JSP 文件的运行环境。

JSP 的开发运行环境一般包括代码编辑工具和支持 JSP 的服务器。开发 JSP 程序可以采用多种编辑工具,如记事本、Eclipse、NetBeans、JBuilder 等。同时,支持 JSP 技术的服务器有 Tomcat、Resin、JBoss、WebLogic 等。将开发工具和服务器任意组合在一起,就可以构成 JSP 的开发运行环境。众多组合中,Eclipse＋Tomcat 组合是 JSP 开发程序员经常用到的。

在本节中,将会详细介绍 Tocmat 的安装与配置,由于 JDK 安装与配置、Eclipse 安装与配置前面已经有过介绍,这里就不再详细介绍。

5.2.1 Tomcat 简介

Tomcat 是一个免费的开源 Servlet 容器,它是 Apache 基金会的 Jakarta 项目中的一个核心项目,由 Apache、Sun 和其他一些公司及个人共同开发而成。由于有了 Sun 的参与和支持,最新的 Servlet 和 JSP 规范总能在 Tomcat 中得到体现。因为 Tomcat 技术先进、性能稳定,而且免费,因而深受 Java 爱好者的喜爱并得到了很多软件开发商的认可,成为目前比较流行的 Web 应用服务器。

5.2.2 Tomcat 下载与安装

1. 下载 tomcat,网址:http://tomcat.apache.org/

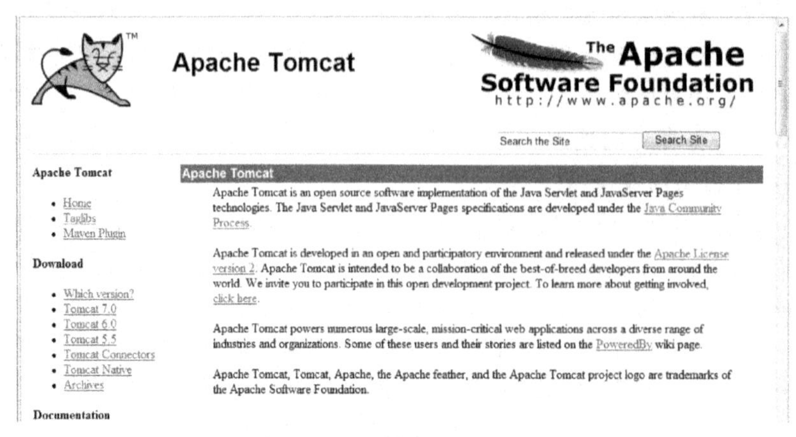

图 5-1 Tomcat 下载官网首页

2. 下载时，可以进行选择下载版本。下面以下载 Tomcat 7.0 为例，点击 Tomcat 7.0，页面右侧会出现下载格式。

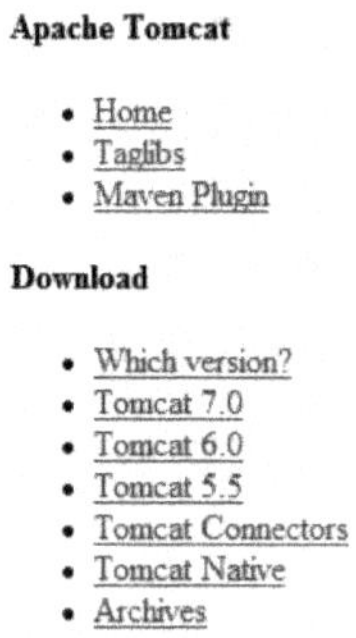

Apache Tomcat

- Home
- Taglibs
- Maven Plugin

Download

- Which version?
- Tomcat 7.0
- Tomcat 6.0
- Tomcat 5.5
- Tomcat Connectors
- Tomcat Native
- Archives

图 5-2 Tomcat 下载版本列表

3. 有 zip 与 exe 两种格式，zip 格式是免安装的，只需解压缩，再配置下环境变量就可以使用了。exe 格式虽需要安装但是使用比较方便。我们选择下载：32－bit/64－bit Windows Service Installer(pgp，md5)。

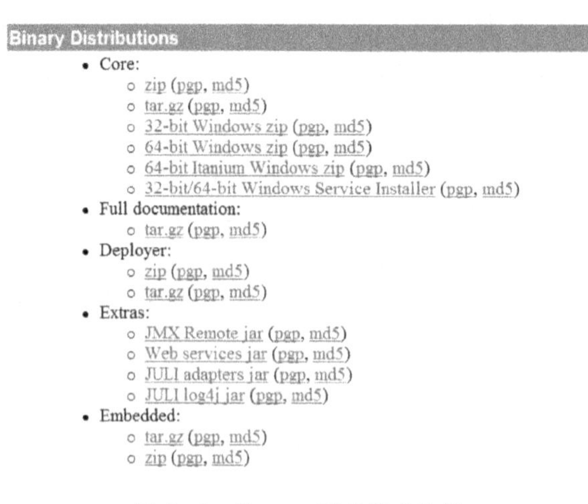

图 5-3 Tomcat 下载格式选择

4. 下载完成后双击进行安装

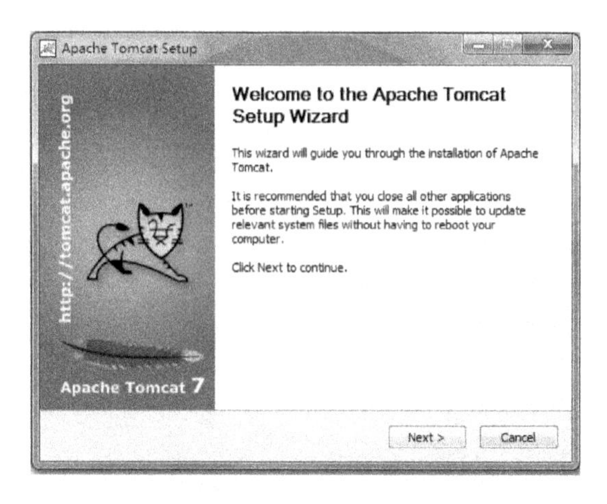

图 5-4 【Tomcat 安装】对话框

→点击 Next

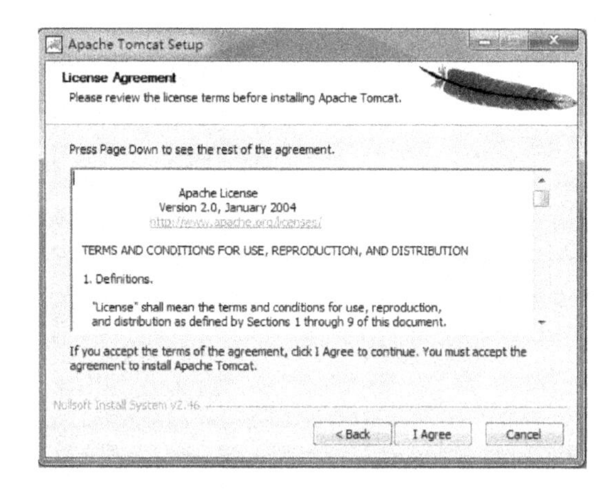

图 5-5 【许可协议】对话框

→点击 I Agree

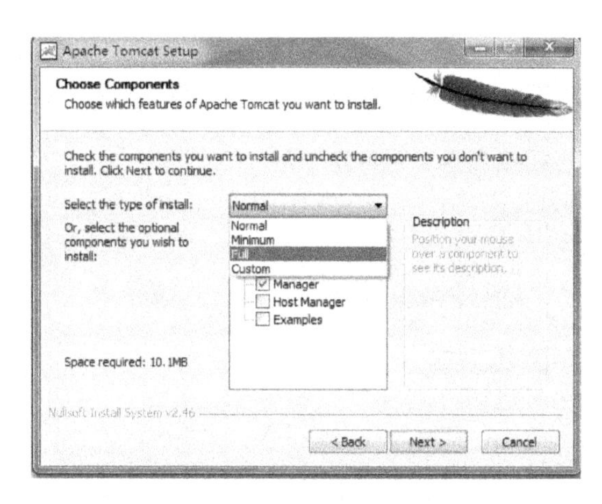

图 5-6 【选择组件】对话框

→选择 Full,再点击 Next

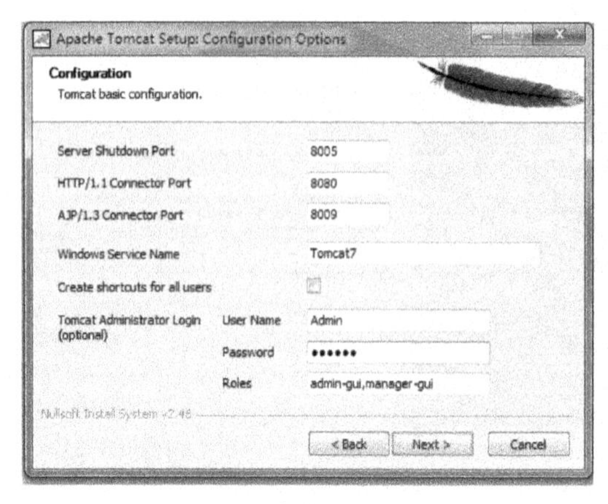

图 5-7 【参数配置】对话框

→输入用户名 user name 和密码 password,点击 Next

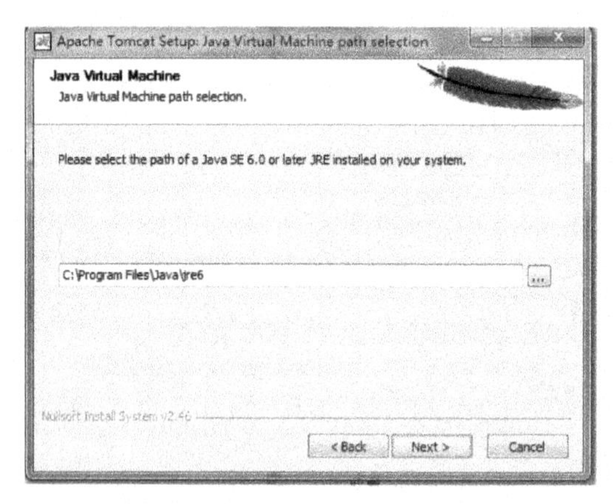

图 5-8 【自动搜索 JRE】对话框

→会自动搜索你电脑例的 jre,也就是 Java 运行环境,所以必须先安装 JDK

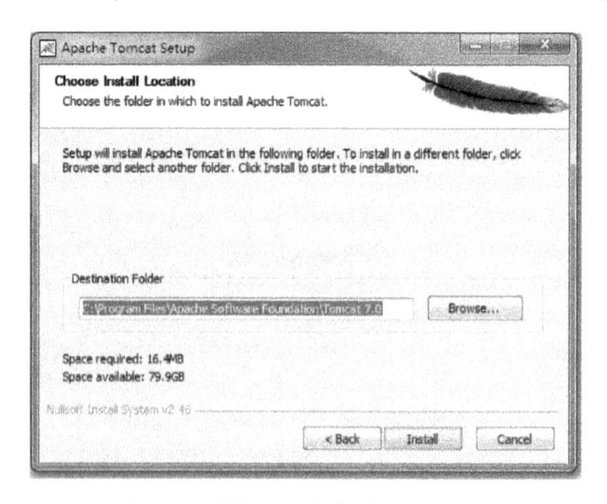

图 5-9 【自定义安装路径】对话框

→选择安装路径，点击 Install

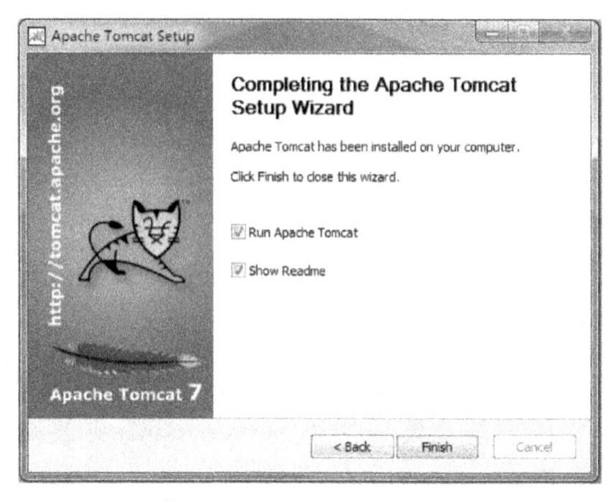

图 5-10 【安装完成】对话框

→安装完成，点击 Finish

5. 打开浏览器，输入网址http://localhost:8080/；或http://127.0.1.1:8080/；出现以下界面，说明安装成功

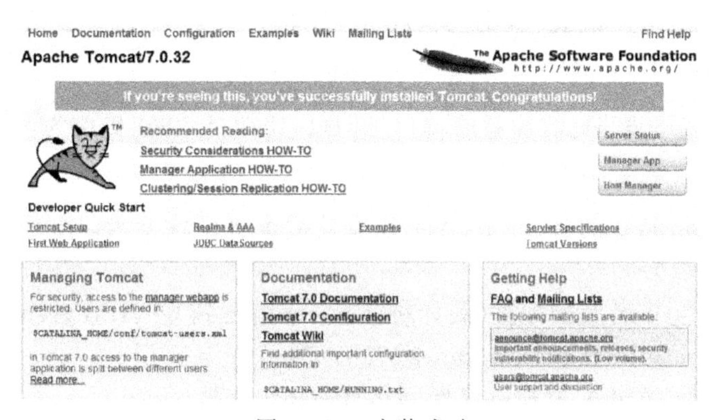

图 5-11 安装成功

6. Tomcat 启动与关闭

→点击 Monitor Tomcat ，在状态栏会出现图标

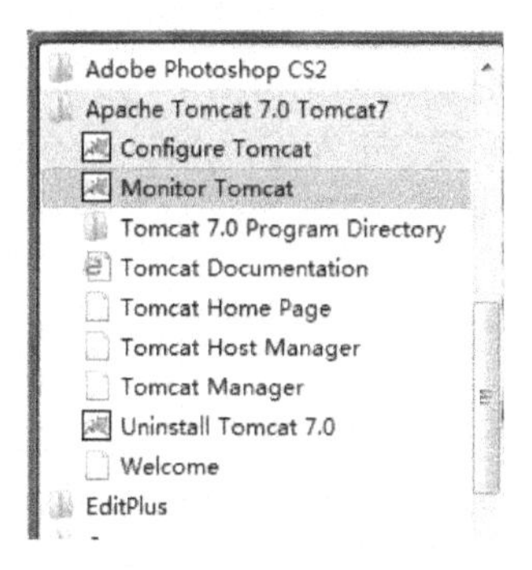

图 5-12 Tomcat 文档结构

→点击 stop service 关闭程序，start service 启动程序

图 5-13 Tomcat 的启动与关闭

注：Tomcat 服务器内置 web 服务。8080 是 Tomcat 服务器的默认端口号。我们可以通过修改 Tomcat\\conf 文件下的主配置文件 server. xml，更改端口号。用记事本打开 server. xml 文件，找到以下内容

```
<! --Define a non-SSL HTTP/1.1 Connector on port 8080-->
<Connector
className="org. apache. catalina. connector. http. HttpConnector"
port="8080" minProcessors="5" maxProcessors="75"
enableLookups="true" redirectPort="8443"
acceptCount="10" debug="0" connectionTimeout="60000"/>
```

将其中的 port="8080"更改为新的端口号即可，比如将 8080 更改为 8090 等。

5.2.3 配置环境变量

如果下载的是 zip 格式的 Tomcat，需要在安装后配置环境变量。下面我们就介绍一下如何配置 Tomcat。

1. Tomcat 7.0 免安装版的配置(假如将 Tomcat 解压到 C:\\Program Files 目录，目录结构为：C:\\Program Files\\apache-tomcat-7.0.27)。

2. 添加环境变量：在我的电脑→属性→高级→环境变量

3. 新建系统变量，变量名：CATALINA_HOME 变量值：C:\\Program Files\\apache-tomcat-7.0.11 (Tomcat 解压到的目录)。

4. 在系统变量 Path 的最后面添加%CATALINA_HOME%\\bin；在系统变量 Classpath 后添加%CATALINA_HOME%\\lib\\servlet-api. jar;%CATALINA_HOME%\\lib\\jsp-api. jar；注意它们之间的分号，一定是英文的分号。

5. Tomcat 7.0 的管理员的配置，进入 C:\\Program Files\\apache-tomcat-7.0.11 (Tomcat 解压到的目录)下的 conf 目录，编辑 tomcat-users. xml(Win7 和 Vista 必须以管理员的权限编辑该文件)，找到最后的：

```
<tomcat-users>
    <! --<role rolename="tomcat"/> <role rolename="role1"/> <user
username="tomcat" password="tomcat" roles="tomcat"/> <user username="
both" password="tomcat" roles="tomcat, role1"/> <user username="role1"
password="tomcat" roles="role1"/>-->
```

<tomcat-users>

首先将注释<! —和—>去掉，然后在最后添加：

<role rolename = "manager - gui"/> <role rolename = "admin - gui"/> <user username = "admin" password = "admin" roles = "admin - gui"/> <user username = "tomcat" password = "tomcat" roles = "manager - gui"/>

6. 进入 Tomcat 目录下的 bin 目录，双击 startup. bat 启动 Tomcat 在命令行窗口会出来英文提示，在目录下该用 shutdown. bat 可以关闭 Tomcat。

7. 浏览器输入：http://localhost:8080 可以看到 Tomcat 的欢迎页面就说明配置成功了，点击右上角上 manager 连接，输入上面配置的用户名和密码，就可以进入管理页面。

5.3 JSP 运行机制与基本语法

5.3.1 JSP 的应用实例

【例 5 - 1】 在页面上动态输出一段文本(firstjsp. jsp)

firstjsp. jsp 代码如下：

```
1:    <%@ page contentType = "text/html;charset = gb2312" %>
2:    <html>
3:        <head>
4:            <title>第一个 JSP 页面</title>
5:        </head>
6:        <body>
7:            <br>
8:          <%
9:                out. println("Hello World!");
10:         >
11:       </body>
12:   </html>
```

第一行的语句在一对 JSP 标记之中，称为 JSP 程序的 page 指令或网页指令，字符@不能省略。contentType 称为 page 指令的属性，设置为 text/html 文本文件。charset 设置为 GB2312，表示采用国标中文简体字符集。

用 out. println 方法作用是向 HTML 页面输出值，输出的字符串都要用引号括起来，输出的变量则不需要引号。在 Java 语句中的 html 标记当作字符串来处理，都要用引号括起来。有引号的和没引号的量之间要用＋号连接。

将文件 firstjsp. jsp 保存到 Tomcat 安装目录下的 webapps/ROOT 目录下，然后在浏览器地址栏中填入地址 http://localhost:8080/firstjsp. jsp 则可执行代码。另外需要注意的是，如果用记事本建立 JSP 文件，请确保 Windows 资源管理器没有隐藏文件的扩展名，否则即使手工更改扩展名也不是真正的 JSP 文件，让文件显示扩展名的设置如图 5 - 14 所示。

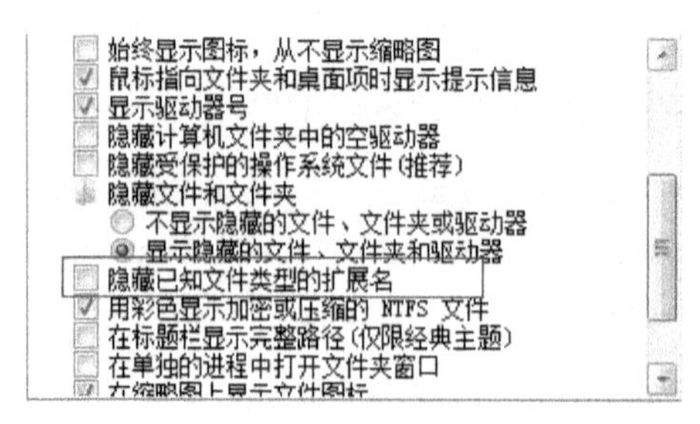

图-14　我的电脑/工具/文件夹选项/查看标签卡

代码执行结果如图 5-15 所示：

图 5-15　firstisp 运行结果

5.3.2　JSP 的运行机制

JSP 是服务器端技术。在服务器端，JSP 引擎解释 JSP 代码，然后将结果以 HTML 或 XML 页面形式发送到客户端，在客户端的用户是看不到 JSP 源代码的。

上例中看到“Hello World!”的输出后，转到 Tomcat 安装目录下的 work\\Catalina\\localhost目录，在_\\org\\apache\\jsp 目录下，可以看到两个文件：“firstjsp_jsp. Java”和“firstjsp_jsp. class”这两个文件就是在我们访问 firstjsp. jsp 文件时，由 JSP 引擎生成的。其整个过程如图 5-16 所示。

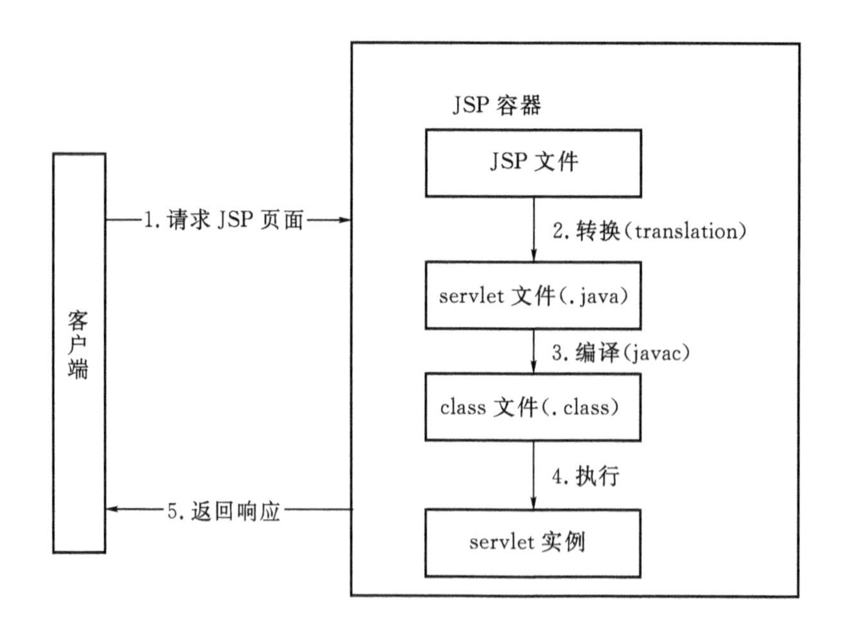

图 5-16　JSP 页面运行过程

当第一次加载JSP页面时，因为要将JSP文件转换为Servlet类，所以响应速度较慢。当再次请求时，除非JSP文件有改动，否则JSP容器就会直接执行第一次请求时产生的Servlet，而不会再重新转换JSP文件，所以其执行速度较快。

5.3.3 JSP的基本语法

JSP代码放在特定的标签中，然后嵌入到HTML代码中。开始标签、结束标签和元素内容三部分统称为JSP元素(Elements)。

JSP元素可分成三种不同的类型：脚本元素(Scripting)，指令元素(Directive)，动作元素(Action)。

(1)脚本元素规范JSP网页所使用的Java代码，包括HTML注释、隐藏注释、声明、表达式和脚本段。JSP页面中见得最多的就是属于这一类语法范畴的内容。

(2)JSP共有以下3种指令元素：page指令，include指令，taglib指令。

(3)在JSP中可以使用XML语法格式的一些特殊标记来控制行为，称为JSP标准动作(Standard Action)。利用JSP动作可以实现很多功能，比如动态的插入文件、调用JavaBean组件、重定向页面、为Java插件生成HTML代码等。JSP规范定义了一系列标准动作，常用有下列几种：

[1] jsp:useBean:查找或者实例化一个JavaBean;

[2] jsp:setProperty:设置JavaBean的属性;

[3] jsp:getProperty:输出某个JavaBean的属性;

[4] jsp:include:在页面被请求时引入一个文件;

[5] jsp:forward:把请求转发到另一个页面。

总的来说一个JSP页面由两部分组成：

一部分是JSP页面的静态部分，如HTML，CSS标记等，用来完成数据显示和样式。

一部分是JSP页面的动态部分，如脚本程序，JSP标签等，用来完成数据处理。

JSP页面动态部分包括4部，分别为：

(1)脚本元素(ScriptingElement) //脚本元素用来嵌入Java代码;

(2)指令(Directive) //JSP指令用来从整体上控制Servlet的结构;

(3)动作(Action) //动作用来引入现有的组件或者控制JSP引擎的行为。

(4)注释

JSP页面构成元素详细信息如图5-17所示。

5.3.4 JSP元素

1. 注释

(1)HTML的注释方法

<!——……注释内容……——>

说明：使用该注释方法，其中的注释内容在客户端浏览器是看不见的。但是查看源代码时，客户可以看到这些注释内容，所以这种注释方法是不安全的，即不能保存保密内容。

(2)JSP注释标记

一般使用如下格式：<%——…. 注释内容…..——%> 说明：使用该注释方法的内容

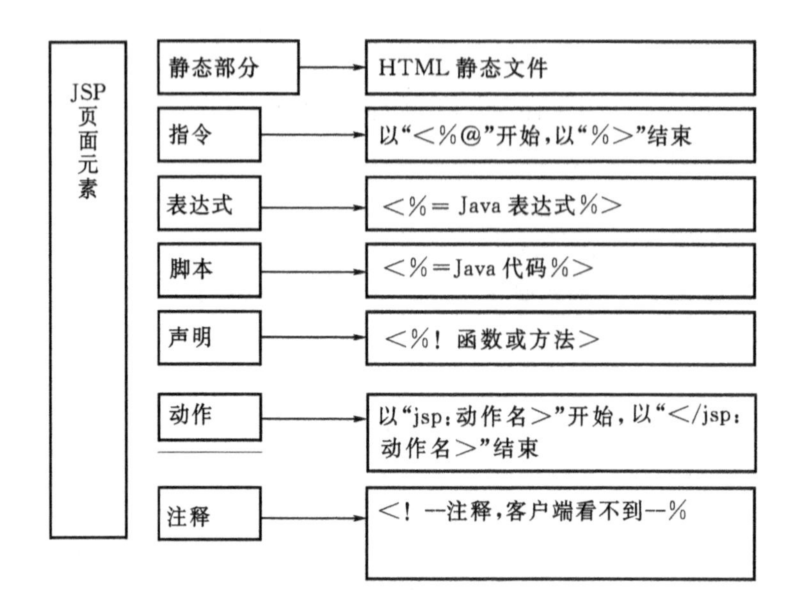

图 5-17　JSP 元素

在客户端源代码中是看不到的，所以安全性较高。

(3)在 JSP 脚本中使用注释

在<%%>中间可以使用”//”来注释一行内容；使用”/*”和”*/”来注释多行内容。具体使用格式如下：

```
<%
//当行注释内容
/*   多行注释内容
     多行注释内容
     多行注释内容
 */
>
```

2. 声明

在 JSP 程序中用到的变量和方法是需要声明的，声明的语法如下：

```
<%! 声明;声明;… %>
```

例如：

```
<%! int i = 6; %>
<%! int a,b,c;double d = 6.0; %>
<%! Date d = new Date(); %>
```

3. 脚本代码

所谓脚本代码，就是 Scriptlet，也就是 JSP 中的代码部分，在这个部分中可以使用几乎任何 Java 的语法。

语法为:<% scriptlet %>

举例如下:

```
1:     <%@page import = "Java. util. * " %>
2:     <%
3:     if (Calendar. getInstance(). get(Calendar. AM_PM) = = Calendar. AM)
{
4:     >
5:     Good Morning
6:     <%
7:     } else {
8:     >
9:     Good Afternoon
10:    <%
11:    }
12:    >
```

4. 表达式

当需要在页面中获取一个 Java 变量或者表达式值时,使用表达式格式是非常方便的。其基本语法如下:

```
<% = Java 表达式或者变量 %>
```

JSP 的表达式是由变量、常量以及运算符组成的算式,它将 JSP 生成的数值嵌入 HTML 页面,用来直接输出 Java 代码的值。其中,根据需要可以引用 JAVA 表达式的值,也可以直接引用某一变量值。当 JSP 容器遇到该表达式格式时,会先计算嵌入的表达式或者变量,然后将计算的结果以字符串形式返回并插入到相应 HTML 页面中。

表达式的语法规则如下:

```
<% = 表达式 %>
```

使用表达式时的注意事项:

(1)不能用一个分号(“;”)来作为表达式的结束符。

(2)“<%=”是一个完整的标记,中间不能有空格。

(3)表达式元素包含任何在 Java 语言规范中有效的表达式。

(4)表达式可以成为其他 JSP 元素的属性值。一个表达式可以由一个或多个表达式组成,按从左到右的顺序求值。

【例 5-2】 用 JSP 来计算表达式的值。

```
1:     <%@ page contentType = "text/html;charset = GB2312" %>
2:     <HTML>
3:     <BODY bgcolor = cyan><FONT size = 1>
```

```
4：    <P> Sin(0.9)除以 3 等于
5：    <% = Math. sin(0.90)/3 %></P>
6：    <p>3 的平方是：
7：    <% = Math. pow(3,2) %> </P>
8：    <P>12345679 乘 72 等于
9：    <% = 12345679 * 72 %></P>
10：   <P> 5 的平方根等于
11：   <% = Math. sqrt(5) %> </P>
12：   <P>99 大于 100 吗？ 回答：
13：   <% = 99>100 %></P>
14：   </BODY>
15：   </HTML>
```

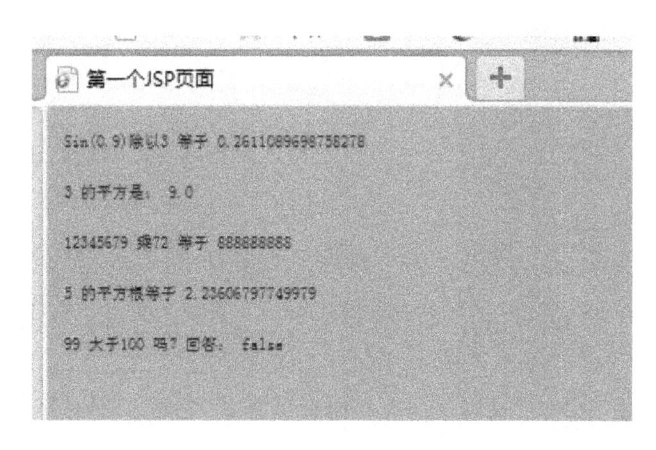

图 5-18　计算表达式的值

5. Java 程序段

可以在“<%”和“%>”之间插入 Java 程序段。一个 JSP 页面可以有许多程序段，这些程序段将被 JSP 引擎按顺序执行。在一个程序段中声明的变量称做 JSP 页面的局部变量，它们在 JSP 页面内的所有程序段部分和表达式部分都有效。这是因为 JSP 引擎将 JSP 页面转译成 Java 文件时，将各个程序段的这些变量作为类中某个方法的变量，即局部变量。利用程序段的这个性质，有时候可以将一个程序段分割成几个更小的程序段，然后在这些小的程序段之间再插入 JSP 页面的一些其它标记元素。当程序段被调用执行时，这些变量被分配内存空间，所有的程序段调用完毕，这些变量即可释放所占的内存。当多个客户请求一个 JSP 页面时，JSP 引擎为每个客户启动一个线程，一个客户的局部变量和另一个客户的局部变量被分配不同的内存空间。因此，一个客户对 JSP 页面局部变量操作的结果，不会影响到其它客户的局部变量。下面例子中的程序段负责计算 1 到 100 的连续和。

【例 5-3】 计算 1 到 100 的连续和

```
1：    <% @ page contentType = "text/html;charset = GB2312" %>
```

```
2:   <HTML>
3:   <BODY bgcolor = cyan><FONT size = 1>
4:   <%!
5:   long continueSum(int n)
6:   { int sum = 0;
7:   for(int i = 1;i< = n;i + + )
8:   { sum = sum + i;
9:   }
10:  return sum;
11:  }
12:  >
13:  <P>1 到 100 的连续和:<BR>
14:  <% long sum;
15:  sum = continueSum(100);
16:  out. print("" + sum);
17:  >
18:  </BODY>
19:  </HTML>
```

图 5-19 使用程序片计算连续和

6. JSP 指令

可以把 JSP 指令理解为用来通知 JSP 引擎的消息。JSP 指令不能直接生成可见的输出，它是设置 JSP 引擎处理 JSP 页面的机制。一般 JSP 指令用标签<%@…%>表示，JSP 指令包括 page、include 和 taglib。page 指令是针对当前页面的指令，而 include 指令用来指定如何包含另外一个文件，taglib 指令用来定义和访问自定义标记库。这三种指令通常都有默认值，这样开发人员就不必显式地使用每一个指令予以确认。

(1)page 指令

page 指令的设置语法格式是：<%@ page attribute1 ="value1" attribute2 ="value2" …%>下面介绍指令中包括的几个常用属性，并作简要说明。

import 指令是所有 page 指令中，唯一可以多次设置的指令，而且累加每次的设置。它用来指定 jsp 网页中所需要的一些类。例如：

```
<%@ page import = "Java. io. * ,Java. util. Date" %>
```

session 定义当前页面是否参与 http 会话。当设置为“true”时，可以获得隐含名为

session的对象，为“false”时，则不能。默认设置为“true”。

contentType 设置 jsp 网页输出数据时，所使用的字符压缩方式和字符集，当编写中文网页时，设置如下：

<%@page contentType="text/html;charset=Gb2312"%> 此属性的默认值为"text/html;charset=ISO-8859-1"。

buffer 设置 jsp 网页的缓冲区大小，默认为“8k”，如果设置为“none”，则表示不使用缓冲，所有的响应输出都将被 PrintWriter 直接写到 ServletResponse 中。

isThreadSafe 定义当前页面是否支持线程安全。如果为”true”，则该页面可能同时收到 jsp 引擎发出的多个请求，反之，jsp 引擎会对收到的请求进行排队，当前页面在同一时刻只能处理一个请求。默认为”true”。

info 设置页面的文本信息，可以通过 Servlet. getServletInfo()的方法获得该字符串。如例 5-4。

【例 5-4】 用 getServletInfo()方法获得 info 的属性值

```
1:  <%@ page contentType="text/html;charset=GB2312" %>
2:  <%@ page info="使用 getServletInfo()方法获取 info 的属性值" %>
3:  <HTML>
4:  <BODY bgcolor=cyan><FONT Size=1>
5:  <P>这是什么?
6:  <% String s=getServletInfo();
7:  out. print("<BR>"+s);
8:  ></P>
9:  </BODY>
10: <HTML>
```

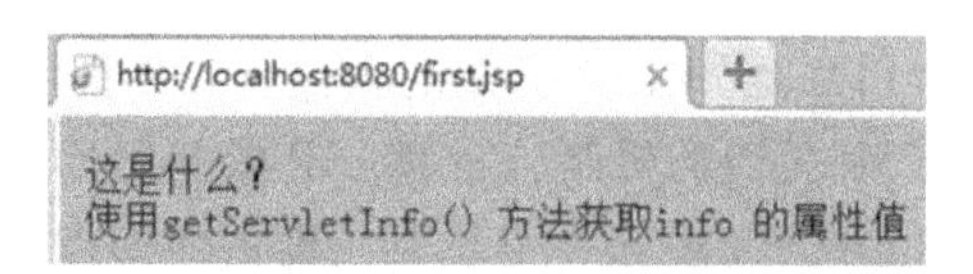

图 5-20　getServletInfo()方法的使用

errorPage 定义指向另一个 jsp 页面的 URL。当页面出现一个没有被捕获的异常时，错误信息将以 throw 语句抛出，而被设置为错误信息网页的 jsp 页面，将利用 exception 隐含对象，取得错误信息。

默认没有错误处理页面。

isErrorPage 设置此 jsp 网页是否为错误处理页面，默认值为“false”，当设置为“true”时，jsp 页面将可存取隐含的 exception 对象，并通过该对象取得从发生错误之网页所传出的错误信息。取得错误信息的语法如下：

```
<% =exception. getMessage() %>
```

(2)include 指令

include 指令的作用是包含另一个文件,其语法相当简单:

```
<%@ include file="......" %>
```

在这个指令中应该使用前面讲述的 JSP 的相对路径表示法。需要说明的是,JSP 还有另外一种包含其他文件的方法:

```
<jsp:include page="" />
```

表 5-1 比较了两者的异同:

表 5-1

语法	状态	对象	描述
<%@ include file="…"%>	编译时包含	静态	JSP 引擎将对所包含的文件进行语法分析
<jsp:include page="" />	运行时包含	静态和动态	JSP 引擎将不对所包含的文件进行语法分析

注意:

1. 出现在一个 JSP 页面中的 include 指令的数量不受限制
2. 静态插入,即内联方式(可看 servlet),与 include 动作的区别
3. 必须为 localURL
4. 服务器可自动识别更新
5. 注意合并后的语法

下面的例子在 JSP 页面静态插入一个文本文件:Hello. txt,该文本文件的内容是:“你们好,很高兴认识你们呀!”。该文本文件必须和当前 JSP 页面在同一目录中。

【例 5-5】 在 JSP 页面中静态插入一个文本文件 Hello. txt

```
1:    <%@ page contentType="text/html;charset=GB2312" %>
2:    <html>
3:    <BODY >
4:    <H3>
5:    <%@ include file="Hello. txt" %>
6:    </H3>
7:    </BODY>
8:    </HTML>
```

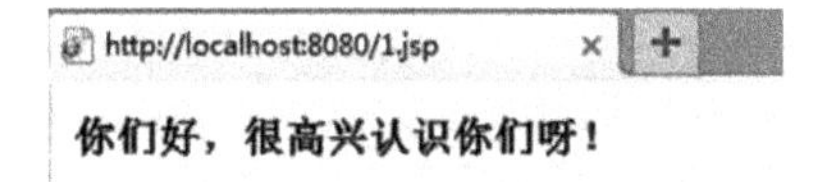

图 5-21 使用 include 指令标签静态嵌入文本文件

注:上述【例 5-5】 等价于下面的 JSP 文件:

```
1：      <%@ page contentType="text/html;charset=GB2312" %>
2：      <html>
3：      <BODY>
4：      <H3>
5：      你们好,很高兴认识你们呀!
6：      </H3>
7：      </BODY>
8：      </HTML>
```

注:在上面的 JSP 文件被转译成 Java 文件后,如果你对插入的文件 Hello. txt 进行了修改,那么必须要重新将 JSP 文件转译成 Java 文件(重新保存页面,然后再访问该页面即可),否则只能看到修改前的 Hello. txt 的内容。

(3)taglib 指令

Taglib 指令定义一个标签库以及其自定义标签的前缀. JSP(Java Server Pages) 语法如下:

```
<%@ taglib uri="URIToTagLibrary" prefix="tagPrefix" %>
```

如:

```
1：      <%@ taglib uri="http://www.jspcentral.com/tags" prefix="
public" %>
2：      <public:loop>
3：      </public:loop>
```

描述 :

<% @ taglib %>指令声明此 JSP 文件使用了自定义的标签,同时引用标签库,也指定了他们的标签的前缀。

这里自定义的标签含有标签和元素之分。因为 JSP 文件能够转化为 XML,所以了解标签和元素之间的联系很重要。标签只不过是一个在意义上被抬高了的标记,是 JSP 元素的一部分。JSP 元素是 JSP 语法的一部分,和 XML 一样有开始标记和结束标记。元素也可以包含其它的文本,标记,元素。比如,一个 jsp:plugin 元素有<jsp:plugin>开始标记和</jsp:plugin>结束标记,同样也可以有<jsp:params>和<jsp:fallback>元素。

必须在使用自定义标签之前使用<% @ taglib %>指令,而且可以在一个页面中多次使用,但是前缀只能使用一次。

属性 uri="URIToTagLibrary"

Uniform Resource Identifier (URI)根据标签的前缀对自定义的标签进行唯一的命名。

prefix= "tagPrefix"

在自定义标签之前的前缀,比如,在<public:loop>中的 public,如果这里不写 public,就是不合法的。请不要用 jsp, jspx, Java, Javax, servlet, sun, 和 sunw 作为你的前缀,这些前缀已被 Sun 公司声明保留。

7. JSP 动作

动作指令与编译指令不同,编译指令是通知 Servlet 引擎的处理消息,而动作指令只是运行时的脚本动作。编译指令在将 JSP 编译成 Servlet 时起作用;处理指令通常可替换成 Java 脚本,是 JSP 脚本的标准化写法。

(1)include 动作

<jsp:include>标签表示包含一个静态的或者动态的文件。

语法:

```
<jsp:include page="path" flush="true" />
or
<jsp:include page="path" flush="true">
<jsp:param name="paramName" value="paramValue" />
</jsp:include>
```

注:

[1] page="path" 为相对路径,或者代表相对路径的表达式。

[2] flush="true" 必须使用 flush 为 true,它默认值是 false。

[3] <jsp:param>子句能让你传递一个或多个参数给动态文件,也可在一个页面中使用多个<jsp:param>来传递多个参数给动态文件。

(2)forward 动作

<jsp:forward>标签表示重定向一个静态 html/jsp 的文件,或者是一个程序段。

语法:

```
<jsp:forward page="path" />
或
<jsp:forward page="path" >
<jsp:param name="paramName" value="paramValue" />……
</jsp:forward>
```

【例 5-6】 2. jsp 页面转到 come. jsp,并向转到的 come. jsp 页面传递一个数值

2. jsp:

```
1:    <%@ page contentType="text/html;charset=GB2312" %>
2:    <HTML>
3:    <BODY>
4:    <% double i=Math. random();
5:    >
6:    <jsp:forward page="come. jsp" >
7:    <jsp:param name="number" value="<%=i%>" />
8:    </jsp:forward>
9:    </BODY>
```

```
10:   </HTML>
come. jsp:
1:    <%@ page contentType = "text/html;charset = GB2312" %>
2:    <HTML>
3:    <BODY bgcolor = cyan><FONT Size = 1>
4:    <% String str = request. getParameter("number");
5:    double n = Double. parseDouble(str);
6:    %>
7:    <P>您传过来的数值是:<BR>
8:    <% = n %></P>
9:    </BODY>
10:   </HTML>
```

图 5-22 参数传递

注:

[1] page="path" 为一个表达式,或者一个字符串。

[2] <jsp:param> name 指定参数名,value 指定参数值。参数被发送到一个动态文件,参数可以是一个或多个值,而这个文件却必须是动态文件。要传递多个参数,则可以在一个 JSP 文件中使用多个<jsp:param>将多个参数发送到一个动态文件中。

(3)useBean 动作

<jsp:useBean>标签表示用来在 JSP 页面中创建一个 BEAN 实例并指定它的名字以及作用范围。JavaBean 是用 Java 语言写成的可重用组件。用户可以使用 JavaBean 将功能、处理、值、数据库访问和其他任何可以用 Java 代码创造的对象进行打包,并且其他的开发者可以通过内部的 JSP 页面、Servlet、其他 JavaBean、applet 程序或者应用来使用这些对象。语法:

<jsp:useBean id="name" scope="page | request | session | application" typeSpec />

其中 typeSpec 有以下几种可能的情况:

class="className" | class="className" type="typeName" | beanName="beanName" type="typeName" | type="typeName" |

注:

你必须使用 class 或 type,而不能同时使用 class 和 beanName。beanName 表示 Bean 的名字,其形式为"a. b. c"。

(4)getProperty 动作

<jsp:getProperty>标签表示获取 Bean 的属性值并将之转化为一个字符串,然后将其

插入到输出的页面中。

语法：

<jsp:getProperty name="name" property="propertyName" />

注：

[1] 在使用<jsp:getProperty>之前，必须用<jsp:useBean>来创建它。

[2] 不能使用<jsp:getProperty>来检索一个已经被索引了的属性。

[3] 能够和 JavaBeans 组件一起使用<jsp:getProperty>，但是不能与 Enterprise Java Bean 一起使用。

(5)setProperty 动作

<jsp:setProperty>标签用来设置 Bean 中的属性值。

语法：

<jsp:setProperty name="beanName" prop_expr />

其中 prop_expr 有以下几种可能的情形：

property=" * " | property="propertyName" | property="propertyName" param="parameterName" | property="propertyName" value="propertyValue"

注：

使用 jsp:setProperty 来为一个 Bean 的属性赋值；可以使用两种方式来实现。

[1] 在 jsp:useBean 后使用 jsp:setProperty：

```
<jsp:useBean id = "myUser" … />
…
<jsp:setProperty name = "myUser" property = "user" … />
```

在这种方式中，jsp:setProperty 将被执行。

[2] jsp:setProperty 出现在 jsp:useBean 标签内：

```
<jsp:useBean id = "myUser" … >
…
<jsp:setProperty name = "myUser" property = "user" … />
</jsp:useBean>
```

在这种方式中，jsp:setProperty 只会在新的对象被实例化时才将被执行。

在<jsp:setProperty>中的 name 值应当和<jsp:useBean>中的 id 值相同。

(6)plugin 动作

<jsp:plugin>标签表示执行一个 applet 或 Bean，有可能的话还要下载一个 Java 插件用于执行它。

语法：

```
1:    <jsp:plugin
2:    type = "bean | applet"
3:    code = "classFileName"
```

```
4:      codebase = "classFileDirectoryName"
5:      [ name = "instanceName" ]
6:      [ archive = "URIToArchive, ... " ]
7:      [ align = "bottom | top | middle | left | right" ]
8:      [ height = "displayPixels" ]
9:      [ width = "displayPixels" ]
10:     [ hspace = "leftRightPixels" ]
11:     [ vspace = "topBottomPixels" ]
12:     [ jreversion = "JREVersionNumber | 1.1" ]
13:     [ nspluginurl = "URLToPlugin" ]
14:     [ iepluginurl = "URLToPlugin" ] >
15:     [ <jsp:params>
16:     [ <jsp:param name = "parameterName" value = "{parameterValue | <% =
        expression %>}" /> ]+
17:     </jsp:params> ]
18:     [ <jsp:fallback> text message for user </jsp:fallback> ]
19:     </jsp:plugin>
```

<jsp:plugin>元素用于在浏览器中播放或显示一个对象(典型的就是 applet 和 Bean),而这种显示需要在浏览器的 Java 插件。

当 Jsp 文件被编译,送往浏览器时,<jsp:plugin>元素将会根据浏览器的版本替换成<object>或者<embed>元素。注意,<object>用于 HTML 4.0 ,<embed>用于 HTML 3.2。

一般来说,<jsp:plugin>元素会指定对象是 Applet 还是 Bean,同样也会指定 class 的名字,还有位置,另外还会指定将从哪里下载这个 Java 插件。

下面是使用<jsp:plugin>动作的一个例子:

【例 5-7】 plugin. jsp

```
1:      <jsp:plugin type = "applet" code = "B. class"
2:      jreversion = "1.2" width = "300" height = "260" align = "left" vspace = "
        60" >
3:      <jsp:fallback>
4:      Plugin tag OBJECT or EMBED not supported by browser.
5:      </jsp:fallback>
6:      </jsp:plugin>
```

TestApplet. Java

```
1:      import Java. applet. * ;
2:      import Java. awt. * ;
3:      public class TestApplet extends Applet
```

```
4：    {
5：    String strFont;
6：    public void init()
7：    {
8：    strFont = getParameter("font");
9：    }
10：   public void paint(Graphics g)
11：   {
12：   Font f = new Font(strFont,Font. BOLD,30);
13：   g. setFont(f);
14：   g. setColor(Color. blue);
15：   g. drawString("这是使用<jsp:plugin>动作元素的例子",0,30);
16：   }
17：   }
```

图 5-23 <jsp:plugin>的使用示例

5.4 JSP 内置对象

JSP 内置对象，也称为隐含对象(Implicit Object)，由 JSP 容器自动为 JSP 页面提供。这些对象不需要预先声明就可以直接在脚本程序中进行使用。JSP 容器提供了以下几个内置对象，它们是：request、response、out、session、application、config、pageContext、page、exception。

1. request：封装用户请求
2. response：向用户做出响应
3. session：客户和服务器间的会话
4. out：向客户端输出
5. application：于服务器启动时开始运行，用来存放全局变量，在用户间共享
6. pageContext：用于访问 page 的各种对象
7. page：JSP 页面本身
8. config：包括 servlet 初始化要用的参数
9. exception：异常

5.4.1 request 对象

客户端的请求信息被封装在 request 对象中，通过它才能了解到客户的需求，然后做出响应。它是 HttpServletRequest 类的实例。

request 对象的常用方法：

(1)object getAttribute(String name) 返回指定属性的属性值

(2)Enumeration getAttributeNames() 返回所有可用属性名的枚举

(3)String getCharacterEncoding()返回字符编码方式

(4)int getContentLength() 返回请求体的长度(以字节数)

(5)String getContentType() 得到请求体的 MIME 类型

(6)ServletInputStream getInputStream()得到请求体中一行的二进制流

(7)String getParameter(String name)返回 name 指定参数的参数值

(8)Enumeration getParameterNames() 返回可用参数名的枚举

(9)String[] getParameterValues(String name)返回包含参数 name 的所有值的数组

(10)String getProtocol()返回请求用的协议类型及版本号

(11)String getScheme()返回请求用的计划名，如：http. https 及 ftp 等

(12)String getServerName()返回接受请求的服务器主机名

(13)int getServerPort()返回服务器接受此请求所用的端口号

(14)BufferedReader getReader()返回解码过来的请求体

(15)String getRemoteAddr()返回发送此请求的客户端 IP 地址

(16)String getRemoteHost()返回发送此请求的客户端主机名

(17)void setAttribute(String key,Object obj)设置属性的属性值

(18)String getRealPath(String path)返回一虚拟路径的真实路径

5.4.2 response 对象

response 对象包含了响应客户请求的有关信息，但在 JSP 中很少直接用到它。它是 HttpServletResponse 类的实例。

response 对象的功能：

(1)String getCharacterEncoding()返回响应用的是何种字符编码

(2)ServletOutputStream getOutputStream()返回响应的一个二进制输出流

(3)PrintWriter getWriter()返回可以向客户端输出字符的一个对象

(4)void setContentLength(int len)设置响应头长度

(5)void setContentType(String type)设置响应的 MIME 类型

(6)sendRedirect(Java. lang. String location)重新定向客户端的请求

5.4.3 session 对象

session 对象指的是客户端与服务器的一次会话，从客户连到服务器的一个 WebApplication 开始，直到客户端与服务器断开连接为止。它是 HttpSession 类的实例。session 对象的类型为 HttpSession。session 对象提供了一些常用方法，通过这些方法可以维护客户端与服务器端的会话状态。

session 对象的常用方法：

方法	说　明
setAttribute(String name, Object value)	将 value 对象以 name 名称绑定到会话，变成其 name 属性。如果 name 属性已经存在，其对应的对象被转换为 value 对象。
getAttribute(String name)	从会话 session 对象中取得 name 属性，如果 name 属性不存在，则返回 null。
getId( )	此方法返回会话的标识。
getAttributeNames( )	返回 session 对象中存储的每一个对象，结果为 Enumeration 类实例
removeAttribute (String name)	从会话中删除 name 属性。如果 name 属性不存在，则这不会执行其他操作，也不会抛出异常。
long getCreationTime( )	返回创建时间，单位为毫秒，从 1970 年 1 月 1 目算起
getLastAccessedTime( )	返回在会话创建的时间内 Web 容器接收到客户最后一次发出请求的时间。
setMaxInactiveInterval (int)	设定允许客户请求之间的最长时间间隔。如果请求之间超过这个时间，JSP 容器则会认为请求属于两个不同的会话
getMaxInactiveInterval( )	返回在会话期间内客户请求的最长时间间隔，以秒为单位
isNew( )	检查当前客户是否属于新的会话
invalidate( )	使会话失效，同时删除其属性对象
getServletContext( )	返回当前会话所在的上下文环境，ServletContext 对象可以使 Servlet 与 Web 容器进行通信。

下面的例子中涉及 3 个页面，我们使用 session 对象存储顾客的姓名和购买的商品。

【例 5-8】 Example5-8.jsp

```
1:    <%@ page contentType="text/html; charset=GB2312" %>
2:    <HTML>
3:    <BODY bgcolor=cyan><FONT Size=1>
4:    <% session.setAttribute("customer","顾客");
5:    >
6:    <P>输入你的姓名连接到第一百货:first.jsp</P>
7:    <FORM action="first.jsp" method=post name="form">
8:    <INPUT type="text" name="boy"/>
9:    <INPUT type="submit" value=" 送出" name="submit"/>
10:   </FORM>
11:   <FONT>
12:   </BODY>
13:   </HTML>
```

first. jsp:

```
1:    <%@ page contentType="text/html;charset=GB2312" %>
2:    <HTML>
3:    <BODY bgcolor=cyan><FONT Size=1>
4:    <% String s=request. getParameter("boy");
5:    session. setAttribute("name",s);
6:    %>
7:    <P>这里是第一百货</p>
8:    <P>输入你想购买的商品连接到结帐:account. jsp</p>
9:    <FORM action="account. jsp" method=post name="form">
10:   <INPUT type="text" name="buy" />
11:   <INPUTtype="submit" value="送出" name="submit "/>
12:   </FORM>
13:   </FONT>
14:   </BODY>
15:   </HTML>
```

account. jsp:

```
1:    <%@ page contentType="text/html;charset=GB2312" %>
2:    <%! //处理字符串的方法:
3:    public String getString(String s)
4:    { if(s= =null)
5:    {s="";
6:    }
7:    try {byte b[]=s. getBytes("ISO-8859-1");
8:    s=new String(b);
9:    }
10:   catch(Exception e)
11:   {
12:   }
13:   return s;
14:   }
15:   >
16:   <HTML>
17:   <BODY bgcolor=cyan><FONT Size=1>
18:   <% String s=request. getParameter("buy");
19:   session. setAttribute("goods",s);
20:   >
```

```
21:   <BR>
22:   <% Stringc = (String)session. getAttribute("customer");
23:   Stringn = (String)session. getAttribute("name");
24:   Stringg = (String)session. getAttribute("goods");
25:   n = getString(n);
26:   g = getString(g);
27:    %>
28:   <P>这里是结帐处</P>
29:   <P><% = 顾客%>的姓名是:
30:   <% = 姓名%></P>
31:   <P>您选择购买的商品是:
32:   <% = 商品%></P>
33:   </FONT>
34:   </BODY>
35:   </HTML>
```

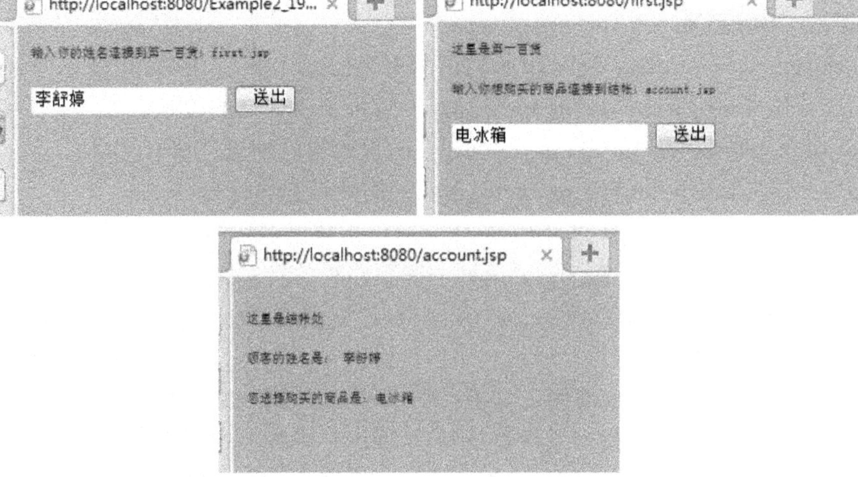

图 5-24　用 session 对象存放信息

5.4.4　out 对象

out 对象的基类是 JspWriter。out 对象主要的方法是:print()方法和 println()方法。两者区别在于 print()方法输出完后,并不结束当前行,而 println()方法在输出完毕后,会结束当前行另起一行。上述两种方法在 JSP 页面设计中是经常用到的,它们可以输出各种格式的数据类型,如字符型、整型、浮点型、布尔型、字符串与变量的混合型以及表达式,甚至是一个对象。

out 对象的常用方法:

方法	说　明
newLine()	输出一个换行符号
flush()	输出缓冲的数据
close()	关闭输出流，从而可以强制终止当前页面的剩余部分向浏览器输出
clearBuffer()	清除缓冲区里的数据，并把数据写到客户端
clear()	清除缓冲区里的数据，而不把数据写到客户端
getBufferSize()	获得缓冲区的大小，缓冲区的大小可用<%@ page buffer="Size"%>设置
isAutoFlush()	返回布尔值，若是 auto flush 则返回 true，否则返回 false
getRemaining()	获得缓冲区没有使用的空间的大小

5.4.5　application 对象

application 对象实现了用户间的数据共享，可存放全局变量。它开始于服务器的启动，直到服务器的关闭，在此期间，此对象将一直存在；这样在用户的多次连接或不同用户之间的连接中，可以对此对象的同一属性进行操作；在任何地方对此对象属性的操作，都将影响到其他用户对此对象的访问。服务器的启动和关闭决定了 application 对象的生命。它是 ServletContext 类的实例。

①Object getAttribute(String name)返回给定名的属性值

②Enumeration getAttributeNames()返回所有可用属性名的枚举

③void setAttribute(String name,Object obj)设定属性的属性值

④void removeAttribute(String name)删除一属性及其属性值

⑤String getServerInfo()返回 JSP(SERVLET)引擎名及版本号

⑥String getRealPath(String path)返回一虚拟路径的真实路径

⑦ServletContext getContext(String uripath)返回指定 WebApplication 的 application 对象

⑧int getMajorVersion()返回服务器支持的 Servlet API 的最大版本号

⑨int getMinorVersion()返回服务器支持的 Servlet API 的最大版本号

⑩String getMimeType(String file)返回指定文件的 MIME 类型

⑪URL getResource(String path)返回指定资源(文件及目录)的 URL 路径

⑫InputStream getResourceAsStream(String path)返回指定资源的输入流

⑬ RequestDispatcher getRequestDispatcher (String uripath) 返回指定资源的 RequestDispatcher 对象

⑭Servlet getServlet(String name)返回指定名的 Servlet

⑮Enumeration getServlets()返回所有 Servlet 的枚举

⑯Enumeration getServletNames()返回所有 Servlet 名的枚举

⑰void log(String msg)把指定消息写入 Servlet 的日志文件

⑱void log(Exception exception,String msg)把指定异常的栈轨迹及错误消息写入 Servlet 的日志文件

⑲void log(String msg,Throwable throwable) 把栈轨迹及给出的 Throwable 异常的说明信息 写入 Servlet 的日志文件

5.4.6 pageContext 对象

pageContext 对象被封装成 Javax. servlet. jsp. PageContext 接口，它代表当前运行页面的一些属性。pageContext 对象的创建和初始化都是由容器来完成，在 JSP 页面中可以直接使用 pageContext 对象。

pageContext 对象在 JSP 容器执行 jspService()方法之前就已经被初始化了，它的主要功能是让 JSP 容器控制其他隐含对象。例如，对象的生成与初始化、对象的释放。pageContext 对象提供了 JSP 默认的隐含对象，以及其他可对对象进行操作的基本方法。这样，通过 pageContext 对象就能够实现可用对象的属性信息在 Servlet 与 JSP 页面之间互相传递。

pageContext 对象的常用方法：

①JspWriter getOut()返回当前客户端响应被使用的 JspWriter 流(out)

②HttpSession getSession()返回当前页中的 HttpSession 对象(session)

③Object getPage()返回当前页的 Object 对象(page)

④ServletRequest getRequest()返回当前页的 ServletRequest 对象(request)

⑤ServletResponse getResponse()返回当前页的 ServletResponse 对象(response)

⑥Exception getException()返回当前页的 Exception 对象(exception)

⑦ServletConfig getServletConfig()返回当前页的 ServletConfig 对象(config)

⑧ServletContext getServletContext() 返回当前页的 ServletContext 对象(application)

⑨void setAttribute(String name,Object attribute)设置属性及属性值

⑩void setAttribute(String name,Object obj,int scope)在指定范围内设置属性及属性值

⑪public Object getAttribute(String name)取属性的值

⑫Object getAttribute(String name,int scope)在指定范围内取属性的值

⑬public Object findAttribute(String name)寻找一属性，返回起属性值或 NULL

⑭void removeAttribute(String name)删除某属性

⑮void removeAttribute(String name,int scope)在指定范围删除某属性

⑯int getAttributeScope(String name)返回某属性的作用范围

⑰Enumeration getAttributeNamesInScope(int scope)返回指定范围内可用的属性名枚举

⑱void release()释放 pageContext 所占用的资源

⑲void forward(String relativeUrlPath)使当前页面重导到另一页面

⑳void include(String relativeUrlPath)在当前位置包含另一文件

5.4.7 page 对象

page 对象就是指向当前 JSP 页面本身，有点象类中的 this 指针，它是 Java. lang. Object 类的实例.

page 对象的常用方法：

①class getClass 返回此 Object 的类

②int hashCode()返回此 Object 的 hash 码

③boolean equals(Object obj)判断此 Object 是否与指定的 Object 对象相等

④void copy(Object obj)把此 Object 拷贝到指定的 Object 对象中

⑤Object clone()克隆此 Object 对象

⑥String toString()把此 Object 对象转换成 String 类的对象

⑦void notify()唤醒一个等待的线程

⑧void notifyAll()唤醒所有等待的线程

⑨void wait(int timeout)使一个线程处于等待直到 timeout 结束或被唤醒

⑩ void wait()使一个线程处于等待直到被唤醒

⑪void enterMonitor()对 Object 加锁

⑫void exitMonitor()对 Object 开锁

5.4.8 config 对象

config 对象的类型是 Javax. servlet. ServletConfig，它提供存取 Servlet 初始参数及有关 servlet 环境信息的 ServletContext 对象，config 对象的范围也是 page。

config 对象的类型 Javax. servlet. ServletConfig 接口，它表示 Servlet 的配置。当初始化一个 Servlet 时，容器把某些信息通过 config 对象传递给对应的 Servlet。

config 对象的常用方法：

①ServletContext getServletContext() 返回含有服务器相关信息的 ServletContext 对象

②String getInitParameter(String name) 返回初始化参数的值

③Enumeration getInitParameterNames() 返回 Servlet 初始化所需所有参数的枚举

5.4.9 exception 对象

exception 对象是一个异常对象，当一个页面在运行过程中发生了例外，就产生这个对象。如果一个 JSP 页面要应用此对象，就必须把 isErrorPage 设为 true，否则该 JSP 页面将无法编译。下面实例中在一个页面中产生一个算术异常，在另一个页面中进行处理。

exception 对象的常用方法：

①String getMessage()返回描述异常的消息

②String toString()返回关于异常的简短描述消息

③void printStackTrace()显示异常及其栈轨迹

④Throwable FillInStackTrace()重写异常的执行栈轨迹

5.5 Java Bean

5.5.1 Java Bean 的概念

英文中 Bean 的意思是豆子，例如 green been 是豌豆。顾名思义 Java Bean 是一段 Java 小程序，或者说 Java Bean 是一种可重复使用，且跨平台的软件组件。Java Bean 可分为两种：一种是有用户界面(UI，User Interface)的 Java Bean；还有一种是没有用户界面，主要负责处理事务(如数据运算，操纵数据库)的 Java Bean。JSP 通常访问的是后一种 Java Bean。

和普通 JSP 程序一样，调用 Java Bean 的 JSP 程序都放在 ROOT 文件夹下。

5.5.2 JSP 与 Java Bean 搭配使用的优点

使得 HTML 与 Java 程序分离，这样便于维护代码。如果把所有的程序代码都写到 JSP 网页中，会使得代码繁杂，难以维护。

可以降低开发 JSP 网页人员对 Java 编程能力的要求。

JSP 侧重于生成动态网页，事务处理由 Java Bean 来完成，这样可以充分利用 Java Bean 组件的可重用性特点，提高开发网站的效率。

5.5.3 Java Bean 的特征

一个标准的 Java Bean 有以下几个特性：

Java Bean 是一个公共的(public)类

Java Bean 有一个不带参数的构造方法

Java Bean 通过 setXXX 方法设置属性，通过 getXXX 方法获取属性

5.5.4 JSP 访问 Java Bean 的语法

1. 导入 JavaBean 类

通过<%@ page import>指令导入 Java Bean 类，例如：

```
<%@ page import = "mypack. CounterBean" %>
```

2. 声明 JavaBean 对象

<jsp:useBean>标签用来声明 JavaBean 对象，例如：

```
<jsp:useBean id = "myBean" class = "mypack. CounterBean" scope = "session"
/>
<jsp:useBean id = "myBean_1" class = "mypack. CounterBean" scope = "session"
/>
```

3. 访问 Java Bean 属性

(1)属性以及用法

id="beanInstanceName"

在所定义的范围中唯一标识一个 Bean 变量，使之能在后面的程序中分辨不同的 Bean，这个变量名对大小写敏感，必须符合所使用的脚本语言的规定，这个规定在 Java Language 规范已经写明。如果 Bean 已经在别的"<jsp:useBean>"标记中创建，则当使用这个已经创建过的 Bean 时，id 的值必须与原来的那个 id 值一致；否则则意味着创建了同一个类的两个不同的对象。

JSP 提供了访问 Java Bean 属性的标签，如果要将 Java Bean 的某个属性输出到网页上，可以用<jsp:getProperty>标签，例如：

```
<jsp:getProperty name = "myBean" property = "count" />
```

如果要给 Java Bean 的某个属性赋值，可以用<jsp:setProperty>标签，例如：

```
<jsp:setProperty name="myBean" property="count" value="0" />
```

(2)<jsp:getProperty>

JSP 语法格式如下：

```
<jsp:getProperty name="beanInstanceName" property="propertyName" />
```

属性：

①name="beanInstanceName"

bean 的名字，由<jsp:useBean>指定。

②property="propertyName"

所指定的 Bean 的属性名。

【例 5-9】 <jsp:getProperty>的例子

```
1:    <html>
2:     <jsp:useBean id="calendar" scope="page" class="employee.
       Calendar" />
3:    <head>
4:    <title>test</title>
5:    </head>
6:    <body>
7:    Calendar of <jsp:getProperty name="calendar" property="username"
      />
8:    </body>
9:    </html>
```

(3)<jsp:setProperty>

设置 Bean 的属性值.

JSP 语法格式如下：

```
<jsp:setProperty
name="beanInstanceName"
{
property= "*" | property="propertyName" [ param="parameterName" ] |
property="propertyName" value="{string | <%= expression %>}"
}
/>
```

(4)属性：

①name="beanInstanceName"

表示已经在“<jsp:useBean>”中创建的 Bean 实例的名字。

②property=″∗″

储存用户在jsp输入的所有值,用于匹配Bean中的属性。

③property=″propertyName″[param=″parameterName″]

用一个参数值来指定Bean中的一个属性值,一般情况下是从request对象中获得的。其中property指定Bean的属性名,param指定request中的参数名。

④property=″propertyName″ value=″{string | <%= expression %>}″

使用指定的值来设定Bean属性。这个值可以是字符串,也可以是表达式。如果是字符串,那么它就会被转换成Bean属性的类型。如果是一个表达式,那么它的类型就必须和将要设定的属性值的类型一致。

不能在同一个“<jsp:setProperty>”中同时使用param和value参数。

5.5.5 Java Bean的范围

scope属性决定了Java Bean对象存在的范围。scope的可选值包括:

-page(默认值)

-request

-session

-application

(1)Java Bean在page范围内

客户每次请求访问JSP页面时,都会创建一个Java Bean对象。Java Bean对象的有效范围是客户请求访问的当前JSP网页。Java Bean对象在以下两种情况下都会结束生命期:

客户请求访问的当前JSP网页通过<forward>标记将请求转发到另一个文件

客户请求访问的当前JSP页面执行完毕并向客户端发回响应。

(2)Java Bean在request范围内

客户每次请求访问JSP页面时,都会创建新的Java Bean对象。Java Bean对象的有效范围为:

客户请求访问的当前JSP网页

和当前JSP网页共享同一个客户请求的网页,即当前JSP网页中<%@ include>指令以及<forward>标记包含的其他JSP文件。

当所有共享同一个客户请求的JSP页面执行完毕并向客户端发回响应时,Java Bean对象结束生命周期。

Java Bean对象作为属性保存在HttpRequest对象中,属性名为Java Bean的id,属性值为Java Bean对象,因此也可以通过HttpRequest. getAttribute()方法取得Java Bean对象,例如:

CounterBean obj=(CounterBean)request. getAttribute(“myBean”);

(3)Java Bean在session范围内

Java Bean对象被创建后,它存在于整个Session的生存周期内,同一个Session中的JSP文件共享这个Java Bean对象。

Java Bean对象作为属性保存在HttpSession对象中,属性名为Java Bean的id,属性

值为

Java Bean 对象。除了可以通过 Java Bean 的 id 直接引用 Java Bean 对象外，也可以通过 HttpSession. getAttribute()方法取得 Java Bean 对象，例如：

CounterBean obj=(CounterBean)session. getAttribute("myBean");

(4)JavaBean 在 application 范围内

Java Bean 对象被创建后，它存在于整个 Web 应用的生命周期内，Web 应用中的所有 JSP 文件都能共享同一个 Java Bean 对象。

Java Bean 对象作为属性保存在 application 对象中，属性名为 Java Bean 的 id，属性值为 Java Bean 对象，除了可以通过 Java Bean 的 id 直接引用 Java Bean 对象外，也可以通过 application. getAttribute()方法取得 Java Bean 对象，例如：

CounterBean obj= (CounterBean)application. getAttribute("myBean");

5.6 JSP 文件操作

有时服务器需要将客户提交的信息保存到文件或根据客户的要求将服务器上的文件内容显示到客户端，这时需要 JSP 的文件处理。JSP 通过 Java 的输入输出流来实现文件的读写操作。

5.6.1 File 类

File 类的对象主要用来获取文件本身的一些信息，例如文件所在的目录、文件的长度、文件读写权限等，不涉及对文件的读写操作。

创建一个 File 对象的构造方法有 3 个：

File(String filename);

File(String directoryPath,String filename);

File(File f, String filename);

其中，filename 是文件名字，directoryPath 是文件的路径，f 是指定成一个目录的文件。

使用 File(String filename) 创建文件时，该文件被认为是与当前应用程序在同一目录中，由于 JSP 引擎是在 bin 下启动执行的，所以该文件被认为在下列目录中：D:\\Tomcat\\bin\\。

1. 获取文件的属性

经常使用 File 类的下列方法获取文件本身的一些信息：

①public String getName()：获取文件的名字。

②public boolean canRead()：判断文件是否是可读的。

③public boolean canWrite()：判断文件是否可被写入。

④public boolean exits()：判断文件是否存在。

⑤public long length()：获取文件的长度(单位是字节)。

⑥public String getAbsolutePath()：获取文件的绝对路径。

⑦public String getParent()：获取文件的父目录。

⑧public boolean isFile()：判断文件是否是一个正常文件，而不是目录。

⑨public boolean isDirectroy():判断文件是否是一个目录。

⑩ public boolean isHidden() :判断文件是否是隐藏文件。

⑪public long lastModified() :获取文件最后修改的时间(时间是从 1970 年午夜至文件最后修改时刻的毫秒数)。

【例 5-10】 用上述的一些方法,获取某些文件的信息

```
1:  <%@ page contentType = "text/html;charset = GB2312" %>
2:  <%@ page import = "Java. io. * " %>
3:  <HTML>
4:  <BODY bgcolor = cyan><Font Size = 1>
5:  <%File f1 = new File("D:\\\\Tomcat\\\\webapps\\\\root","Example_5.
    6.1");
6:  File f2 = new File("jasper. sh");
7:  %>
8:  <P>文件 Example_5.6.1. jsp 是可读的吗?
9:  <% = f1. canRead() %>
10: <BR>
11: <P>文件 Example_5.6.1. jsp 的长度:
12: <% = f1. length() %>字节
13: <BR>
14: <P> jasper. sh 是目录吗?
15: <% = f2. isDirectory() %>
16: <BR>
17: <P>Example_5.6.1. jsp 的父目录是:
18: <% = f1. getParent() %>
19: <BR>
20: <P>jasper. sh 的绝对路径是:
21: <% = f2. getAbsolutePath() %>
22: </Font>
23: </BODY>
24: </HTML>
```

2. 创建目录

(1)创建目录

File 对象调用方法 public boolean mkdir() 创建一个目录,如果创建成功返回 true,否则返回 false(如果该目录已经存在将返回 false)。

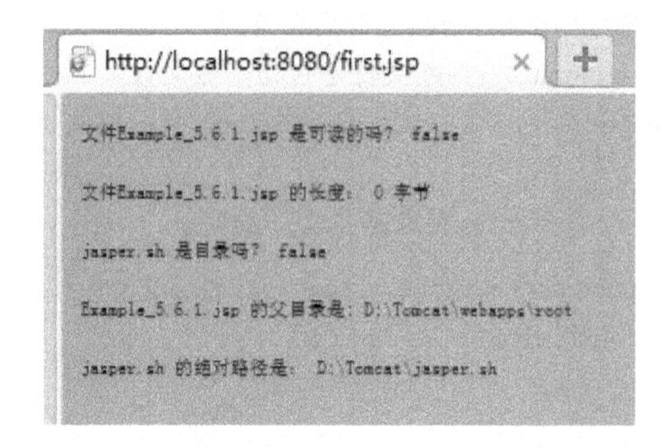

图 5－25　使用 File 对象获取文件的属性

【例 5－11】 在 Root 下创建一个名字是 Student 的目录

```
1:   <%@ page contentType = "text/html;charset = GB2312" %>
2:   <%@ page import = "Java. io. * " %>
3:   <HTML>
4:   <BODY><Font Size = 2>
5:   <% File dir = new File("D:/Tomcat/webapps/root","Student");
6:   %>
7:   <P>在 root 下创建一个新的目录:Student,<BR>成功创建了吗?
8:   <% = dir. mkdir() %></P>
9:   <P> Student 是目录吗? </P>
10:  <% = dir. isDirectory() %>
11:  </Font>
12:  </BODY>
13:  </HTML>
```

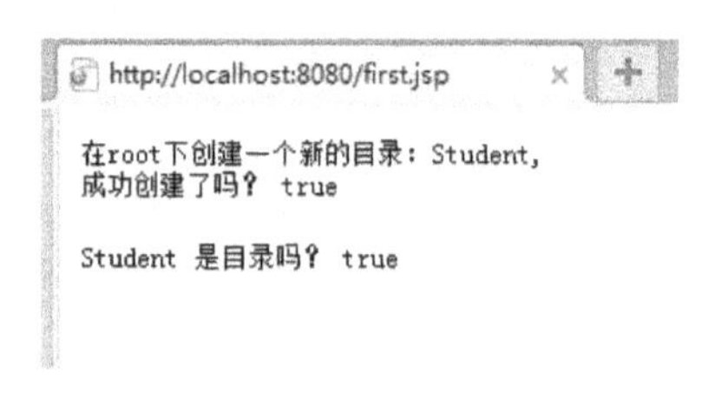

图 5－26　创建目录

(2)列出目录中的文件

如果 File 对象是一个目录，那么该对象可以调用下述方法列出该目录下的文件和子目录：

public String[] list():用字符串形式返回目录下的全部文件，

public File [] listFiles():用 File 对象形式返回目录下的全部文件。

【例 5－12】 输出 Root 下全部文件中的 5 个文件和全部子目录

```
1:    <%@ page contentType = "text/html;charset = GB2312" %>
2:    <%@ page import = "Java. io. * " %>
3:    <HTML>
4:    <BODY><Font Size = 2>
5:    <% File dir = new File("D:/Tomcat/webapps/root");
6:      File file[] = dir. listFiles();
7:     %>
8:    <P>列出 root 下的 5 个长度大于 1000 字节的文件和全部目录:
9:    <BR>目录有:
10:   <% for(int i = 0;i<file. length;i + + )
11:      { i f(file[i]. isDirectory())
12:        out. print("<BR>" + file[i]. toString());
13:     }
14:   ></P>
15:   <P> 5 个长度大于 1000 字节的文件名字:
16:   <% for(int i = 0,number = 0;(i<file. length)&&(number< = 4);i +
+ )
17:      {if(file[i]. length()> = 1000)
18:        { out. print("<BR>" + file[i]. toString());
19:        number + + ;
20:     }
21: }
22: ></P>
23: </Font>
24: </BODY>
25: </HTML>
```

```
http://localhost:8080/first.jsp
列出root下的5 个长度大于1000 字节的文件和全部目录:
目录有:
D:\Tomcat\webapps\root\Myfile
D:\Tomcat\webapps\root\Student
D:\Tomcat\webapps\root\WEB-INF

5 个长度大于1000 字节的文件名字:
D:\Tomcat\webapps\root\asf-logo-wide.gif
D:\Tomcat\webapps\root\asf-logo.png
D:\Tomcat\webapps\root\bg-middle.png
D:\Tomcat\webapps\root\bg-nav-item.png
D:\Tomcat\webapps\root\bg-nav.png
```

图 5－27　列出目录中的文件

(3)列出指定类型的文件

我们有时需要列出目录下指定类型的文件,比如. jsp、. txt 等扩展名的文件。可以使用 File 类的下述两个方法,列出指定类型的文件。

public String[] list(FilenameFilter obj);该方法用字符串形式返回目录下的指定类型的所有文件。

public File [] listFiles(FilenameFilter obj);该方法用 File 对象返回目录下的指定类型所有文件。

FilenameFilte 是一个接口,该接口有一个方法:public boolean accept(File dir,String name)。向 list 方法传递一个实现该接口的对象后,如果 list 方法列出文件,将让该文件调用 accept 方法检查该文件是否符合 accept 方法指定的目录和文件名字要求。

【例 5-13】 列出 Root 目录下的部分 JSP 文件的名字

```
1:    <%@ page contentType="text/html;charset=GB2312" %>
2:    <%@ page import ="Java. io. *" %>
3:    <%! class FileJSP implements FilenameFilter
4:    { String str=null;
5:    FileJSP(String s)
6:    {
7:    str=". "+s;
8:    }
9:    public boolean accept(File dir,String name)
10:   { return name. endsWith(str);}
11:   }
12:    %>
13:   <P>下面列出了服务器上的一些 jsp 文件
14:   <% File dir=new File("d:/Tomcat/webapps/root/");
15:   FileJSP file_jsp=new FileJSP("jsp");
16:   String file_name[]=dir. list(file_jsp);
17:   for(int i=0;i<5;i++)
18:   {out. print("<BR>"+file_name[i]);
19:   }
20:    %></P>
```

http://localhost:8080/first.jsp

下面列出了服务器上的一些jsp 文件
account.jsp
Example2_19.jsp
Example2_2.jsp
first.jsp
index.jsp

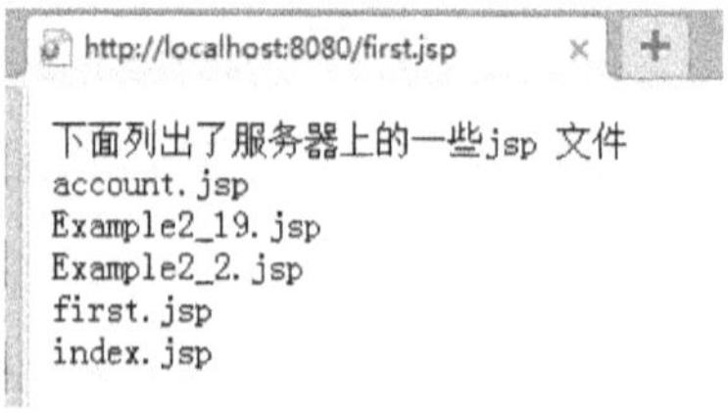

图 5-28 列出 JSP 文件

3. 删除文件和目录

File 对象调用方法 public boolean delete()可以删除当前对象代表的文件或目录，如果File 对象表示的是一个目录，则该目录必须是一个空目录，删除成功返回 true。

【例 5-14】 删除 Root 目录下的 A. Java 文件和 Students 目录

```
1:    <%@ page contentType = "text/html;charset = GB2312" %>
2:    <%@ page import ="Java. io. *" %>
3:    <HTML>
4:    <BODY>
5:    <%File f = new File("d:/Tomcat/webapps/root/","A. Java");
6:    File dir = new File("d:/Tomcat/webapps/root","Student");
7:    boolean b1 = f. delete();
8:    boolean b2 = dir. delete();
9:    >
10:   <P>文件 A. Java 成功删除了吗?
11:   <% =b1 %>
12:   <P>目录 Students 成功删除了吗?
13:   <% =b2 %>
14:   </BODY>
15:   </HTML>
```

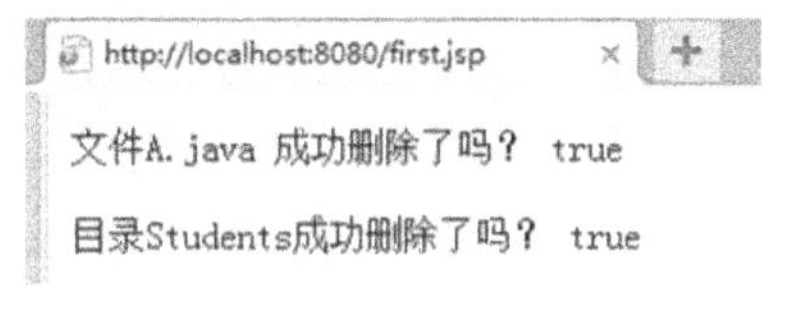

图 5-29 删除目录或文件

5.6.2 文件中数据的读取

在 JSP 页面中，文件数据的读取是通过建立字符输入流 FileReader 类实现。语法：

FileReader 对象变量=new FileReader(“文件磁盘路径与文件名称”)；

1. FileReader 类的方法

Read()：读取文件中的字符

ReaderObjectName. Read()

-读取一个字符，返回值不是整数值，如果到了文件末尾返回－1

ReaderObjectName. Read(char charArrayName[])

-读取字符数组长度，即 charArrayName. length 的字符，并存放到字符数组中，返回实际读取的字符个数，到了文件末尾返回－1

ReaderObjectName. Read(char charArrayName[], int offset, int len)

-读取 len 长度的字符，存放到数组中从 offset 开始的位置，返回实际读取字符个数，到

了末尾返回－1

skip()：跳过指定个数的字符，返回跳过的字符个数

ReaderObjectName. skip(long numchars)；

close()：关闭对象

ReaderObjectName. colse()；

2. BufferedReader 类

字符输入缓冲流，可以提高文件读取效率，除了 Reader 类中的方法外，还有 readLine 方法。readLine()：读取一行字符，返回字符串。

通常是 FileReader 和 BufferedReader 结合使用。

【例 5－15】 filereader. jsp 读取数据

```
1:  <%@ page contentType="text/html;charset=GB2312" %>
2:  <%@ page import ="Java. io. *" %>
3:  <html>
4:  <head>
5:  <title>读出文件</title>
6:  </head>
7:  <body>
8:  <b>
9:  <font size=4 color=red >读出文件</font><br>
10: </b>
11: <hr><br>
12: <%
13: String r1;
14: String pth=request. getRealPath(". /");
15: FileReader fr=new FileReader(new File(pth+"\\\\hello. txt"));
16: BufferedReader br=new BufferedReader(fr);
17: while((r1=br. readLine())! =null)
18: out. println(r1+"<br>");
19:  %>
20: </body>
21: </html>
```

5.6.3 文件中数据的写入

在 JSP 页面中，文件中数据的写入是通过建立字符输出流 FileWriter 类实现。语法：

FileWriter 对象变量 = new FileWriter("文件磁盘路径与文件名称")；//写入数据

FileWriter 对象变量 = new FileWriter("文件磁盘路径与文件名称", boolean append)；//append 为 true 时，追加数据

1. FileWriter 类的方法

write():写入数据

WriterObjectName. write(int ch):写入单个字符

WriterObjectName. write(char buffername[]):写入一个字符数组

WriterObjectName. write(char buffername[],int offset,int len):将字符数组中从 offset 位置开始的 len 长度的字符写入

WriterObjectName. write(String stringname[]):将字符串写入

WriterObjectName. write(String stringname[],int offset,int len):将字符串中从 offset 位置开始的 len 长度的字符写入

flush():刷新输出缓冲区

close():关闭输出流

2. BufferedWriter 类

输出字符缓冲流类,常与 FileWriter 类结合使用提高程序效率。

构造方法:

-BufferedWriter(Writer 对象名):创建默认大小的缓冲流

-BufferedWriter(Writer 对象名, int BufferSize):创建默认缓冲流大小由 BufferSize 指定

【例 5-16】 filewriter1. jsp 写入数据

```
1:   <%@ page contentType = "text/html;charset = GB2312" %>
2:   <%@ page import = "Java. io. * " %>
3:   <html>
4:   <head>
5:   <title>写入数据</title>
6:   </head>
7:   <body>
8:   <b>
9:   <font size = 4 color = red>写入数据</font><br>
10:  </b>
11:  <hr><br>
12:  <%
13:  try{
14:  String fpath = request. getRealPath("hello. txt");
15:  FileWriter file1 = new FileWriter(fpath);
16:  BufferedWriter outbuffer1 = new BufferedWriter(file1);
17:  outbuffer1. write("欢迎光临!!");
18:  outbuffer1. flush();
19:  file1. close();
```

```
20:    FileReader file2 = new FileReader(fpath);
21:    BufferedReader buffer1 = new BufferedReader(file2);
22:    String tempStr = null;
23:    while((tempStr = buffer1. readLine())! = null){
24:    out. print("<br>" + tempStr);
25:    }
26:    buffer1. close();
27:    file2. close();
28:    }
29:    catch(Exception e){
30:    out. print(e. toString());
31:    }
32:     %>
33:    </body>
34:    </html>
```

【例 5-17】 filewriter2. jsp 追加数据

```
1:     <%@ page contentType = "text/html;charset = GB2312" %>
2:     <%@ page import  = "Java. io. *" %>
3:     <html>
4:     <head>
5:     <title>追加数据</title>
6:     </head>
7:     <body>
8:     <b>
9:     <font size = 4 color = red >追加数据</font><br>
10:    </b>
11:    <hr><br>
12:    <%
13:    try{
14:      String fpath = request. getRealPath("hello. txt");
15:      FileWriter file1 = new FileWriter(fpath, true);
16:      BufferedWriter outbuffer1 = new BufferedWriter(file1);
17:      outbuffer1. write("欢迎光临!! \\n");
18:      outbuffer1. flush();
19:      file1. close();
20:      FileReader file2 = new FileReader(fpath);
21:      BufferedReader buffer1 = new BufferedReader(file2);
```

```
22:     String tempStr = null;
23:     while((tempStr = buffer1. readLine())!  = null){
24:       out. print("<br>" + tempStr);
25:     }
26:     buffer1. close();
27:     file2. close();
28:   }
29:   catch(Exception e){
30:     out. print(e. toString());
31:   }
32:   %>
33:   </body>
34:   </html>
```

图 5-30 结果

5.6.4 JSP 生成 Word 和 Excel 文件

page 指令的 contentType 属性用来设置 Content-Type 报头，标明了服务器端发送到客户端文档的 MIME 类型，以下分别为输出为 word 或 excel 文档时 ContentType 的属性值。

word：

```
<%@ page contentType = "application/msword;charset = GBK"%>
```

Excel：

```
<%@ page contentType = "application/vnd. ms - excel;charset = GBK"%>
```

设定文件名：在输出数据前加入

```
response. setHeader (" Content - disposition"," attachment; filename = result. doc");
```

此应用可以和数据库结合使用，从数据库读取数据后，可以设定此属性，让用户以 Excel 或 word 保存读取的数据。

5.7 习题 5

1. 为什么要设置 JSP 内置对象？列举其中 5 种常用内置对象的功能。

2. 简述 session 对象和 aplication 对象的不同处
3. 什么是 HTML 注释、隐藏注释、脚本注释，在客户端的“查看源文件”中能见哪个注释？
4. include 动作标记与 include 指令标记的区别是什么？
5. 简述 page 指令标记的功能，并举出其中 3 种属性的应用。
6. 组成 JSP 页面的主要元素有哪些？
8. JSP 中对文件的读、写分别分哪两种方式？
9. 什么是 JavaBean 以及 JavaBean 在 JSP 开发中的意义？
10. 请写出如下程序的运行结果：

```
<%@ page contentType="text/html; charset=gb2312" %>
<%! private int demoValue=56;
public int getValue()
{
    return demoValue;  }
>
<html><body>
第一个表达式，value 的值是<%=demoValue%> <br><! —表达式是一个变量—>
第二个表达式，value 的值是<%=getValue()%><br><! —表达式是一个具有返回值的函数—>
第三个表达式，<%=new String("test")%><! —表达式是一个对象—>
</body></html>
```

11. 如何使用 JSP 页面来处理运行时错误？
12. 两种跳转方式分别是什么？有什么区别？
13. 请列出三个 JSP 标准动作，并说明这些动作完成的功能
14. out 对象有什么功能，out. print 和 document. write 有什么区别？

附：

答案

1. 答：内置对象的应用简化了 Web 开发工作。

request 获取用户提交的请求信息。

response 服务器对客户请求的响应。

out 向客户端浏览器发送信息。

session 客户端与服务器端建立的会话，存储客户信息。

application 保存服务器运行时的全局变量

2. 答：①每个客户拥有自己的 session 对象，保存客户自有信息，如果有 100 个访问客户，就有 100 个 session 对象。所有的客户共享同一个 application 对象，保存服务器运行期所有客户共享信息，即使有 100 个访问客户也只有 1 个 application 对象。

②session 对象生命期从客户打开浏览器与服务器建立连接开始到客户关闭浏览器为止，在客户的多个请求间持续有效。application 对象生命期从服务器启动开始到服务器关闭为止。

③可以应用 session 对象存储某个客户在一个会话期间的数据，例如记录某个客户的姓名、密码等。应用 application 对象存储服务器运行期的所有客户共享的变量，例如记录所有客户的访问次数等。

3. 答：为了增加程序的可读性与可维护性，在语句中插入解释代码的注释，注释内容不在浏览器中显示。HTML 注释发送到客户端，在客户端通过浏览器查看源文件可见的注释。JSP 注释发送到服务器端，在客户端不可见的注释，也称为隐藏注释。隐藏注释是给编程人员看的。脚本注释是在 JSP 脚本段中使用的注释，在客户端也见不到脚本注释。在客户端的"查看源文件"中只能见到 HTML 注释。

4. 答：①include 动作是动态的，而 include 指令是静态的。include 动作在执行阶段插入文件，把被插入文件包含进来。而 include 指令是静态的，它把被嵌入文件插到当前位置后再进行翻译。

②include 动作在执行时对被包含的文件进行处理，所以 JSP 页面与被插入的文件在逻辑和语法上是独立的。而 include 指令的 JSP 页面和被嵌入的文件在语法上不独立，合并后的新文件要符合 JSP 页面语法规则。

③include 指令在翻译阶段处理嵌入文件，页面执行速度快。Include 动作在执行阶段才处理被插入的文件，可动态传递参数，处理灵活，但是运行速度稍慢。

5. 答：page 指令标记定义 JSP 页面的全局属性并设置属性值它可以指定页面使用的脚本语言、JSP 代表的 Servlet 实现的接口，导入指定的类及软件包等，page 指令对整个当前 JSP 页面有效，与在页面中书写位置无关。

Language：定义使用的脚本语言，默认值是"Java"，是唯一有效值。

Import：在 JSP 页面中导入 Java 包和类。

Session：是否允许使用内置的 session 对象，默认值是 true，允许使用 session 对象，值为 false 不能使用。

6. 答：主要有 6 种①HTML 标记②JSP 标记，指令标记和动作标记③Java 程序片④表达式⑤声明⑥注释。

7. 答：① 加载驱动程序

② 建立与 ACCESS 数据库连接，数据源名称为 student

③ 建立 Statement 对象

该程序完成的功能如下：

利用 While 循环来获取数据表 student 中所有记录。

8. 答：要点：读分为逐个字符读取和以行为单位读取 写分为无分行写入和分行写入

9. 答：JavaBean 是 Java 的组件模型，既可以用于客户端图形界面的开发，又可以用于服务器端非图形界面的 Java 应用开发，如 JSP。JavaBean 是 JSP 技术的核心，可以将 JSP 脚本中 功能单纯的代码(如数据库的连接)提取出来，构建 JavaBean 组件，从而减少编程人员的重复性劳动，同时提高代码的质量和使用效率。

10. 答:第一个表达式,value 的值是 56

第二个表达式,value 的值是 56

第三个表达式,test

11. 答:通过 page 指令的 errorPage 和 isErrorPage 属性处理错误。例如:

```
    testerror.jsp
<%@ page errorPage="dealerror.jsp" %>
<%
    /* 可能产生异常的代码 */
>
    dealerror.jsp
<%@ page contentType =" text/html; charset = gb2312" isErrorPage ="
true" %>
<%
/* 对异常的处理代码 */
%>
```

12. 答:<jsp:include page="included. jsp" flush="true">

<jsp:forward page= "nextpage. jsp"/>

<jsp:include>操作允许请求是在现成的 JSP 页面里包含静态或者动态资源

<jsp:forward>操作允许将请求转发到另一个 JSP、servlet 或静态资源文件

13. 答:(1)<jsp:include>动作:在 JSP 页面的执行过程中动态地加入外部的资源,外部的资源可以是 html 或 jsp 文件;

(2)<jsp:forward>动作:允许将当前的请求转发至另一个动态页面或 Servlet;

(3)<jsp:param>动作:用来给 JSP 页面传递参数。

14. 答:out 对象是 Javax. servlet. jsp. JspWriter 类的一个子类的对象,它的作用是把信息回送到客户端的浏览器中。在 out 对象中,最常用的方法就是 print()和 println()。在使用 print()或 println()方法时,由于客户端是浏览器,因此向客户端输出时,可以使用 HTML 中的一些标记,例如:“out. println("<h1>Hello,JSP</h1>"); out. print 是 JSP 代码,被服务器解释执行。Document. write 是 JavaScript 代码,被客户端浏览器解释执行。

第6章 网络编程

WANGLUOBIANCHENG

6.1 Java网络编程起步

6.1.1 初识网络编程

网络编程的目的就是指直接或间接地通过网络协议与其他计算机进行通讯。网络编程中有两个主要的问题，一个是如何准确地定位网络上一台或多台主机，另一个就是找到主机后如何可靠高效地进行数据传输。在TCP/IP协议中IP层主要负责网络主机的定位，数据传输的路由，由IP地址可以唯一地确定Internet上的一台主机。而TCP层所在的运输层则提供面向应用的可靠的或不可靠的数据传输机制，这是网络编程的主要对象，一般不需要关心IP层是如何处理数据的。

目前较为流行的网络编程模型是客户机/服务器(C/S)结构，即通信双方一方作为服务器等待客户提出请求并予以响应，客户则在需要服务时向服务器提出申请。服务器一般作为守护进程始终运行，监听网络端口，一旦有客户请求，就会启动一个服务进程来响应该客户，同时自己继续监听服务端口，使后来的客户也能及时得到服务。

6.1.2 TCP/IP与UDP

1. 概述

网络通信的层次结构和网络通信的协议，是开发网络程序的基础。目前在网络编程方面最常用的是TCP/IP和UDP通信协议，而其他的一些诸如RMI、SOAP和FTP等协议都是构建在这两者之上的。

通过这些协议，网络通信的各个主机可以用一种统一而非杂乱的规范，高效便捷的发送和接收消息，以完成各种网络操作。

为了方便理解这两种协议，还是先来看一个例子。大家使用手机，向别人传递信息时有两种方式:拨打电话和发送短信。使用拨打电话的方式可以保证将信息传递给别人，因为别人接听电话时本身就确认接收到了该信息。而发送短信的方式价格低廉，使用方便，但是接收人有可能接收不到。

在网络通讯中，TCP方式就类似于拨打电话，使用该种方式进行网络通讯时，需要建立专门的虚拟连接，然后进行可靠的数据传输，如果数据发送失败，则客户端会自动重发该数据。而UDP方式就类似于发送短信，使用这种方式进行网络通讯时，不需要建立专门的虚拟连接，传输也不是很可靠，如果发送失败则客户端无法获得。

这两种传输方式都在实际的网络编程中进行使用，重要的数据一般使用TCP方式进行数据传输，而大量的非核心数据则都通过UDP方式进行传递，在一些程序中甚至结合使用这两种方式进行数据的传递。

由于 TCP 需要建立专用的虚拟连接以及确认传输是否正确，所以使用 TCP 方式的速度稍微慢一些，而且传输时产生的数据量要比 UDP 稍微大一些。

2. OSI 参考模型

在计算机网络产生之初，每个计算机厂商都有自己的网络体系结构，他们之间互不相容。为此国际标准化组织(ISO)在 1979 年建立了一个分委员会，来专门研究一种用于开放系统互连(Open System Interconnection，简称 OSI)的体系结构，“开放”这个词意味着一个网络系统只要遵循 OSI 模型，就可以和位于世界上任何地方的、也遵循 OSI 模型的其他网络系统连接。这个分委员会提出了 OSI 参考模型，为各种异构系统互连提供了概念性的框架。

OSI 参考模型把网络分为 7 层，分别是物理层、数据链路层、网络层、传输层、会话层、表示层和应用层，如图 6－1 所示。每一层使用下层提供的服务，并为上层提供服务。

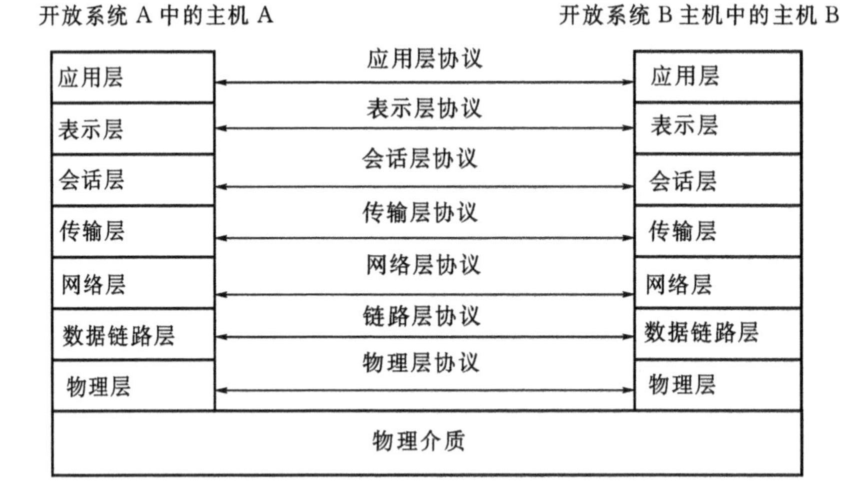

图 6－1　OSI 参考模型

如图 6－2 所示，当源主机向目标主机发送数据时，在源主机方，数据先由上层向下层传递，每一层会给上一层传递来的数据加上一个信息头，然后向下层发出，最后通过物理介质传输到目标主机。在目标主机方，数据再由下层向上层传递，每一层先对数据进行处理，把信息头去掉，再向上层传输，最后到达最上层，就会还原成实际数据。各个层加入的信息头有着不同的内容，如网络层加入的信息头包括原地址和目标信息地址，传输层加入的信息头包括报文类型、源端口和目标端口、序列号和应答号。在图 6－2 中，AH、PH、SH、TH、NH、和 DH 分别表示各个层加入的信息头，数据链路层还会为数据加上信息尾 DT。

在发送方，数据由上层向下层传递，每一层把数据封装后再传给下层。在接收方，数据又下层向上层传递，每一层把数据解封装后再传给上层。在生活中，也常常采用这种方式来传输实际物品。例如张三给李四邮寄一封信，真正要传输的内容是信，为了保证新能正确到达目的地，在发送方，需要把信件封装到一个信封中，上面写上发信人和收信人的地址。信件到了接收方，需要拆开信封，才能得到里面的信件。

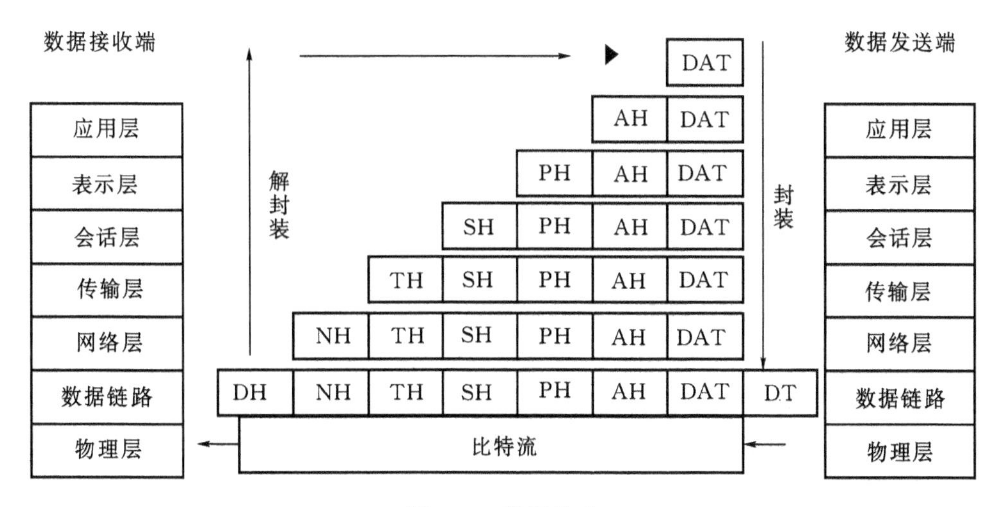

图 6-2 数据传递

3. TCP/IP 参考模型和 TCP/IP 协议

ISO 制定的 OSI 参考模型提出来网络分层的思想，这种思想对网络的发展具有重要的指导意义。但由于 OSI 参考模型过于庞大和复杂，使它难以投入到实际运营中。与 OSI 参考模型相似的 TCP/IP 参考模型吸取了网络分层的思想，而且对网络层次做了简化，并对网络隔层(除了主机-网络层外)提供了完善的协议，这些协议构成了 TCP/IP 协议集，简称 TCP/IP 协议。TCP/IP 协议是目前最流行的商业化协议，相对于 OSI，它是当前的工业标准或“事实标准”，TCP/IP 协议主要用于广域网，在一些局域网中也有应用。图 6-3 将 TCP/IP 参考模型和 OSI 参考模型做了对比。

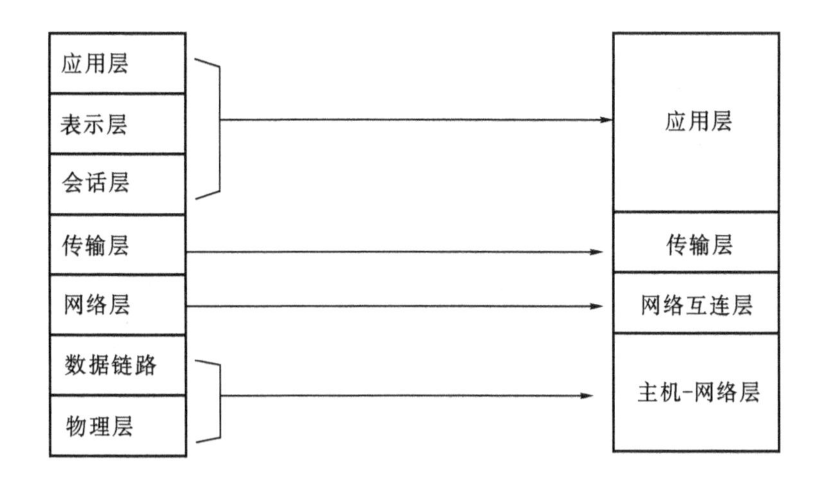

图 6-3 OSI 参考模型

4. UDP 协议

UDP 协议是一个不可靠的、无连接的协议，主要适用于不需要对报文进行排序和流量控制的场合。UDP 不能保证数据报的接收顺序与发送顺序相同，甚至不能保证他们是否全部到达主机。

6.1.3 Java I/O 流与网络通信

从 TCP/IP 网络层次结构模型上，我们可以看出不管在传输层里传输何种格式的数据，这些数据终究要在物理层以二进制数据流的形式传送。

Java 中的 I/O 是把所有的输入/输出数据抽象成“流”的形式，即所有的数据都可以被串行化地写入和输出，应用程序可以从输入流读入待接收的数据。

Java 中的流分为两种，一种是字节流，另一种是字符流，每种流包括输入和输出两种所以一共有四个抽象类：InputStream、OutputStream、Reader、Writer。

在网络程序设计中到底是使用字符流还是字节流呢？这里有一个比较简单的判断方法：如果通信的双方都是 Java 语言编写，那么最好使用字符流或更高级的流类，这是因为这样可以使用字符流类提供的编码支持，避免在使用中文等非 ASCII 字符时出现乱码的情况。如果通信的双方另一端的实现是未知的，那么最好使用字节流，并事先通过约定好的通信规则发送和接收数据。

6.1.4 Java 线程机制

1. 简介

将多线程机制蕴含在语言中，是一个重要特征。所谓线程，是指在程序执行过程中，能够执行程序代码的一个执行单位，每个程序至少都有一个线程，也就是程序本身。在一个进程中，可以有多个线程。这些线程在操作系统的调度下并发执行，使得每个线程都好像在独占整个系统资源。而有了多线程这个特性，Java 可以支持多个程序并发执行。利用 Java 的多线程编程接口，开发人员可以方便地写出支持多线程的应用程序，有效地减少并发并行程序设计的困难，提高程序执行效率。

Java 中的线程有四种状态分别是：运行、就绪、阻塞、结束，其状态转换如下图所示：

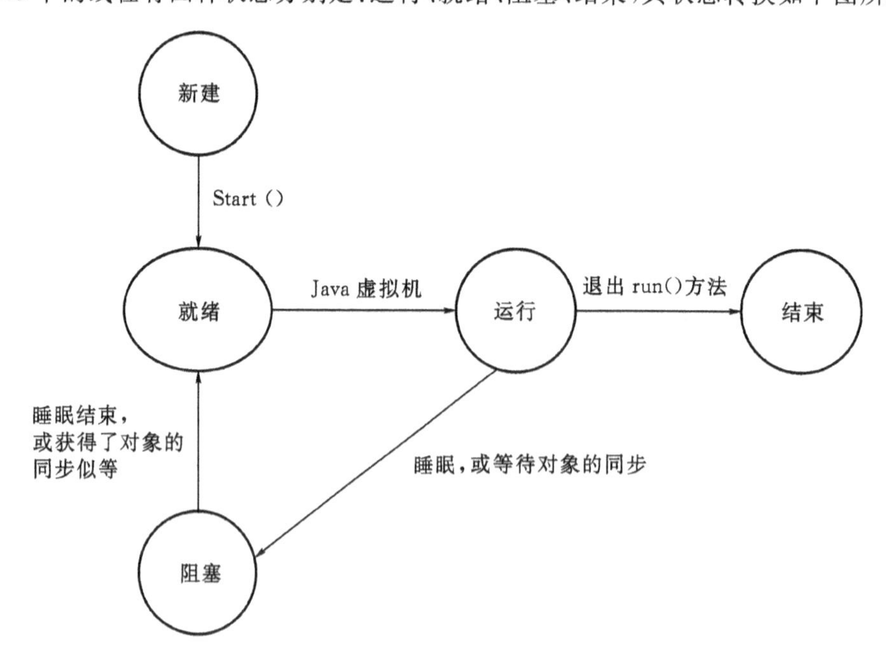

图 6-4 Java 线程状态转换

2. 线程的创建

有两种方法可以创建线程。第一种方法是通过继承类 Thread 来创建线程类。子类重载其 run()方法。实现方法如下：

```
class ThreadName extends Thread{
public void run(){//run 是整个线程代码的入口
  }
}
```

第二种方法是建立一个实现 Runnable 接口的类。由于 Java 不支持多继承性，如果需要类以线程方式运行且继承其他的类，就必须实现 Runnable 接口。Runnable 接口只有一个方法 run()，在类中实现此接口的方法如下：

```
class ThtreadName extends Applet implenments Runnable{
public void run(){
//需要以线程方式运行的代码
  }
}
```

3. Java 中的服务器支持多 Client

(1)解决方案一

在一台计算机上一次启动多个服务器程序，只要端口号不同。

myserver1 <————>myclient1

myserver2 <————>myclient2

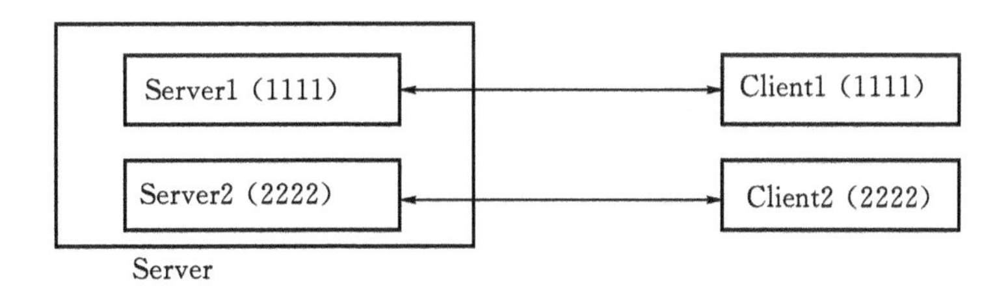

(2)解决方案二

将服务器写成多线程的，不同的处理线程为不同的客户服务。主线程只负责循环等待，处理线程负责网络连接，接收客户输入的信息。

//主线程

```
while (true)
{
    accept a connection ;
    create a thread to deal with the client ;
}end while
```

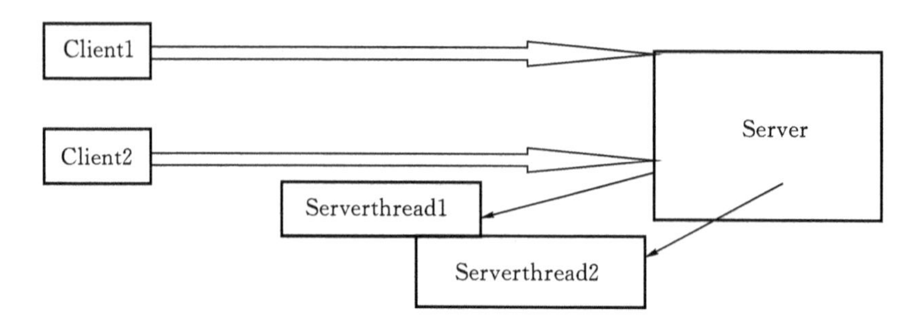

6.1.5 用 Java 编写简单的客户/服务器程序

1. 客户/服务器通信模式

客户进程向服务器进程发出某种服务请求，服务器进程响应该请求。如图 6－5 所示，通常，一个服务器进程会同时为多个客户进程服务，图中服务器进程 B1 同时为客户进程 A1、A2 和 B2 提供服务。

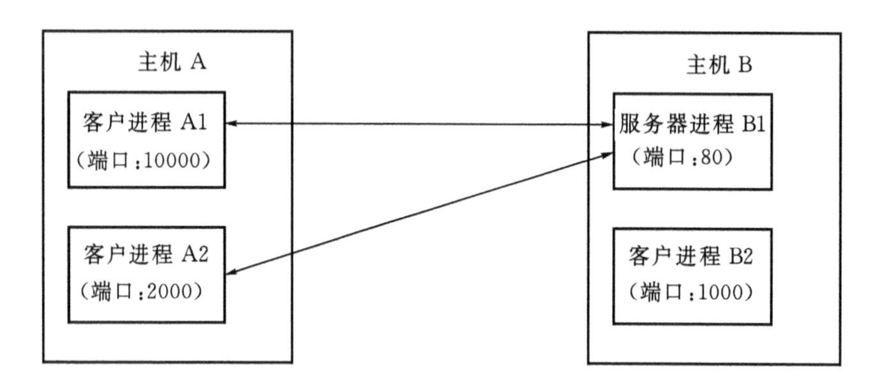

图 6－5　客户/服务器通信模式

在现实生活中，有些重要的服务机构的电话是固定的，这有助于人们方便地记住电话和获得服务，众所周知的电话 110、120 和 119 分别是报警、急救和火警电话。同样，在网络中有些通用的网络服务有着固定的端口，表 6－1 对常见的服务及相应的协议和端口做了介绍。

表 6－1　常见的服务及相应的协议、端口号

服务	端口	协议
文件传输服务	21	FTP
远程登录服务	23	TELNET
传输邮件服务	25	SMTP
用于万维网（www）的超文本传输服务	80	HTTP
访问远程服务器上的邮件服务	110	POP3
互联网消息存取服务	143	IMAP4

服务	端口	协议
安全超文本传输服务	443	HTTPS
安全远程登录服务	992	TELNETS
安全的互联网消息存取服务	993	IMAPS

2. 简单的客户/服务器程序

在 Java 中有三种套接字类：Java. net. Socket、Java. net. ServerSocket 和 DatagramSocket。其中 Socket 和 ServerSocket 类建立在 TCP 协议基础上，DatagramSocket 类建立在 UDP 协议基础上。传输层向应用程序提供了套接字 Socket 接口，Socket 封装了下层的数据传输细节应用层的程序通过 Socket 来建立与远程主机的连接以及进行数据传输。

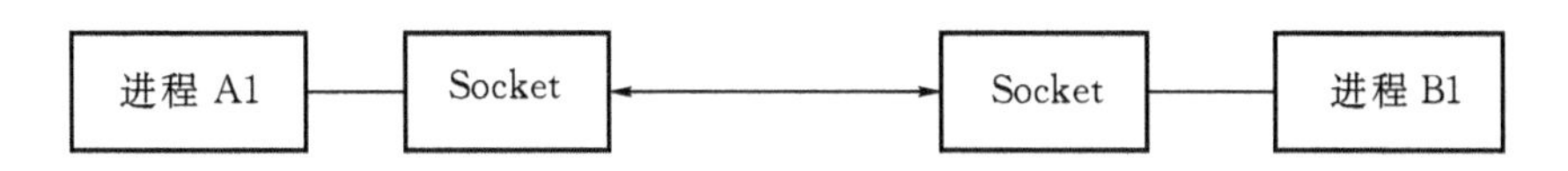

图 6-6 TCP 连接

下面的案例以最简单的方式运用 Socket 对服务器和客户端进行操作。服务器的全部工作就是等候建立一个连接，然后服务端向客户端发送"Hello，Byebye!"消息，客户端接收后关闭连接。

【例 6-1】 服务器示例

```
1:  import java. io. * ;
2:  import java. net. * ;
3:  public class MyServer {
4:    public static void main(String[] args) throws IOException{
5:      ServerSocket server = new ServerSocket(5678);
6:      while(true){ //反复监听
7:        Socket client = server. accept(); //没有监听到时为挂起状态
8:        PrintWriter out = new PrintWriter(client. getOutputStream());
9:        out. println("Hello,Byebye!");
10:       out. close();
11:       client. close();
12:     }
13:   }
14: }
```

【例 6-2】 客户端示例

```
1:    import java. net. * ;
2:    import java. io. * ;
```

```
3:    public class Client{
4:      static Socket server;
5:      public static void main(String[] args)throws Exception{
6:        server = new Socket(InetAddress.getLocalHost(),5678);
7:         BufferedReader in = new BufferedReader(new InputStreamReader
           (server.getInputStream()));
8:        System.out.println(in.readLine());
9:        in.close();
10:       server.close();
11:     }
12:   }
```

6.2 URL

6.2.1 什么是 URL

URL 是统一资源定位符(Uniform Resource Locator)的简称,它表示 Internet 上某一资源的地址。通过 URL,就可以访问 Internet。浏览器或其他程序通过解析给定的 URL 就可以在网络上查找相应的文件或其他资源。

URL 使用数字和字母按一定顺序排列以确定一个地址。例如,假设有一个地址如下:http://www.sohu.com/index.html,URL 的第一部分 http://表示的是要访问的文件的类型。在网上,几乎总是使用 http。有时也使用 ftp,意为文件传输协议,主要用来传输软件和大文件。telnet 主要用于远程交谈以及文件调用等,意思是浏览器正在阅读本地磁盘外的一个文件而不是一个远程计算机。

URL 的第二部分是 www.sohu.com,这是主机的名字,表示要访问的文件存放在名为 www 的服务器里,该服务器登记在 sohu.com 域名之下。多数公司只有一个指定的服务器作为对外的网上站点,叫做 www。所以,在进行网上浏览时,如果拿不准 URL 的名字,在 www 后面加上公司的域名是个好办法,如 www.sohu.com 或 www.sina.com.cn。完整的 URL 由几个部分组成。其格式如表 6-2。

表 6-2 URL

统一资源定位符 URL					
协议	://	主机名或 ip 地址	端口号(可选)	路径	#引用

表 6-2 表示了一个完整的 URL 必须有以下几个部分组成:

(1)协议 表示以何种方式访问这个 URL 代表的资源,其他文献中也称作资源类型,通常对应着某种访问这种资源的协议。

(2)主机名 资源所在服务器的地址。

(3)端口 提供这个资源的服务器通过那个端口提供这种服务。通常对于 http 服务是 80 端口,对于 ftp 服务是 21 端口。端口在 URL 中不是必须的,因为

(4)路径 所请求的资源在服务器上的存放地址。

6.2.2 URL 类的构造函数

下面介绍 URL 类中的构造函数，构造函数有以下 6 种形式。

(1) public URL(String protocol, String host, int port, String file) throws Malformed URL Exception

通过指定协议、主机名、端口和路径来构造 URL 对象。

(2) public URL(String protocol, String host, String file) throws Malformed URL Exception

通过指定协议、主机名和路径来构造 URL 对象。

(3)public URL(String protocol,String host,int port,String file,URLStreamHandler handler) throws MalformedURLException

通过指定协议、主机名、端口号、路径和流处理器来构造 URL 对象。

(4)public URL(String spec) throws MalformedURLException

通过代表 URL 的字符串构造 URL 对象。

(5)public URL(URL context,String spec) throws MalformedURLException

通过 URL 对象和相对此 URL 对象的部分 URL 来构造 URL 对象。

(6) public URL(URL context, String spec, URLStreamHandler handler) throws MalformedURLException

通过 URL 对象和相对此 URL 对象的部分 URL 来构造 URL 对象，同时设定此 URL 对象的流处理器。

URL 的所有构造函数都有异常声明。当传给构造函数的参数不能代表一个有效的 URL 时，将会抛出 MalformedURLException 异常。

6.2.3 URL 类

通常 URL 作为一个整体来使用，所以对于 URL 类，调用最多的是构造函数。但是 URL 类也提供一些方法来实现返回组成这个 URL 的各个部分，比较两个 URL 对象是否相同，打开 URL 等操作。

(1)public String getQuery()

返回 URL 对象的查询部分。

(2)public String getPath()

返回 URL 对象的路径部分。

(3)public String getUserInfo()

返回 URL 对象的用户信息部分。

(4)public String getAuthority()

返回 URL 对象的认证信息部分。

(5)public int getPort()

返回 URL 对象的端口号部分。

(6)public int getDefaultPort()

返回与这个 URL 对象相关的协议的缺省端口号。

(7)public String getProtocol()

返回这个 URL 对象的协议部分。

(8)public String getHost()

返回这个 URL 对象的主机名部分。

(9)public String getFile()

返回这个 URL 对象的文件名部分。

(10)public String getRef()

返回这个 URL 对象的引用部分(引用也称作锚)。

(11)public String toExternalForm()

返回这个 URL 对象代表的 URL 的字符串表示。

(12)public boolean sameFile(URL other)

比较本 URL 对象与另一个 URL 对象是否指向的是同一个目标。

(13)public URLConnection openConnection() throws IOException

打开一个到 URL 对象指向的网络资源的 URLConnection。

(14)public final InputStream openStream() throws IOException

打开一个到 URL 对象指向的网络资源的输入流,通过这个流,可以读取这个网络资源的内容。

(15)public final object getContent() throws IOException

相当于 openConnection(). getContent()。

(16)public final object getContent(Class[] classes) throws IOException

相当于 openConnection(). getContent(Class[])。

通过以下代码,可以更好地说明这些方法的使用。

【例 6-3】 URL 对象的方法的使用示例

```
1:    Import java. net. * ;
2:    public class URLSplitter{
3:      public static void main(String args[]){
4:        String[] urls = {"ftp://mp3:mp3@138.247.121.61:21000/c%3a/",
5:          "http://www. oreilly. com",
6:      "http://metalab. unc. edu/nywc/composition. phtml" + "? category =
      Piano",
7:          "http://admin@www. blackstar. com:8080"
8:        };
9:        //处理多个 URL
10:       for(int i = 0;i<urls. length;i + + ){
11:         try{
12:           URL u = new URL(urls[i]);
13:           System. out. println("The URL is " + u);
```

```
14:             System. out. println("The scheme is " + u. getProtocol());
15:             String host = u. getHost();
16:             if(host! = null){
17:               int atSign = host. indexOf('@');
18:                 if(atSign! = -1)host = host. substring(atSign + 1);
19:               System. out. println("The host is " + host);
20:             }
21:             else{
22:               System. out. println("The host is null. ");
23:             }
24:             System. out. println("The port is " + u. getPort());
25:             System. out. println("The path is " + u. getPath());
26:             System. out. println("The ref is " + u. getRef());
27:             System. out. println("The query string is " + u. getQuery());
28:         }//try 的结尾
29:         catch(MalformedURLException e){
30:           System. err. println(args[i] + " is not a URL I understand. ");
31:         }
32:         System. out. println();
33:       }//for
34:     }//main
35: }//URLSplitter
```

以上代码的执行步骤如下。

①代码第 4 行创建存放 URL 地址的数组 urls,并初始化为 4 个 URL 地址。

②代码第 10 行在 for 循环语句中,循环创建每个 URL 地址的 URL 对象。

③代码第 14 行使用 URL 实例对象的 getProtocol()方法获取协议信息。

④代码第 18 行使用 host 字符串的 substring()方法返回子字符串获取主机。

运行结果:

```
1:    The URL isftp://mp3:mp3@138.247.121.61:21000/c%3a/
2:    The scheme isftp
3:    The host is138.247.121.61
4:    The port is21000
5:    The path is/c%3a/
6:    The ref isnull
7:    The query string isnull
8:    The URL ishttp://www. oreilly. com
9:    The scheme is http
```

```
10:   The host iswww. oreilly. com
11:   The port is  - 1
12:   The path is
13:   The ref is null
14:   The query string is null
15:   The URL is http://metalab. unc. edu/nywc/composition. phtml?
      category = Piano
16:   The scheme is http
17:   The host is metalab. unc. edu
18:   The port is  - 1
19:   The path is /nywc/composition. phtml
20:   The ref is null
21:   The query string is category = Piano
22:   The URL is http://admin@www. blackstar. com:8080
23:   The scheme is http
24:   The host is www. blackstar. com
25:   The port is 8080
26:   The path is
27:   The ref is null
28:   The query string is null
```

6.2.4 URLConnection 类

Java 对超文本传输协议的编程提供了很好的支持。在 Java. net 包中提供了几个具有 HTTP 协议支持的类,特别是 Java. net. URLConnection 和 Java. net. HTTPConnection。

URLConnection 类可以被用来发送 HTTP 请求,读取 HTTP 响应。

URLConnection 的构造函数如下所示:

Protected URLConnection(URL url)

类 URLConnection 只有一个构造函数,可是这个函数却是被保护的,无法通过 new 操作符构造 URLConnection 的实例来使用 HTTP 访问网络资源。作为替代,应该使用 URL. openConnection()方法,这个方法返回一个 URLConnection 对象的实例。

如下语句使用 openConnection()方法创建 URLConnection 实例。

URL url=new URL("www. sun. com");

URLConnection urlcon=url. openConnection();

【例 6-4】 获取服务器实例代码

```
1:   import java. io. IOException;
2:   import java. net. HttpURLConnection;
3:   import java. net. MalformedURLException;
4:   import java. net. URL;
```

```
5:     import java. net. URLConnection;
6:     import java. util. Date;
7:     public class URLConnctionSample{
8:       public static void main(String[] args){
9:         try{
10:          URL url = new URL("http://stackoverflow. com/");
11:          //通过 URL 对象构造 URLConnection 对象
12:          URLConnection con = url. openConnection();
13:          //连接到 URL
14:          con. connect();
15:          //输出相关信息
16:          System. out. println("Content Type:" + con. getContentType());
17:          System. out. println("Content Encoding:" +
18:              con. getContentEncoding());
19:          System. out. println("Content Length:" + con. getContentLength
             ());
20:          System. out. println("Date:" + new Date(con. getDate()));
21:          System. out. println("Last Modified:" + new
22:              Date(con. getLastModified()));
23:          System. out. println("Expiration:" + new
24:              Date(con. getExpiration()));
25:            /* 如果 URL 对象的协议被设置为 HTTP 协议，那么返回的
             URLConnection 对象
26:          实际上是一个 HttpURLConnection 对象，通过使用该对象，可以获取
             一些与
27:          HTTP 相关的信息，如状态码 */
28:          if(con instanceof HttpURLConnection){
29:            HttpURLConnection h = (HttpURLConnection) con;
30:            System. out. println("Request Method:" +
31:                h. getRequestMethod());
32:            System. out. println("Response Message:" +
33:                h. getResponseMessage());
34:            //返回服务器发回的状态码，如果状态码不是 2xx，那么肯定发生
               了错误
35:             System. out. println("Response Code:" + h. getResponseCode
             ());
36:          }
37:      }catch(MalformedURLException e){
```

```
38：          e. printStackTrace()；
39：      }catch(IOException e){
40：          e. printStackTrace()；
41：      }
42：    }
43：}
```

以上代码的执行步骤如下。

①代码第 12 行根据 URL 实例对象的 openConnection()方法，创建连接对象 con。

②代码第 14 行使用 connect()方法连接到指定的 URL 地址。

③代码第 16 行调用 URLConnection()实例对象的 getContentType()方法获取文本类型。

④代码第 18 行使用 getContentEncoding()方法获取编码方式。

运行结果

```
1：    Content Type：text/html；charset = gbk
2：    Content Encoding：null
3：    Content Length：9751
4：    Date：Wed Oct 24 10：23：24 CST 2012
5：    Last Modified：Thu Jan 01 08：00：00 CST 1970
6：    Expiration：Wed Oct 24 10：23：24 CST 2012
7：    Request Method：GET
8：    Response Message：OK
9：    Response Code：200
```

6.2.5 URLConnection

构造了一个 URL 之后，可以使用 URL 类中的方法访问 URL 指向的网络资源。

publicURLConnection openConnection( )；

openConnection( )方法会尝试连接 URL 指向的网络资源，然后返回封装了操作该连接的类 Java. net. URLConnection 的一个实例。

URLConnection 是封装访问远程网络资源一般方法的类，通过它可以建立与远程服务器的连接，检查远程资源的一些属性。其中一些数据操作方法如下：

```
public void connect( )；
public InputStream getInputStream( )；
public OutputStream getOutputStream( )；
```

connect( )方法用来建立一个实际的连接(注意，如果是 URL. openConnection( )方法返回的 URLConnection 实例，连接已经建立)；getInputStream( )和 getOutputStream( )方法则可以得到连接的输入和输出数据流。

除了这三个数据操作外，URLConnection 还提供大量 getXXX( )方法来得到一个协议相关的属性信息，默认的都是 HTTP 协议定义的属性。

下面是一个 URLConnection 使用的案例。

【例 6-5-1】 URLConnection 的使用

```
1:    import java.io.InputStream;
2:    import java.io.IOException;
3:    import java.net.URLConnection;
4:    import java.net.URL;
5:    import java.net.MalformedURLException;
6:    import java.util.Date;
7:    public class UCTest {
8:      public static void main(String[] args){
9:        int c;
10:       String urlStr = "http://www.sdnu.edu.cn";
11:       URL hp = null;
12:       try{
13:         hp = new URL(urlStr);
14:       }catch(MalformedURLException e){
15:          System.err.println("Invalid format of URL:" + hp + "," + e.
             getMessage());
16:         return;
17:       }
18:       URLConnection hpCon = null;
19:       try{
20:         hpCon = hp.openConnection();
21:       }catch(IOException e){
22:           System.err.println("Can't get connection from URL:" + e.
              getMessage());
23:       }
24:       System.out.println("Date:" + new Date(hpCon.getDate()));
25:       System.out.println("Content-Type:" + hpCon.getContentType
          ());
26:       System.out.println("Expires:" + hpCon.getExpiration());
27:         System.out.println("Last-Modified:" + new Date(hpCon.
            getLastModified()));
28:       int len = hpCon.getContentLength();
29:       System.out.println("Content-Length:" + len);
30:       if(len > 0){
31:         System.out.println("=== Content ===");
```

```
32:
33:             try{
34:               InputStream input = hpCon. getInputStream();
35:               int i = len;
36:               while(((c = input. read())! = -1) && (—i > 0))
37:                   System. out. print((char) c);
38:               input. close();
39:           }catch(IOException e){
40:               System. err. println("I/O failed:" + e. getMessage());
41:           }
42:         }else System. out. println("No Content Available");
43:     }
44: }
```

运行结果如下所示：

```
1:     Date:Wed Oct 24 10:26:36 CST 2012
2:     Content - Type:text/html
3:     Expires:0
4:     Last - Modified:Fri Mar 18 15:42:33 CST 2011
5:     Content - Length:391
6:      = = = Content = = =
7:     <! DOCTYPE html PUBLIC " - //W3C//DTD XHTML 1. 0 Transitional//EN" "
       http://www. w3. org/TR/xhtml1/DTD/xhtml1 - transitional. dtd">
8:     <html xmlns = "http://www. w3. org/1999/xhtml"><head>
9:     <meta http - equiv = "Content - Type" content = "text/html; charset =
       utf - 8" />
10:    <title>??????? ¤ § ??? </title>
11:    <script type = "text/Javascript">
12:    window. location. href = "/publish/th/index. html";
13:    </script>
14:    </head>
15:    <body>
16:    </body>
17:    </html>
```

getContentLength()方法得到了远程文件的大小，使用 getInputStream()方法得到输入流后，按照一般 I/O 的操作方法即可得到远程资源的全部数据。案例中的代码就会输出 Web 页面的内容。

上面案例中对输入数据流使用 read()方法来获得数据，而 read()方法返回的是一个

8bit,因此<title>标签中的中文信息出现了“??”乱码,要解决这个问题,可以使用如下的改进。

【例 6-5-2】 URLConnection 改进实例

```
1:    import java.net.URL;
2:    import java.net.MalformedURLException;
3:    import java.net.URLConnection;
4:    import java.io.IOException;
5:    import java.io.InputStream;
6:    import java.io.BufferedReader;
7:    import java.io.InputStreamReader;
8:    import java.util.Date;
9:    public class UCTest2{
10:   public static void main(String[] args){
11:     int c;
12:     String urlStr = "http://www.tsinghua.edu.cn";
13:     URL hp = null;
14:     try{
15:       hp = new URL(urlStr);
16:     }catch(MalformedURLException e){
17:         System.err.println("Invalid format of URL:" + hp +"," + e.
          getMessage());
18:       return;
19:     }
20:     URLConnection hpCon = null;
21:     try{
22:       hpCon = hp.openConnection();
23:     }catch(IOException e){
24:         System.err.println("Can't get connection from URL:" + e.
          getMessage());
25:     }
26:     System.out.println("Date:" + new Date(hpCon.getDate()));
27:     System.out.println("Content-Type:" + hpCon.getContentType());
28:     System.out.println("Expires:" + hpCon.getExpiration());
29:       System.out.println("Last-Modified:" + new Date(hpCon.
        getLastModified()));
30:     int len = hpCon.getContentLength();
31:     System.out.println("Content-Length:" + len);
32:     InputStream inputStream = null;
```

```
33:     BufferedReader reader = null;
34:       try{
35:       inputStream = hpCon. getInputStream();
36:       reader = new BufferedReader(new InputStreamReader(inputStream
        ,"utf-8"));
37:       String tmp = null;
38:       while((tmp=reader. readLine())! =null)
39:         System. out. println(tmp);
40:       }catch(IOException e){
41:       System. err. println("I/O failed:" + e. getMessage());
42:       }finally{
43:         try{
44:             if(reader! =null)reader. close();
45:         }catch(IOException e){}
46:       }
47:     }
48:   }
```

运行结果如下：

```
1:   Date:Wed Oct 24 10:28:52 CST 2012
2:   Content-Type:text/html
3:   Expires:0
4:   Last-Modified:Fri Mar 18 15:42:33 CST 2011
5:   Content-Length:391
6:   <! DOCTYPE html PUBLIC "-//W3C//DTD XHTML 1.0 Transitional//EN" "
     http://www. w3. org/TR/xhtml1/DTD/xhtml1-transitional. dtd">
7:   <html xmlns="http://www. w3. org/1999/xhtml"><head>
8:   <meta http-equiv="Content-Type" content="text/html; charset=
     utf-8" />
9:   <title>清华大学</title>
10:  <script type="text/Javascript">
11:  window. location. href="/publish/th/index. html";
12:  </script>
13:  </head>
14:  <body>
15:  </body>
16:  </html>
```

inputStream = hpCon. getInputStream();

reader =new BufferedReader(new InputStreamReader(inputStream,"utf－8"));

由于使用了字符流来读取数据,因此在中文系统下不会把一个汉字分开读取。

6.3 Java 与 TCP 网络协议开发

TCP 协议是网络通信的基石,对此,Java 专门提供了 Socket 的类库,在其中抽象出 TCP 协议通信的常用方法,使程序员不必了解繁琐的通信细节就可以开发出支持网络通信的程序。

6.3.1 构造 Socket

首先介绍一下 InetAddress 类,InetAddress 类是表示 IP 地址的抽象。InetAddress 的实例包含 IP 地址,还包含相应的主机名。InetAddress 类没有构造方法,因此不能用 new 来构造一个 InetAddress 实例,通常是用它提供的静态方法来获取。

1. Socket 的几个方法

public static InetAddressgetByName(String host) throws UnknownHostException

host 主机名可以是机器名(如 "Java. sun. com"),也可以是其 IP 地址的文本表示形式。如果提供文本格式的 IP 地址,则仅检查地址格式的有效性,IPv6 范围地址也受支持。

参数:

Host:指定的主机,或 null。

返回:给定主机名的 IP 地址。

抛出:UnknownHostException － 如果找不到 host 的 IP 地址,或者 scope_id 是为全局 IPv6 地址指定的。

SecurityException － 如果安全管理器存在并且其 checkConnect 方法不允许进行该操作。

public static InetAddress getLocalHost()

返回本地主机。

如果有安全管理器,则使用本地主机名和 －1 作为参数来调用其 checkConnect 方法,以查看是否允许该操作。如果不允许该操作,则返回表示回送地址的 InetAddress。

返回:本地主机的 IP 地址。

抛出:UnknownHostException － 如果找不到 host 的任何 IP 地址。

publicstatic InetAddress getByAddress(byte[] addr) throws UnknownHostException

在给定原始 IP 地址的情况下,返回 InetAddress 对象。参数按网络字节顺序,地址的高位字节位于 getAddress()[0] 中。

此方法不会阻塞,即不执行任何反向名称服务查找操作。

IPv4 地址 byte 数组的长度必须为 4 个字节,IPv6 byte 数组的长度必须为 16 个字节。

参数:

addr － 网络字节顺序的原始 IP 地址。

返回:根据原始 IP 地址创建的 InetAddress 对象。

抛出:UnknownHostException － 如果 IP 地址的长度非法时抛出异常。

以下是 InetAddress 类的几个主要方法:

(1)public byte[] getAddress():获得本对象的 IP 地址(存放在字节数组中)。

(2)public String getHostAddress():获得本对象的 IP 地址"%d. %d. %d. %d"。

(3)public String getHostName():获得本对象的机器名。

(4)equals():对两个 InetAddress 使用 getAddress ( ) ,如果返回值相同 ,则为 true。

Socket 的构造方法有以下几种重载形式:

Socket()通过系统默认类型的 SocketImpl 创建未连接套接字。
Socket(InetAddress address, int port)创建一个流套接字并将其连接到指定 IP 地址的指定端口号。
Socket(InetAddress address, int port, InetAddress localAddr, int localPort)创建一个套接字并将其连接到指定远程地址上的指定端口。
Socket(Proxy proxy)创建一个未连接的套接字并指定代理类型(如果有),该代理不管其他设置如何都应被使用。
Socket(String host, int port)创建一个流套接字并将其连接到指定主机上的指定端口号。

除了第一个不带参数的构造方法外,其他构造方法都会试图建立与服务器的连接,如果连接成功,就返回 Socket 对象,如果因为某些原因连接失败,就会抛出 IOException。

以下例子 6-6 PortScanner 类能够扫描主机上从 1 到 1024 之间的端口,判断这些端口是否已经被服务器程序监听。PortScanner 类的 scan 方法在一个 for 循环中建立 Socket 对象,每次请求连接不同的端口,如果 Socket 对象创建成功,就表明在当前端口有服务器程序监听。

【例 6-6】 用 PorScanner 类实现对端口的监听

```
1:     import java. io. IOException;
2:     import java. net. InetAddress;
3:     import java. net. Socket;
4:     public class PortScanner {
5:     public static void main(String []args){
6:       String host = "127.0.0.1";
7:       if (args. length>0) {
8:         host = args[0];
9:       }
10:      new PortScanner(). scan(host);
11:    }
12:    public void scan(String host) {
13:      Socket socket = null;
14:      for (int port = 1; port < 1024; port + + ) {
15:        try {
16:          socket = new Socket(host,port);
```

```
17:             System. out. println("There is a server on port" + port);
18:         } catch (IOException e) {
19:             // TODO: handle exception
20:             System. out. println("Can't connect to port" + port);
21:         }finally{
22:             try {
23:                 if (socket! =null) {
24:                     socket. close();
25:                 }
26:             } catch (IOException e2) {
27:                 // TODO: handle exception
28:                 e2. printStackTrace();
29:             }
30:         }
31:     }
32:   }
33: }
```

2. 设定等待建立连接的超时时间

当客户端的Socket构造方法请求与服务器连接时，可能要等待一段时间。默认情况下，Socket构造方法会一直等待下去，直到连接成功，或者出现异常。Socket构造方法请求连接时，受底层网络的传输速度影响，可能会处于长时间的等待状态。如果希望限定等待的时间，就需要使用第一个不带参数的构造方法：

```
Socket socket = new Socket();
SocketAddressremoteAddress = new InetSocketAddress("localhost",8000);
Socket. connect(remoteAddress,60000);//等待建立连接的超时时间为1分钟
```

以上代码用于连接到本地机器上的监听8000端口的服务器程序，等待连接的最长时间为1分钟。如果在一分钟内连接成功，则connect()方法顺利返回，如果在1分钟内出现某种异常，则抛出该异常；如果超过了1分钟，既没有连接成功，也没有出现其他异常，那么会抛出SocketTimeoutException。Socket类的connect(SocketAddress endpoint,int timeout)方法负责连接服务器，参数endpoint指定服务器的地址，参数timeout设定超时时间，以毫秒为单位。如果参数设定为0，表示永远不会超时。

3. 客户连接服务器时可能抛出的异常

当Socket的构造方法请求连接服务器时，可能会抛出下面的异常。

(1)UnknownHostException：如果无法识别主机的名字或IP地址，就会抛出这种异常。

(2)ConnectionException：如果没有服务器进程监听指定的端口，或者服务器进程拒绝连接，就会抛出这种异常。

(3)SocketTimeoutException：如果等待连接时间超时，就会抛出这种异常。

(4)BindException:如果无法把 Socket 对象与指定的本地 IP 地址或端口绑定,就会抛出这种异常。

以上 4 种异常都是 IOException 的直接或间接子类,如图所示。

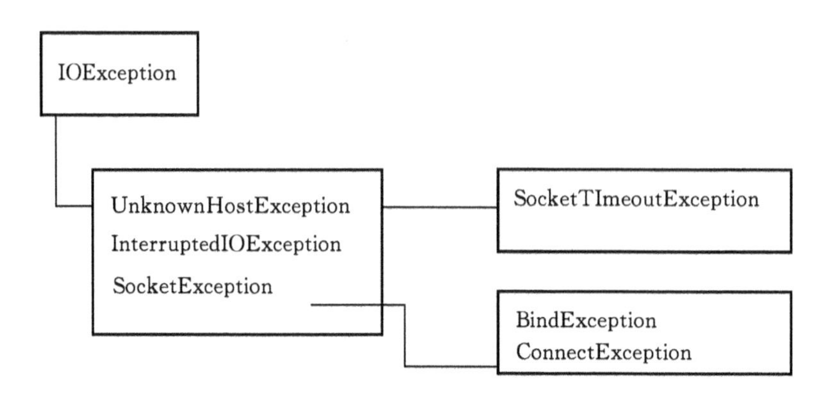

下面以 ConnectTester 类为例,介绍抛出各种异常的原因。ConnectTester 接收用户从命令行输入的主机名和端口,然后连接到该地址,如果连接成功,就会计算建立连接所花的时间;如果连接失败,就会捕获各种异常。例 6-7 是 ConnectTester 类的源程序。

【例 6-7】 ConnectTester

```
1:     import java.io.IOException;
2:     import java.net.BindException;
3:     import java.net.ConnectException;
4:     import java.net.InetSocketAddress;
5:     import java.net.Socket;
6:     import java.net.SocketAddress;
7:     import java.net.SocketTimeoutException;
8:     import java.net.UnknownHostException;
9:     public class ConnectTester {
10:    /**
11:     * @param args
12:     */
13:    public static void main(String[] args) {
14:      // TODO Auto-generated method stub
15:      String host = "www.sdnu.edu.cn";
16:      int port = 80;
17:      new ConnectTester().connect(host, port);
18:    }
19:    public void connect(String host,int port) {
20:      SocketAddress remoteAddr = new InetSocketAddress(host, port);
21:      Socket socket = null;
```

```
22:     String result = "";
23:     try {
24:       long begin = System. currentTimeMillis();//返回以毫秒为单位的
          当前时//间。
25:       socket = new Socket();
26:       socket. connect(remoteAddr,1000);
27:       long end = System. currentTimeMillis();
28:       result = (end - begin) + "ms";
29:     } catch (BindException e) {
30:       // TODO: handle exception
31:       result = "Local address and port can't be binded";
32:     }catch (UnknownHostException e) {
33:       result = "Unknown Host";
34:       // TODO: handle exception
35:     }catch (ConnectException e) {
36:       // TODO: handle exception
37:       result = "Connection Refused";
38:     }catch (SocketTimeoutException e) {
39:       // TODO: handle exception
40:       result = "Timeout";
41:     }catch (IOException e) {
42:       // TODO: handle exception
43:       result = "failure";
44:     }finally{
45:       try {
46:         if (socket ! = null) {
47:           socket. close();
48:         }
49:       } catch (IOException e2) {
50:         // TODO: handle exception
51:         e2. printStackTrace();
52:       }
53:     }
54:     System. out. println(remoteAddr + ":" + result);
55:   }
56: }
```

4. 抛出 UnknownHostException 的情况

如果无法识别主机的名字或 IP 地址，就会抛出这种非异常。如果把上面例子中的 host

改为一个不存在的主机名，Socket 构造方法就会抛出 UnknownHostException。

5. 抛出 ConnectException 的情况

在以下两种情况下会抛出 ConnectException。

(1)没有服务器进程监听指定的端口。例如，如果所要连接的主机在该 port 没有被任何服务器进程监听，Socket 构造方法就会抛出 ConnectException。

(2)服务器进程拒绝连接。下面介绍服务器进程拒绝客户连接请求的情形。如例 6-8 所示 SimpleServer 类是一个简单的服务器程序，它监听 8000 端口。ServerSocket(intport, int backlog)构造方法的第二个参数 backlog，设定服务器请求队列的长度，如果队列中的连接请求已满，服务器就会拒绝其余的连接请求。

【例 6-8】 SimpleServer. java

```
1:    import java. net. ServerSocket;
2:    public class SimpleServer {
3:    /**
4:      * @param args
5:      * @throws Exception
6:      */
7:      public static void main(String[] args) throws Exception {
8:        // TODO Auto-generated method stub
9:        ServerSocket serverSocket = new ServerSocket(8000, 2);
10:       Thread. sleep(36000);
11:   }
12:
13:   }
```

以下是客户程序 ServerClient 三次连接 SimpleServer 服务器程序。

```
1:  import java.io.IOException;
2:  import java.net.Socket;
3:  import java.net.UnknownHostException;
4:  public class SimpleClient {
5:    /**
6:     * @param args
7:     * @throws IOException
8:     * @throws UnknownHostException
9:     */
10:   public static void main(String[] args)throws Exception {
11:     // TODO Auto-generated method stub
12:     Socket s1 = new Socket("localhost", 8000);
13:     System.out.println("第一次连接成功");
```

```
14:     Socket s2 = new Socket("localhost", 8000);
15:     System.out.println("第二次连接成功");
16:     Socket s3 = new Socket("localhost", 8000);
17:     System.out.println("第三次连接成功");
18:   }
19: }
```

先运行 SimpleServer 服务器程序,再运行 ServerClient 客户端程序,客户端会得到如下打印结果:

第一次连接成功

第二次连接成功

```
Exception in thread "main" Java. net. ConnectException: Connection refused:
connect
    at java. net. DualStackPlainSocketImpl. connect0(Native Method)
    at java. net. DualStackPlainSocketImpl. socketConnect(Unknown Source)
    at java. net. AbstractPlainSocketImpl. doConnect(Unknown Source)
    at java. net. AbstractPlainSocketImpl. connectToAddress(Unknown Source)
    at java. net. AbstractPlainSocketImpl. connect(Unknown Source)
    at java. net. PlainSocketImpl. connect(Unknown Source)
    at java. net. SocksSocketImpl. connect(Unknown Source)
    at java. net. Socket. connect(Unknown Source)
    at java. net. Socket. connect(Unknown Source)
    at java. net. Socket. <init>(Unknown Source)
    at java. net. Socket. <init>(Unknown Source)
    at Socket. SimpleClient. main(SimpleClient. Java:20)
```

从以上打印结果可以看出,SimpleClient 类的 main()方法第三次执行 Socket 构造方法时,由于服务端已经有了两个客户连接请求,队列已满,因此 SimpleClient 第三次请求连接时会遭到拒绝。

6. 抛出 SocketTimeoutException 的情形

如果客户端等待连接超时,就会抛出这种异常。把例 6-7 的 ConnectTester 类的 connect()方法作如下修改:

```
socket. connect(remoteAddr,1000);
```

改为:

```
socket. connect(remoteAddr,1);
```

以上修改特意缩短了连接超时的时间,把它由原来的 1000 毫秒改为 1 毫秒,这样就增加了超时的可能性。再次运行 ConnectTester 程序,如果等待连接超时就会打印如下结果:

www. sdnu. edu. cn/64. 34. 119. 12:80:Timeout

7. 抛出 BindException 的情形

如果无法把 Socket 对象与指定的本地 IP 地址或端口绑定，就会抛出这种异常。把例 ConnectTester 类的 connect()方法作如下修改：

```
socket = new Socket();
socket. connect(remoteAddr,1000);
```

改为：

```
Socket = new Socket();
//bind()方法设定绑定到本地的 IP 地址和端口
socket. bind(new InetSocketAddress. getByName("222.34.5.7",5678));
socket. connect(remoteAddr,1000);
```

或者改为：

```
    socket = new Socket(host,port,InetAddress. getByName("222. 34. 5. 7"),
5678);
```

修改后的代码试图把 Socket 的本地 IP 地址设为"222.34.5.7"，把本地端口设为 5678. 如果本地主机不具有 IP 地址"222.34.5.7"，或者端口已经被占用，那么以上 bind()方法或构造方法就会抛出 BindException。

6.3.2 获取 Socket 信息

在一个 Socket 对象中同时包含了远程服务器的 IP 地址和端口信息，以及客户本地的 IP 地址和端口信息。此外，从 Socket 对象中还可以获得输出流和输入流，分别用于向服务器发送数据，以及接受从服务器发来的数据。以下方法用于获取 Socket 的有关信息：

getInetAddress() 返回套接字连接的地址。

getPort() 返回此套接字连接到的远程端口。

getLocalPort() 返回此套接字绑定到的本地端口。

getLocalAddress() 获取套接字绑定的本地地址。

getInputStream() 返回此套接字的输入流。如果 Socket 还没有连接，或者已经关闭，或者已经通过 shutdownInput()方法关闭输入流，那么此方法会抛出 IOException。

getOutputStream()返回此套接字的输出流。如果 Socket 还没有连接，或者已经关闭，或者已经通过 shutdownOutput()方法关闭输出流，那么此方法会抛出 IOException。

6.3.3 半关闭

有的时候，可能仅仅希望关闭输出流或输入流之一，用以表示输入或输出数据已经发送完毕。此时可以采用 Socket 类提供的半关闭方法：

```
    shutdownInput():关闭 Socket 的输入流,程序还可以通过该 Socket 的输出流输出
数据
    shutdownOuput():关闭 Socket 的输出流,程序还可以通过该 Socket 的输入流读取
数据
```

当调用 shutdownInput()或 shutdownOutput()方法关闭 Socket 的输入流或输出流之后，该 Socket 处于“半关闭”状态。Socket 可通过方法 isInputShutdown()判断 Socket 是否处于半读状态(read-half)，通过方法 isOutputShutdown()判断该 Socket 是否处于半写状态(write-half)，即使同一个 Socket 实例先后调用 shutdownInput()\\shutdownOutput()方法，该 Socket 实例依然没有被关闭，只是该 Socket 既不能输出数据，也不能读取数据而已。

下面程序演示了半关闭的用法，在该程序中服务器先后向客户端发送多条数据，数据发送完成后，该 Socket 对象调用 shutdownOutput()方法来关闭输出流，表明数据发送结束，关闭输出流之后依然可以从 Socket 中读取数据。

【例 6-9】 半关闭使用实例

```
1:  import java. net. * ;
2:  import java. io. * ;
3:  import java. util. * ;
4:  public class Server
5:  {
6:  public static void main(String[] args)
7:  throws Exception
8:  {
9:  ServerSocket ss = new ServerSocket(30000);
10: Socket socket = ss. accept();
11: PrintStream ps = new PrintStream(socket. getOutputStream());
12: ps. println("服务器的第一行数据");
13: ps. println("服务器的第二行数据");
14: //关闭 socket 的输出流，表明输出数据已经结束
15: socket. shutdownOutput();
16: //下面语句将输出 false，表明 socket 还未关闭。
17: System. out. println(socket. isClosed());
18: Scanner scan = new Scanner(socket. getInputStream());
19: while (scan. hasNextLine())
20: {
21: System. out. println(scan. nextLine());
22: }
23: scan. close();
24: socket. close();
25: ss. close();
26: }
27: }
28: import Java. net. * ;
29: import Java. io. * ;
```

```
30:  import Java. util. * ;
31:  public class Client
32:  {
33:  public static void main(String[] args)
34:  throws IOException
35:  {
36:  Socket s = new Socket("localhost" , 30000);
37:  Scanner scan = new Scanner(s. getInputStream());
38:  while (scan. hasNextLine())
39:  {
40:  System. out. println(scan. nextLine());
41:  }
42:  PrintStream ps = new PrintStream(s. getOutputStream());
43:  ps. println("客户端的第一行数据");
44:  ps. println("客户端的第二行数据");
45:  ps. close();
46:  scan. close();
47:  s. close();
48:  }
49:  }
```

6.3.4 关闭 Socket

1. 当客户与服务器的通信结束,应该及时关闭 Socket,以释放 Socket 占用的包括端口在内的各种资源。Socket 的 close()方法负责关闭 Socket。推荐代码如下:

```
Socket socket = null;try{socket = new Socket("www. baidu. com",80);
//执行接收和发送数据的操作
...
}catch(IOException e){
e. printStackTrace();
}finally{
try{
if(socket! = null)socket. close();
}catch(IOException e){e. printStackTrace();}
}
```

2. Socket 类提供了三个状态测试方法:

```
isClosed()

isConnected()
```

```
isBound()
```

3. 如果要判断一个 Socket 对象当前是否处于连接状态，可采用以下方式：

```
boolean isConnected = socket.isConnected() && ! socket.isClosed();
```

6.4 ServerSocket

6.4.1 构造 ServerSocket

ServerSocket 的构造方法有以下几种重载形式：

```
ServerSocket()throws IOException
ServerSocket(int port) throws IOException
ServerSocket(int port, int backlog) throws IOException
ServerSocket(int port, int backlog, InetAddress bindAddr) throws IOException
```

在以上构造方法中，参数 port 指定服务器要绑定的端口(服务器要监听的端口)，参数 backlog 指定客户连接请求队列的长度，参数 bindAddr 指定服务器要绑定的 IP 地址。

6.4.2 绑定端口

除了第一个不带参数的构造方法以外，其他构造方法都会使服务器与特定端口绑定，该端口由参数 port 指定。例如，以下代码创建了一个与 80 端口绑定的服务器：

```
ServerSocket serverSocket = new ServerSocket(80);
```

如果运行时无法绑定到 80 端口，以上代码会抛出 IOException，更确切地说，是抛出 BindException。如果把参数 port 设为 0，表示由操作系统来为服务器分配一个任意可用的端口。由操作系统分配的端口也称为匿名端口。对于多数服务器，会使用明确的端口，而不会使用匿名端口，因为客户程序需要事先知道服务器的端口，才能方便地访问服务器。

6.4.3 设定客户连接请求队列的长度

当服务器进程运行时，可能会同时监听到多个客户的连接请求。例如，每当一个客户进程执行以下代码：

```
Socket socket = new Socket("www.sdnu.edu.cn",80);
```

就意味着在远程 www.sdnu.edu.cn 主机的 80 端口上，监听到了一个客户的连接请求。管理客户连接请求的任务是由操作系统来完成的。操作系统把这些连接请求存储在一个先进先出的队列中。许多操作系统限定了队列的最大长度，一般为 50。当队列中的连接请求达到了队列的最大容量时，服务器进程所在的主机会拒绝新的连接请求。只有当服务器进程通过 ServerSocket 的 accept()方法从队列中取出连接请求，使队列腾出空位时，队列才能继续加入新的连接请求。

对于客户进程，如果它发出的连接请求被加入到服务器的队列中，就意味着客户与服务器的连接建立成功，客户进程从 Socket 构造方法中正常返回。如果客户进程发出的连接请求被服务器拒绝，Socket 构造方法就会抛出 ConnectionException。

ServerSocket 构造方法的 backlog 参数用来显式设置连接请求队列的长度，它将覆盖操作系统限定的队列的最大长度。值得注意的是，在以下几种情况中，仍然会采用操作系统限定的队列的最大长度：

backlog 参数的值大于操作系统限定的队列的最大长度；

backlog 参数的值小于或等于 0；

在 ServerSocket 构造方法中没有设置 backlog 参数。

以下[例 6-10]的 Client. Java 和[例 6-11]的 Server. Java 用来演示服务器的连接请求队列的特性。

【例 6-10】 客户端程序 Client. java

```
1:    import java.net.Socket;
2:    public class Client {
3:    /**
4:     * @param args
5:     * @throws Exception
6:     */
7:    public static void main(String[] args) throws Exception {
8:      // TODO Auto-generated method stub
9:      final int length = 100;
10:     String host = "localhost";
11:     int port = 8000;
12:     Socket[] sockets = new Socket[length];
13:     for (int i = 0; i < sockets.length; i++) {
14:       sockets[i] = new Socket(host, port);
15:       System.out.println("第" + (i + 1) + "次连接成功");
16:     }
17:     Thread.sleep(3000);
18:     for (int i = 0; i < sockets.length; i++) {
19:       sockets[i].close();
20:     }
21:   }
22: }
```

【例 6-11】 服务端程序 Server. java

```
1:    import java.io.IOException;
2:    import java.net.ServerSocket;
3:    import java.net.Socket;
4:    public class Server {
5:    /**
```

```
6:      * @param args
7:      */
8:     private int port = 8000;
9:     private ServerSocket serverSocket;
10:    public Server() throws IOException {
11:      serverSocket = new ServerSocket(port, 3);
12:      System. out. println("服务器启动");
13:    }
14:    public void service() {
15:      while (true) {
16:        Socket socket = null;
17:        try {
18:          socket = serverSocket. accept(); //从连接请求中取出一个连接
19:            System. out. println (" New connection accept " + socket.
               getInetAddress() + ":" + socket. getPort());
20:        } catch (IOException e) {
21:          // TODO: handle exception
22:          e. printStackTrace();
23:        }finally{
24:          try {
25:            if (socket ! = null) {
26:              socket. close();
27:            }
28:          } catch (IOException e2) {
29:            // TODO: handle exception
30:            e2. printStackTrace();
31:          }
32:        }
33:      }
34:    }
35:    public static void main(String[] args) throws Exception {
36:      // TODO Auto - generated method stub
37:      Server serverque = new Server();
38:      Thread. sleep(6000 * 10);
39:      //serverque. service();
40:    } }
```

Client 试图与 Server 进行 100 次连接。在 Server 类中，把连接请求队列的长度设为 3。这意味着当队列中有了 3 个连接请求时，如果 Client 再请求连接，就会被 Server 拒绝。下面按照以下步骤运行 Server 和 Client 程序。

(1)把 Server 类的 main()方法中的“server. service();”这行程序代码注释掉。这使得服务器与 8000 端口绑定后,永远不会执行 serverSocket. accept()方法。这意味着队列中的连接请求永远不会被取出。先运行 Server 程序,然后再运行 Client 程序,Client 程序的打印结果如下:

第 1 次连接成功

第 2 次连接成功

第 3 次连接成功

```
Exception in thread "main" Java. net. ConnectException: Connection refused:
connect
    at java. net. DualStackPlainSocketImpl. connect0(Native Method)
    at java. net. DualStackPlainSocketImpl. socketConnect(Unknown Source)
    at java. net. AbstractPlainSocketImpl. doConnect(Unknown Source)
    at java. net. AbstractPlainSocketImpl. connectToAddress(Unknown Source)
    at java. net. AbstractPlainSocketImpl. connect(Unknown Source)
    at java. net. PlainSocketImpl. connect(Unknown Source)
    at java. net. SocksSocketImpl. connect(Unknown Source)
    at java. net. Socket. connect(Unknown Source)
    at java. net. Socket. connect(Unknown Source)
    at java. net. Socket. <init>(Unknown Source)
    at java. net. Socket. <init>(Unknown Source)
    at Socket. Clientque. main(Client. Java:18)
```

从以上打印结果可以看出,Client 与 Server 在成功地建立了 3 个连接后,就无法再创建其余的连接了,因为服务器的队列已经满了。

(3)把 Server 类的 main()方法按如下方式修改:

```
1:    public static void main(String args[])throws Exception {
2:    Server server = new Server();
3:    //Thread. sleep(60000 * 10); //睡眠 10 分钟
4:    server. service();
5:    }
```

作了以上修改,服务器与 8000 端口绑定后,就会在一个 while 循环中不断执行 serverSocket. accept()方法,该方法从队列中取出连接请求,使得队列能及时腾出空位,以容纳新的连接请求。先运行 Server 程序,然后再运行 Client 程序,Client 程序的打印结果如下

第 1 次连接成功

第 2 次连接成功

第 3 次连接成功

…

第 100 次连接成功

从以上打印结果可以看出，此时 Client 能顺利与 Server 建立 100 次连接。

6.4.4 设定绑定的 IP 地址

如果主机只有一个 IP 地址，那么默认情况下，服务器程序就与该 IP 地址绑定。ServerSocket 的第 4 个构造方法 ServerSocket (int port, int backlog, InetAddress bindAddr)有一个 bindAddr 参数，它显式指定服务器要绑定的 IP 地址，该构造方法适用于具有多个 IP 地址的主机。假定一个主机有两个网卡，一个网卡用于连接到 Internet，IP 地址为 210.44.8.28，还有一个网卡用于连接到本地局域网，IP 地址为 192.168.1.10。如果服务器仅仅被本地局域网中的客户访问，那么可以按如下方式创建 ServerSocket：

```
    ServerSocket serverSocket = new ServerSocket (8000, 10, InetAddress.
getByName ("192.168.1.10"));
```

6.4.5 默认构造方法的作用

ServerSocket 有一个不带参数的默认构造方法。通过该方法创建的 ServerSocket 不与任何端口绑定，接下来还需要通过 bind()方法与特定端口绑定。

这个默认构造方法的用途是，允许服务器在绑定到特定端口之前，先设置 ServerSocket 的一些选项。因为一旦服务器与特定端口绑定，有些选项就不能再改变了。

在以下代码中，先把 ServerSocket 的 SO_REUSEADDR 选项设为 true，然后再把它与 8000 端口绑定：

```
ServerSocket serverSocket = new ServerSocket();
serverSocket.setReuseAddress(true); //设置 ServerSocket 的选项
serverSocket.bind(new InetSocketAddress(8000)); //与 8000 端口绑定
```

如果把以上程序代码改为：

```
ServerSocket serverSocket = new ServerSocket(8000);
serverSocket.setReuseAddress(true); //设置 ServerSocket 的选项
```

那么 serverSocket.setReuseAddress (true) 方法就不起任何作用了，因为 SO_REUSEADDR 选项必须在服务器绑定端口之前设置才有效。

6.4.6 接收和关闭与客户的连接

ServerSocket 的 accept()方法从连接请求队列中取出一个客户的连接请求，然后创建与客户连接的 Socket 对象，并将它返回。如果队列中没有连接请求，accept()方法就会一直等待，直到接收到了连接请求才返回。

接下来，服务器从 Socket 对象中获得输入流和输出流，就能与客户交换数据。当服务器正在进行发送数据的操作时，如果客户端断开了连接，那么服务器端会抛出一个 IOException 的子类 SocketException 异常：

```
java.net.SocketException: Connection reset by peer
```

这只是服务器与单个客户通信中出现的异常，这种异常应该被捕获，使得服务器能继续与其他客户通信。

以下程序显示了单线程服务器采用的通信流程：

```
1:  public void service(){
2:    while(true){
3:      Socket socket = null;
4:      try{
5:        socket = serverSocket.accept(); //从连接请求队列中取出一个
                                            连接
6:        System.out.println("New connection accepted " +
7:          socket.getInetAddress() + ":" + socket.getPort());
8:        //接收和发送数据
9:        …
10:       }catch(IOException e){
11:         //这只是与单个客户通信时遇到的异常，可能是由于客户端过早断
              开连接引起的
12:         //这种异常不应该中断整个 while 循环
13:         e.printStackTrace();
14:     }finally{
15:       try{
16:         if(socket! = null)
17:           socket.close(); //与一个客户通信结束后，要关闭
18:       }catch(IOException e){
19:         e.printStackTrace();
20:       }
21:     }
22:   }
23: }
```

与单个客户通信的代码放在一个 try 代码块中，如果遇到异常，该异常被 catch 代码块捕获。try 代码块后面还有一个 finally 代码块，它保证不管与客户通信正常结束还是异常结束，最后都会关闭 Socket，断开与这个客户的连接。

6.4.7 关闭 ServerSocket

ServerSocket 的 close()方法使服务器释放占用的端口，并且断开与所有客户的连接。当一个服务器程序运行结束时，即使没有执行 ServerSocket 的 close()方法，操作系统也会释放这个服务器占用的端口。因此，服务器程序并不一定要在结束之前执行 ServerSocket 的 close()方法。

在某些情况下，如果希望及时释放服务器的端口，以便让其他程序能占用该端口，则可

以显视调用 ServerSocket 的 close()方法。例如，以下代码用于扫描 1～65535 之间的端口号。如果 ServerSocket 成功创建，意味着该端口未被其他服务器进程绑定，否则说明该端口已经被其他进程占用：

```
1:  for(int port = 1;port< = 65535;port + + ){
2:    try{
3:      ServerSocket serverSocket = new ServerSocket(port);
4:      serverSocket.close(); //及时关闭 ServerSocket
5:    }catch(IOException e){
6:      System.out.println("端口" + port +" 已经被其他服务器进程占用");
7:    }
8:  }
```

以上程序代码创建了一个 ServerSocket 对象后，就马上关闭它，以便及时释放它占用的端口，从而避免程序临时占用系统的大多数端口。

ServerSocket 的 isClosed()方法判断 ServerSocket 是否关闭，只有执行了 ServerSocket 的 close() 方法，isClosed()方法才返回 true；否则，即使 ServerSocket 还没有和特定端口绑定，isClosed()方法也会返回 false。

ServerSocket 的 isBound()方法判断 ServerSocket 是否已经与一个端口绑定，只要 ServerSocket 已经与一个端口绑定，即使它已经被关闭，isBound()方法也会返回 true。

如果需要确定一个 ServerSocket 已经与特定端口绑定，并且还没有被关闭，则可以采用以下方式：

```
boolean isOpen = serverSocket. isBound() && ! serverSocket. isClosed();
```

6.4.8 简单的 C/S 架构程序

客户端/服务器架构采用了基于 TCP 的通信协议，是网络通信的基本模型，也是其他的网络通信模型的基础。

通信流程设计

依据 TCP 协议，在 C/S 架构的通信过程中，客户端和服务器的 Socket 的动作如下。

客户端：

(1)用服务器的 IP 地址和端口号实例化 Socket 对象；

(2)调用 connect()方法，连接到服务器；

(3)将发送到服务器的 I/O 流填充到 I/O 对象里，比如 BufferReader/PrinterWriter；

(4)利用 Socket 提供的 getInputStream 和 getOutputStream 方法，通过 I/O 流对象，向服务器发送数据流；

(5)通信完成后，关闭打开的 I/O 对象和 Socket。

服务器：

(1)在服务器里，用一个端口来实例化一个 ServerSocket 对象；此时，服务器就可以在这个端口时刻监听从客户端发来的连接请求；

(2)调用 ServerSocket 的 accept()方法,开始监听连接对象从端口上发来的连接请求;

(3)通信完成后,关闭打开的流和 Socket 对象。

下图说明了服务器和客户端所发生的动作。

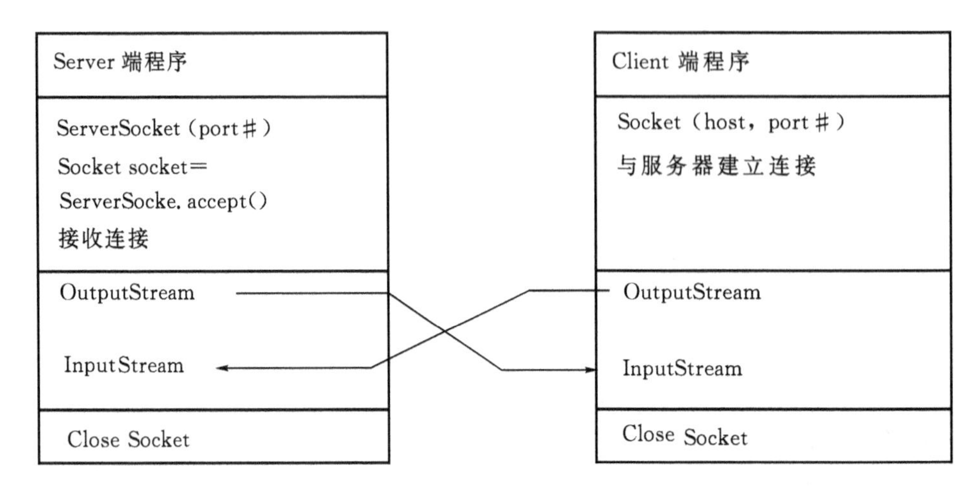

【例 6-12】 开发服务器端代码

```
1:  import java.io.BufferedReader;
2:  import java.io.BufferedWriter;
3:  import java.io.InputStreamReader;
4:  import java.io.OutputStreamWriter;
5:  import java.io.PrintWriter;
6:  import java.net.ServerSocket;
7:  import java.net.Socket;
8:  public class ServerCode {
9:    /**
10:    * @param args
11:    */
12:   public static int portNO = 3333;
13:   public static void main(String[] args)throws Exception {
14:     // TODO Auto-generated method stub
15:     ServerSocket serverSocket = new ServerSocket(portNO);
16:     System.out.println("The Server is start " + serverSocket);
17:     //阻塞直到有客户端连接
18:     Socket socket = serverSocket.accept();
19:     try{
20:       System.out.println("Accept the Client: " + socket);
21:       //设置 IO 句柄
22:        BufferedReader in = new BufferedReader(new InputStreamReader
```

```
              (socket.getInputStream()));
23:             PrintWriter out = new PrintWriter(new BufferedWriter(new
                OutputStreamWriter(socket.getOutputStream())),true);
24:           while(true){
25:             String str = in.readLine();
26:             //如果接收到 byebye 字符串,退出循环
27:             if(str.equals("byebye")){
28:               break;
29:             }
30:             System.out.println("In Server received the info : " + str);
31:             out.println(str);
32:           }
33:         }finally{
34:           System.out.print("close the Server socket and the io.");
35:           //关闭 socket
36:           socket.close();
37:           serverSocket.close();
38:         }
39:       }
40: }
```

这段代码的主要业务逻辑如下：

(1)在上述代码里的 main 函数前，设置通信所用到你的端口号，这里是 3333。

(2)在 main 函数里，根据给定的 3333 端口号，初始化一个 ServerSocket 对象 serverSocket，该对象用来承担服务器端监听连接和提供通信服务的功能。

(3)调用 ServerSocket 对象的 accept 方法，监听从客户端的连接请求。当完成调用 accept 方法之后，整段服务器代码会阻塞在这里，直到客户端发来 connect 请求。

(4)当客户端发来 connect 请求，或是通过构造函数直接把客户端的 Socket 对象连接到服务端后，阻塞的代码将会继续运行。此时服务器端将会根据 accept 方法的执行结果，用一个 Socket 对象来描述客户端的连接句柄。

(5)创建两个名为 in 和 out 的对象，分别用来传输和接收通信时的数据流。

(6)创建一个 while(true)的死循环，在这个循环里通过 in. readLine()方法，读取从客户端发来的 I/O 流，并打印出来。如果读到的字符是 byebye，则推出 while 循环。

(7)在 try…catch…finally 语句段里不论在 try 语句段里是否发生异常，也不论这些异常的种类，finally 从句都会被执行到。在 finally 从句里，将关闭描述客户端的连接句柄 socket 对象和 ServerSocket 类型的 serverSocket 对象。

【例 6-13】 开发客户端代码

```
1:    import Java. io. BufferedReader;
```

```
2:    import Java. io. BufferedWriter;
3:    import Java. io. IOException;
4:    import Java. io. InputStreamReader;
5:    import Java. io. OutputStreamWriter;
6:    import Java. io. PrintWriter;
7:    import Java. net. InetAddress;
8:    import Java. net. Socket;
9:    public class ClientCode {
10:   /* *
11:    * @param args
12:    */
13:   private static String clientName = "MIKE";
14:   private static int portNO = 3333;
15:
16:   public static void main(String[] args) throws IOException {
17:     // TODO Auto - generated method stub
18:     InetAddress address = InetAddress. getByName("localhost");
19:     Socket socket = new Socket(address,portNO);
20:     try{
21:       System. out. println("socket = " + socket);
22:        BufferedReader in = new BufferedReader(new InputStreamReader
           (socket. getInputStream()));
23:          PrintWriter out = new PrintWriter(new BufferedWriter(new
             OutputStreamWriter(socket. getOutputStream())),true);
24:       out. println("Hello Server,I am " + clientName);
25:       String str = in. readLine();
26:       System. out. println(str);
27:       out. println("byebye");
28:     }finally{
29:       System. out. println("close the client socket and the IO");
30:       socket. close();
31:     }
32:   }
33:
34: }
```

上述客户端代码的主要业务逻辑如下：

同样定义了通信端口号，这里给出的端口号必须和服务器端一致。

在 main 函数里，根据地址信息“localhost”，创建一个 InetAddress 类型的对象 address，

这里,因为把客户端和服务端的代码都放在本机运行,所以同样可以用"127.0.0.1"字符串,来创建 InetAdderss 对象。

根据 address 和端口号信息,创建一个 Socket 类型的对象,该对象用来向服务器端的 ServerSocket 类型的对象交互,共同完成 C/S 通信流程。

同样的创建 in 和 out 两类 I/O 句柄,用来向服务器端接受和发送数据流。

通过 out 对象,向服务器端发送"Hello Server, I am…"字符串。发送后同样可以用 in 句柄接收从服务器端的消息。

利用 out 对象,发送 byebye 字符串,用以告知服务器端,本次通信结束。

同样的,在 finally 从句里,关闭 Socket 对象,断开同服务器端的连接。

6.5 基于多线程的通信程序

在上面的例子中,客户端和服务器之间只有一个通信线程,所以他们之间只有一条 Socket 信道。

如果在通信程序里引入多线程机制,可以让一个服务端同时监听并接收多个客户端的请求,并同时为他们提供通信服务。基于多线程的通信方式将大大提高服务器端的利用效率,使服务器端具备完善的服务功能。

6.5.1 开发服务器端

下面将介绍一下基于多线程的服务器端开发。由于是在服务器端引入线程机制,所以要编写线程代码的主体执行类 ServerThreadCode,该类的代码如下:

【例 6-14-1】 服务端线程

```
1:    import java. io. BufferedReader;
2:    import java. io. BufferedWriter;
3:    import java. io. IOException;
4:    import java. io. InputStreamReader;
5:    import java. io. OutputStreamWriter;
6:    import java. io. PrintWriter;
7:    import java. net. Socket;
8:    public class ServerThreadCode extends Thread{
9:    //客户端的 socket
10:   private Socket clientSocket ;
11:   //IO 句柄
12:   private BufferedReader in;
13:   private PrintWriter out;
14:   //构造函数
15:   public ServerThreadCode(Socket s)throws IOException {
16:     clientSocket = s;
17:       in = new BufferedReader ( new InputStreamReader ( clientSocket.
```

```
              getInputStream()));
18:       out = new PrintWriter(new BufferedWriter(new OutputStreamWriter
          (clientSocket. getOutputStream())),true);
19:       //开启线程
20:       start();
21:     }
22:     //线程执行的主体函数
23:     public void run() {
24:       try {
25:         for (;;) {
26:           String str = in. readLine();
27:           if (str. equals("byebye")) {
28:             break;
29:           }
30:           System. out. println("In Server received the info: " + str);
31:           out. print(str);
32:         }
33:         System. out. println("Closing the Server socket! " );
34:       } catch (IOException e) {
35:         // TODO: handle exception
36:         e. printStackTrace();
37:       }finally{
38:         System. out. println("Closing the Server socket and IO");
39:         try {
40:           clientSocket. close();
41:           in. close();
42:           out. close();
43:         } catch (IOException e2) {
44:           // TODO: handle exception
45:           e2. printStackTrace();
46:         }
47:       }
48:     }
49: }
```

对 ServerThreadCode 类的业务逻辑说明如下：

(1)该类通过继承 Thread 类来实现线程的功能，也就是说，在其中的 run 方法中，定义了该线程启动后要执行的业务动作。

(2)该类提供了两种类型的重载函数。在参数类型为 Socket 的构造函数里面，通过参数初始化了本类里的 Socket 对象，同时实例化两类 I/O 对象。在此基础上，通过 start 方法，启动定义在 run 方法内的本线程的业务逻辑。

(3)在定义主体动作的 run 方法里，通过一个 for(;;)类型的循环，根据 I/O 句柄，读取从 Socket 信道上传输过来的客户端发送的通信信息。如果得到的信息为“byebye”，则表明本次通信结束，退出 for 循环。

(4)Catch 语句将处理在 try 语句里遇到的 I/O 错误等异常，而在 finally 语句里，将在通信结束后关闭客户端的 Socket 句柄。

上述线程主体代码将会在 ThreadServer 类里被调用。接下来编写服务器端的主体类的代码 ThreadServer，代码如下：

【例 6-14-2】 服务端主类

```
1:    import java. io. IOException;
2:    import java. net. ServerSocket;
3:    import java. net. Socket;
4:    public class ThreadServer {
5:    private static final int portNO = 3333;
6:    public static void main(String[] args) throws IOException {
7:      //服务器端的 socket
8:      ServerSocket serverSocket = new ServerSocket(portNO);
9:      System. out. println(" The Server started " + serverSocket);
10:     try{
11:       for(;;){
12:         //阻塞,直到有客户端连接
13:         Socket socket = serverSocket. accept();
14:         //通过构造函数启动线程
15:         new ServerThreadCode(socket);
16:       }
17:     }finally{
18:       serverSocket. close();//程序结束一定要关闭 ServerSocket 对象
19:     }
20:   }
21: }
```

该代码的主要业务逻辑说明如下：

(1)首先定义了通信所用的端口号，为 3333。

(2)在 main 函数里，根据端口号，创建一个 ServerSocket 类型的服务器端 Socket，用来同客户端通信。

(3)在 for(;;)循环里，调用 accept()方法，监听从客户端过来的 socket，注意这里又是一个阻塞，当客户端有请求过来时，将通过 ServerThreadCode 的构造函数，创建一个线程类，

用来接收客户端发送来的字符串。在这里可以再一次观察 ServerThreadCode 类，这个类通过构造函数里面的 start 方法，开启 run 方法。而在 run 方法里，通过 in 对象来接收客户端发出的字符串，通过 out 对象向客户端输出。

(4)在 finally 语句里，关闭服务器端的 Socket，从而结束本次通信。

6.5.2 开发客户端

可以按以下步骤，编写基于多线程的客户端代码。

首先编写线程执行主体的 ClientThreadCode 类，同样，该类通过继承 Thread 类来实现线程的功能。

【例 6-15-1】 ClientThreadCode 类

```
1:   import java.io.BufferedReader;
2:   import java.io.BufferedWriter;
3:   import java.io.IOException;
4:   import java.io.InputStreamReader;
5:   import java.io.OutputStreamWriter;
6:   import java.io.PrintWriter;
7:   import java.net.InetAddress;
8:   import java.net.Socket;
9:   public class ClientThreadCode extends Thread {
10:  //客户端 socket
11:  private Socket socket;
12:  //线程统计数，用来给线程编号
13:  private static int cnt = 0;
14:  private int clientId = cnt++;
15:  private BufferedReader in;
16:  private PrintWriter out;
17:  //构造函数
18:  public ClientThreadCode(InetAddress address) {
19:    try {
20:      socket = new Socket(address,3333);
21:    } catch (IOException e) {
22:      // TODO: handle exception
23:      e.printStackTrace();
24:    }
25:    //实例化 IO 对象
26:    try {
27:          in = new BufferedReader(new InputStreamReader(socket.
         getInputStream()));
```

```
28:         out = new PrintWriter(new BufferedWriter(new OutputStreamWriter
            (socket.getOutputStream())),true);
29:         //开启线程
30:         start();
31:       } catch (IOException e) {
32:         // TODO: handle exception
33:         try {
34:           socket.close();
35:         } catch(IOException e2) {
36:           // TODO: handle exception
37:           e2.printStackTrace();
38:         }
39:       }
40:     }
41:     public void run() {
42:       try {
43:         out.println("Hello Server,My id is " + clientId);
44:         String str = in.readLine();
45:         System.out.println(str);
46:         out.println("byebye");
47:       } catch (IOException e) {
48:         // TODO: handle exception
49:         e.printStackTrace();
50:       }finally{
51:         try {
52:           socket.close();
53:         } catch (IOException e2) {
54:           // TODO: handle exception
55:           e2.printStackTrace();
56:         }
57:       }
58:       }
59: }
```

ClientThreadCode类的主要业务逻辑如下：

(1)在构造函数里，通过InetAddress类型参数和3333，初始化了本类里的Socket对象，随后实例化两类的I/O对象，并通过start方法，启动定义在run方法内的本线程的业务逻辑。

(2)在定义线程主体动作的run方法里通过I/O句柄，向Socket信道上传输本客户端的 ID 号，发送完成后，传输“byebye”字符串，向服务器端表示本线程的通信结束。

(3)同样地，catch 语句将处理在 try 语句里遇到的 I/O 错误等异常，而在 finally 语句里，将在通信结束后关闭客户端的 Socket 句柄。

接下来编写客户端的主体代码。在这段代码里，将通过 for(;;)循环根据指定的待创建线程数量，通过 ClientThreadCode 的构造函数，创建若干个客户端线程，同步与服务器端通信。程序代码如下：

【例 6-15-2】 客户端代码

```
1:     import java.io.IOException;
2:     import java.net.InetAddress;
3:     public class ThreadClient {
4:     public static void main(String []args)throws IOException,
       InterruptedException {
5:       int threadNO = 0;
6:       InetAddress address = InetAddress.getByName("localhost");
7:       for (threadNO = 0; threadNO < 3;threadNO++) {
8:         new ClientThreadCode(address);
9:       }
10:    }
11: }
```

这段代码执行以后，在客户端将会有 3 个通信线程，每个线程首先将先向服务器端发送“Hello Server,My id is”的字符串，然后发送“byebye”，终止该线程的通信。

6.5.3 运行效果

接下来观察一下基于多线程的 C/S 架构的运行效果。

(1)先启动服务器端的 ThreadServer 代码，启动后，在控制台里会出现以下提示信息：

```
the Server is start ServerSocket[addr=0.0.0.0/0.0.0.0,port=0,localport
=3333]
```

从上述提示信息里可以看到服务器在开启服务之后，会阻塞在 accept 这里，直到有客户端请求过来。

(2)启动完服务器之后运行客户端 ThreadClient 代码，运行后，观察服务器端的控制台，会出现如下信息：

```
the Server is start ServerSocket[addr=0.0.0.0/0.0.0.0,port=0,localport
=3333]
In Server received the info: Hello Server,My id is 0
In Server received the info: Hello Server,My id is 2
In Server received the info: Hello Server,My id is 1
Closing the Server socket!
```

```
Closing the Server socket!
Closing the Server socket and IO
Closing the Server socket and IO
Closing the Server socket!
Closing the Server socket and IO
```

其中第一行是原来就有的,在后面的几行里,首先将会输出从客户端过来的线程请求信息,比如:

```
In Server received the info: Hello Server,My id is 0
```

接下来则会显示关闭 Server 端的 I/O 和 Socket 的提示信息。

这里需要注意的是,由于线程运行的不确定性,从第二行开始的打印输出语句的次序是不确定的。但是,不论输出语句的次序如何为变化,都可以看到,客户端有三个线程请求过来,并且,服务器端在处理完成请求之后,会关闭 Socket 的 I/O。

(3)切换到 ThreadClient. Java 的控制台可以看到

```
Hello Server,My id is 0
Hello Server,My id is 2
Hello Server,My id is 1
```

这说明在客户端开启了三个线程,并利用这三个线程向服务器端发送消息。

6.6 数据报

6.6.1 UDP 协议与数据报文

从网络协议的实现方式来看,UDP 协议同"数据报文"这个概念有着密切的联系。所谓数据报文,就是 UDP 协议里传输数据的基本单位。根据 UDP 协议,源主机(即信息发送的主机)将会把通信数据流(比如字符串)拆分成若干个长度固定的数据单位,并在其中封装好目标地址、目标端口等信息。

这些长度一致的包含目标地址、目标端口等信息的数据单位就叫"数据报文",UDP 协议根据报文里的目标地址等信息直接发送,而不像 TCP 协议先要建立通信信道。

6.6.2 Java 的 UDP 相关类说明

Java 的 DatagramSocket 类同 UDP 通信密切相关,其对象封装了"数据报文"和"数据报文头部信息"等属性,也封装了在 UDP 通信过程中发送和接收数据报文的动作。

在实现 UDP 通信的发送信息的过程中,程序员可以在 DatagramSocket 对象中封装目的主机的地址,通过 DatagramSocket 方法完成发送动作,而不必关心该信息如何发送到目的主机以及是否发送到。在接收信息的过程里,程序员可以用阻塞的方式,接收源主机传输来的 DatagramSocket 对象,并从中获得从目标主机发送来的信息。

DatagramSocket 类常用的方法如下:

DatagramSocket():创建一个 DatagramSocket 实例,并将该对象绑定到本机默认 IP 地址、本机所有可用端口中随机选择的某个端口。

DatagramSocket(int prot)：创建一个 DatagramSocket 实例，并将该对象绑定到本机默认 IP 地址、指定端口。

DatagramSocket(int port, InetAddress laddr)：创建一个 DatagramSocket 实例，并将该对象绑定到指定 IP 地址、指定端口。

通过上面三个构造器中的任意一个构造器即可创建一个 DatagramSocket 实例，通常在创建服务器时，创建指定端口的 DatagramSocket 实例，这样保证其他客户端可以将数据发送到该服务器。一旦得到了 DatagramSocket 实例之后，就可以通过如下两个方法来接收和发送数据。

```
receive(DatagramPacket p)：从该 DatagramSocket 中接收数据报。
send(DatagramPacket p)：以该 DatagramSocket 对象向外发送数据报。
```

从上面两个方法可以看出，使用 DatagramSocket 发送数据报时，DatagramSocket 并不知道将该数据报发送到哪里，而是由 DatagramPacket 自身决定数据报的目的地。就像码头并不知道每个集装箱的目的地，码头只是将这些集装箱发送出去，而集装箱本身包含了该集装箱的目的地。

DatagramPacket 类常用的方法如下：

DatagramPacket(byte[] buf,int length)：以一个空数组来创建 DatagramPacket 对象，该对象的作用是接收 DatagramSocket 中的数据。

DatagramPacket(byte[] buf, int length, InetAddress addr, int port)：以一个包含数据的数组来创建 DatagramPacket 对象，创建该 DatagramPacket 对象时还指定了 IP 地址和端口，这就决定了该数据报的目的地。

DatagramPacket(byte[] buf, int offset, int length)：以一个空数组来创建 DatagramPacket 对象，并指定接收到的数据放入 buf 数组中时从 offset 开始，最多放 length 个字节。

DatagramPacket(byte[] buf, int offset, int length, InetAddress address, int port)：创建一个用于发送的 DatagramPacket 对象，指定发送 buf 数组中从 offset 开始，总共 length 个字节。

当 Client/Server 程序使用 UDP 协议时，实际上并没有明显的服务器端和客户端，因为两方都需要先建立一个 DatagramSocket 对象，用来接收或发送数据报，然后使用 DatagramPacket 对象作为传输数据的载体。通常固定 IP 地址、固定端口的 DatagramSocket 对象所在的程序被称为服务器，因为该 DatagramSocket 可以主动接收客户端数据。

在接收数据之前，应该采用上面的第一个或第三个构造器生成一个 DatagramPacket 对象，给出接收数据的字节数组及其长度，然后调用 DatagramSocket 的 receive()方法等待数据报的到来，receive()将一直等待(该方法会阻塞调用该方法的线程)，直到收到一个数据报为止。如下代码所示：

```
//创建一个接收数据的 DatagramPacket 对象
DatagramPacketpacket = new DatagramPacket(buf, 256);
//接收数据报
socket. receive(packet);
```

使用 DatagramPacket 接收数据时，开发者只关心该 DatagramPacket 能放多少数据，而对 DatagramPacket 是否采用字节数组来存储数据完全不关心。但 Java 要求创建接收数据用的 DatagramPacket 时，必须传入一个空的字节数组，该数组的长度决定了该 DatagramPacket 能放多少数据。接着 DatagramPacket 又提供了一个 getData()方法，该方法可以返回 DatagramPacket 对象里封装的字节数组。

当服务器端(也可以是客户端)接收到一个 DatagramPacket 对象后，如果想向该数据报的发送者"反馈"一些信息，但由于 UDP 协议是面向非连接的，所以接收者并不知道每个数据报由谁发送过来，但程序可以调用 DatagramPacket 的如下 3 个方法来获取发送者的 IP 地址和端口。

(1)InetAddress getAddress()：当程序准备发送此数据报时，该方法返回此数据报的目标机器的 IP 地址；当程序刚接收到一个数据报时，该方法返回该数据报的发送主机的 IP 地址。

(2)int getPort()：当程序准备发送此数据报时，该方法返回此数据报的目标机器的端口；当程序刚接收到一个数据报时，该方法返回该数据报的发送主机的端口。

(3)SocketAddress getSocketAddress()：当程序准备发送此数据报时，该方法返回此数据报的目标 SocketAddress；当程序刚接收到一个数据报时，该方法返回该数据报的发送主机的 SocketAddress。

getSocketAddress()方法的返回值是一个 SocketAddress 对象，该对象实际上就是一个 IP 地址和一个端口号。也就是说，SocketAddress 对象封装了一个 InetAddress 对象和一个代表端口的整数，所以使用 SocketAddress 对象可以同时代表 IP 地址和端口。

6.6.3 UDP 通信流程设计

和 TCP 通信的代码一样，发起通信请求的主机叫做客户端，而服务端在接收到客户端的请求后，响应并返回服务执行的结果。不过基于 UDP 协议通信的过程中，客户端和服务端的界限不像基于 TCP 那样明显，双方都可以通过 DatagramSocket 对象，发送和接受封装好的数据报文。通信过程主要流程图如下：

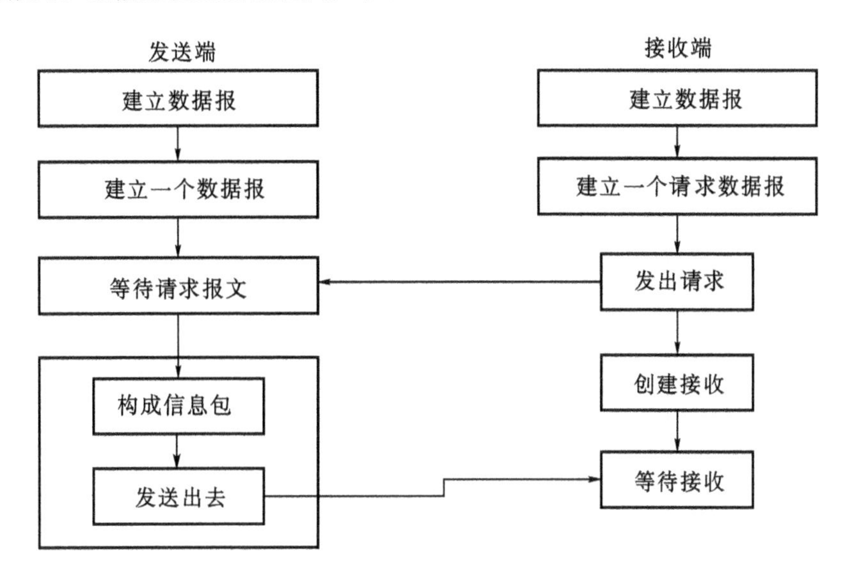

发送端接收端

从这个流程示意图里可以看出，在 UDP 通信流程中，客户端和服务端的主要动作如下：

(1)客户端和服务器端分别初始化 DatagramSocket 类，并为之赋予诸如 IP 地址和端口号等信息；

(2)客户端初始化 DatagramPacket 对象，并在其中封装数据、数据长度、目标主机地址和目标主机端口等信息；

(3)服务器端通过 DatagramSocket 对象的 receive 方法，开始以阻塞的方式，监听从网络上到达的客户端请求；

(4)客户端通过 DatagramSocket 对象的 send 方法，向服务器端发送通信数据；

(5)服务器端在接收到通信数据后，继续执行 receive 后面的方法，执行服务；

(6)服务器端完成执行客户端的服务请求之后，通过 send 方法，向客户端返回执行结果；

(7)通信结束。

接下来将根据上述流程，编写一个简单的客户端和服务器端之间的通信代码。

【例 6-16】 实现客户端和服务端间的简单通信

```
1:    import java.net.DatagramPacket;
2:    import java.net.DatagramSocket;
3:    import java.net.InetAddress;
4:    public class DatagramDemo {
5:    /**
6:     * @param args
7:     */
8:    public static int serverPort = 8666;
9:    public static int clientPort = 8999;
10:   public static int buffer_size = 1024;
11:   public static DatagramSocket ds;
12:   public static byte buffer[] = new byte[buffer_size];
13:   public static void TheServer() throws Exception {
14:     int pos = 0;
15:     while (true) {
16:       int c = System.in.read();
17:       switch (c) {
18:       case -1:
19:         System.out.println("Server Quits");
20:         return;
21:       case '\\r':
22:         break;
23:       case '\\n':
```

```
24:                ds. send ( new DatagramPacket ( buffer, pos, InetAddress.
                   getLocalHost(),clientPort));
25:            pos = 0;
26:            break;
27:          default:
28:            buffer[pos + + ] = (byte)c;
29:          }
30:        }
31:    }
32:    public static void TheClient() throws Exception {
33:      while (true) {
34:        DatagramPacket packet = new DatagramPacket(buffer, buffer. length);
35:        ds. receive(packet);
36:          System. out. println (new String (packet. getData ( ), 0, packet.
             getLength()));
37:      }
38:    }
39:    public static void main(String[] args)throws Exception {
40:      // TODO Auto - generated method stub
41:      if(args. length = = 1){
42:      ds = new DatagramSocket(serverPort);
43:      TheServer();
44:      }else{
45:      ds = new DatagramSocket(clientPort);
46:      TheClient();
47:      }
48:    }
49: }
```

6.6.4 基于多线程的UDP程序

UDP协议一般应用在“群发消息”场合，所以它可以利用多线程的机制，实现多信息的同时发送。

为了改善代码的架构，可以把一些业务逻辑动作抽象成方法，并封装成类。这样，基于UDP功能的类就可以在其他应用项目里重用。

1. 编写客户端代码

如果把客户端的所有代码都写在一个文件中，那么代码的功能很有可能都聚集在一个方法里，代码的可维护性将会变得很差。按照软件工程设计的思想，软件设计要遵循“低耦合高内聚”的原则，所以专门设计了ServerBean类，封装一些常用的方法。

【例 6-17-1】 ServerBean 类

```
1:    import java. io. IOException;
2:    import java. net. DatagramPacket;
3:    import java. net. DatagramSocket;
4:    import java. net. InetAddress;
5:    import java. net. SocketException;
6:    import java. net. UnknownHostException;
7:    public class ServerBean {
8:    private DatagramSocket ds;//描述 UDP 通讯的 DatagramSocket 对象
9:     private byte buffer[];//用来封装
      通讯字符串
10:    private int clientport;//客户端的
      端口号
11:    private int serverport;//服务器端的端口号
12:    private String content;//通讯内容
13:    private InetAddress ia;//描述通讯地址
14:    public DatagramSocket getDs() {
15:      return ds;
16:    }
17:    public void setDs(DatagramSocket ds) {
18:      this. ds = ds;
19:    }
20:    public byte[] getBuffer() {
21:      return buffer;
22:    }
23:    public void setBuffer(byte[] buffer) {
24:      this. buffer = buffer;
25:    }
26:    public int getClientport() {
27:      return clientport;
28:    }
29:    public void setClientport(int clientport) {
30:      this. clientport = clientport;
31:    }
32:    public int getServerport() {
33:      return serverport;
34:    }
35:    public void setServerport(int serverport) {
```

定义 ServerBean 类里要用到的变量,并给出针对这些变量的 set 和 get 方法

```
36:     this. serverport = serverport;
37:   }
38:   public String getContent() {
39:     return content;
40:   }
41:   public void setContent(String content) {
42:     this. content = content;
43:   }
44:   public InetAddress getIa() {
45:     return ia;
46:   }
47:   public void setIa(InetAddress ia) {
48:     this. ia = ia;
49:   }
50:   public ServerBean() throws SocketException, UnknownHostException {
51:     buffer = new byte[1024];
52:     clientport = 1985;
53:     serverport = 1986;
54:     content = "";
55:         ds  =  new  DatagramSocket
        (serverport);
56:     ia = InetAddress. getByName("localhost");
57:   }
58:   public void listenClient() throws IOException {
59:     while(true){
60:       //初始化 DatagramPacket 类型的变量
61:       DatagramPacket dp = new DatagramPacket(buffer, buffer. length);
62:       //接收消息,并把消息通过dp 参数返回
63:       ds. receive(dp);
64:       content = new String(dp. getData(),0,dp. getLength());
65:       print();//打印消息
66:     }
67:   }
68:   private void print() {
69:     System. out. println(content);
70:   }
71: }
```

在这个方法里,构造了一个while(true)循环,在这个循环体的内部,调用了封装在DatagramPacket类型里的receive方法,接收客户端发过来的UDP报文,并通过print方法打印出来

2. 编写 UDP 通信的服务器端代码 UDPServer 类

UDP 通信的服务端代码相对简单，以下是 UDPServer 类的全部代码：

【例 6-17-2】 UDPServer 类代码

```
1:    import java.io.IOException;
2:    public class UDPServer {
3:    public static void main(String[] args) throws IOException {
4:      System.out.println("服务端启动...");
5:      //初始化 ServerBean 对象
6:      ServerBean server = new ServerBean();
7:      server.listenClient();
8:    }
9:  }
```

3. 编写客户端代码

【例 6-18-1】 ClientBean 类

```
1:    import java.io.IOException;
2:    import java.net.DatagramPacket;
3:    import java.net.DatagramSocket;
4:    import java.net.InetAddress;
5:    import java.net.SocketException;
6:    import java.net.UnknownHostException;
7:    public class ClientBean {
8:    private DatagramSocket ds;//描述 UDP 通讯的 DatagramSocket 对象
9:    private byte buffer[];//用来封装通讯字符串
10:   private int clientport;//客户端的端口号
11:   private int serverport;//服务器端的端口号
12:   private String content;//通讯内容
13:   private InetAddress ia;//描述通讯
      地址
14:   public DatagramSocket getDs() {
15:     return ds;
16:   }
17:   public void setDs(DatagramSocket ds) {
18:     this.ds = ds;
19:   }
20:   public byte[] getBuffer() {
21:     return buffer;
22:   }
```

定义 ClientBean 所用到的变量，并给出针对这些变量的 set 和 get 方法

```
23:    public void setBuffer(byte[] buffer) {
24:      this. buffer = buffer;
25:    }
26:    public int getClientport() {
27:      return clientport;
28:    }
29:    public void setClientport(int clientport) {
30:      this. clientport = clientport;
31:    }
32:    public int getServerport() {
33:      return serverport;
34:    }
35:    public void setServerport(int serverport) {
36:      this. serverport = serverport;
37:    }
38:    public String getContent() {
39:      return content;
40:    }
41:    public void setContent(String content) {
42:      this. content = content;
43:    }
44:    public InetAddress getIa() {
45:      return ia;
46:    }
47:    public void setIa(InetAddress ia) {
48:      this. ia = ia;
49:    }
50:    public ClientBean() throws SocketException, UnknownHostException {
51:      buffer = new byte[1024];
52:      clientport = 1985;
53:      serverport = 1986;
54:      content = "";
55:      ds = new DatagramSocket(clientport);
56:        ia = InetAddress. getByName ("
           localhost");
57:    }
58:    public void sendToServer() throws
       IOException{
```

向服务器端发送消息的sendToServer方法，通过调用DatagramPacket的send方法发送报文

```
59：    buffer = content. getBytes();
60：        ds. send ( new DatagramPacket ( buffer, content. length ( ), ia,
        serverport));
61：    }
62：}
```

【例 6-18-2】 UDP 通信的客户端代码 UDPClient 类

```
1：     import Java. io. BufferedReader;
2：     3078：import Java. io. IOException;
3：     import Java. io. InputStreamReader;
4：     public class UDPClient implements
       Runnable{
5：     public static String content;
6：     public static ClientBean client;
7：     @Override
8：     public void run() {
9：       try {
10：        client. setContent(content);
11：        client. sendToServer();
12：      } catch (Exception e) {
13：        System. err. println(e. getMessage());
14：      }
15：    }
16：    public static void main(String[] args) throws IOException {
17：       BufferedReader br = new BufferedReader(new InputStreamReader
         (System. in));
18：      client = new ClientBean();
19：      System. out. println("客户端启动...");
20：      while(true){
21：        content = br. readLine();//接收用户输入
22：          if(content = = null || content. equalsIgnoreCase("end") ||
          content. equalsIgnoreCase("")){
23：          break;
24：        }
25：        new Thread(new UDPClient()). start();//开启新线程,发送消息
26：      }
27：    }
28：}
```

由于要在 UDP 客户端里通过多线程机制,同时开启多个客户端,向服务器发送通信内容,所以 UDPClient 必须实现 Runnable 接口

4. 运行效果演示

首先运行 UDPServer 代码，开启 UDP 服务端程序，开启后，会出现如下所示的信息：

```
服务端启动...
```

然后运行 UDPClient 代码，运行客户端，运行后输入 hello server

```
客户端启动...
hello server
```

则会在服务端看到

```
服务端启动...
hello server
```

6.7 习题 6

1. 写出一种使用 Java 流式套接式编程时，创建双方通信通道的语句。

2. 简述基于 TCP 及 UDP 套接字通信的主要区别。

3. TCP 客户端需要向服务器端 8629 发出连接请求与服务器进行信息交流当收到服务器发来的是“BYE”时，立即向对方发送“BYE”，然后关闭连接否则，继续向服务器发送信息。

附：

答案

1. PrintStream OS=new PrintStream(new
BufferedOutputStreem(socket. getOutputStream()));
DataInputStream is=new DataInputStream(socket. getInputStream());
PrintWriterout=newPrintWriter(socket. getOutStream(), true);
BufferedReader in=new ButfferedReader(new
InputSteramReader(Socket. getInputStream()));

2. 实现方法以及 API 不同。运用的地方不同。当然主要取决去二者的各自特点。

(1)TCP 是面向连接的传输控制协议，而 UDP 提供了无连接的数据服务；

(2)TCP 具有高可靠性，确保传输数据的正确性，不出现丢失或乱序；UDP 在传输数据前不建立连接，不对数据报进行检查与修改，无须等待对方的应答，所以会出现分组丢失、重复、乱序，应用程序需要负责传输可靠性方面的所有工作；

(3)也正因为以上特征，UDP 具有较好的实时性，工作效率较 TCP 协议高；

(4)UDP 段结构比 TCP 的段结构简单，因此网络开销也小。

3.
```
import java.io.*;
import java.net.*;
class Client2{
    public Client2(){
        try{
        String s;
```

```
        Socket socket = new Socket("服务器地址",8629);
      BufferedReader in = new BufferedReader(new InputStreamReader());
      PrintWriter out = new PrintWriter();
        BufferedReader line = new BufferedReader(new InputStreamReader(System.in));
        while(ture){
        System.out.println("请向服务器输出一条字符串:");
        s=line.readLine();
        //向服务器发出信息;
        s=in.readLine().trim(); //收到服务器发来的信息;
        System.out.println("服务器返回的信息是:");
        System.out.println(s);
        if(s.equals("BYE")){
        line.close();
        out.close();
        socket.close();
        break;
        }
      }
      }
    catch (IOException e){}
  }
  public static void main(String[] args) {
  new Clinent2();
  }
  }
```

第7章 Java数据库编程

JAVA SHUJUKUBIANCHENG

7.1 数据库知识

所谓数据库，就是存放数据的仓库。严格地说：数据库是“按照数据结构来组织、存储和管理数据的仓库”。它是长期储存在计算机内、有组织的、可共享的大量数据的集合。数据库中的数据是按一定数据模型组织、描述和存储，具有较小的冗余度(redundancy)、较高的数据独立性(data independency)和易扩展性，并为某个用户所共享。数据库的三大特点是：永久存储、有组织、可共享。

数据库系统是指在计算机系统中引入数据库后的系统，一般由DB、DBMS(及其开发工具)、应用系统、DBA组成。数据库系统用专门的软件对数据文件进行操作，不用编程就可实现对数据文件的处理，使操作更方便、更安全，并能保证数据的完整性、一致性。

7.2 结构化查询语句SQL

SQL结构化查询语言是集数据查询(Data Query)、数据操纵(Data Manipulation)、数据定义(Data Definition)和数据控制(Data Control)功能于一体的结构化查询语言。其主要特点是：综合统一、高度非过程化、面向集合的操作方式、以同一种语法结构提供多种使用方式、语言简洁，易学易用、对于数据统计方便直观。

数据库查询是数据库的核心操作。SQL语言提供了SELECT语句进行数据库的查询，该语句具有灵活的使用方式和丰富的功能。

我们首先介绍SELECT语句的主要使用格式：

```
SELECT 子句
[INTO 子句]
FROM 子句
[ WHERE <条件表达式> ]
[ GROUP BY <列名1>]
[ HAVING <条件表达式> ]
[ ORDER BY <列名2> [ ASC|DESC ] ]
```

各子句的主要作用如下表所示：

表 7-1 SQL 子句及作用

描述	
SELECT 子句	指定由查询返回的列
INTO 子句	创建新表格并将结果行从查询插入新表中
FROM 子句	指定从其中进行检索的表
WHERE 子句	指定用于限制返回行的搜索条件
GROUP BY 子句	指定查询结果的分组条件
HAVING 子句	指定组或聚合的搜索条件与 GROUP BY 同时使用
OEDER BY 子句	指定结果集的排序
UNION 子句	将两个或更多的查询结果组合为单个结果集，该结果集包含联合查询中的所有查询的全部行

7.3 SQL Server 数据库

7.3.1 SQL Server 数据库简介

SQL Server 是微软公司在数据库市场的主打产品，也是世界三大数据库管理系统之一。最初是由 Microsoft、Sybase 和 Ashton-Tate 三家公司共同开发的，于 1988 年推出了第一个 OS/2 版本。在 Windows NT 推出后，Microsoft 与 Sybase 在 SQL Server 的开发上就分道扬镳了，Microsoft 将 SQL Server 移植到 Windows NT 系统上，专注于开发推广 SQL Server 的 Windows NT 版本。Sybase 则较专注于 SQL Server 在 UNIX 操作系统上的应用。

7.3.2 SQL Server 的分类

1. SQL Server 2000：是 Microsoft 公司推出的 SQL Server 数据库管理系统，该版本继承了 SQL Server 7.0 版本的优点，同时又比它增加了许多更先进的功能。具有使用方便、可伸缩性好与相关软件集成程度高等优点，可实现从运行 Microsoft Windows 98 的膝上型电脑到运行 Microsoft Windows 2000 大型处理器的服务器等多种平台使用。

图 7-1 SQL Server 启动界面

2. SQL Server 2005：是一个全面的数据库平台，使用集成的商业智能（BI）工具提供了企业级的数据管理。SQL Server 2005 数据库引擎为关系型数据和结构化数据提供了更安全可靠的存储功能，使我们可以构建和管理用于业务的高可用和高性能的数据应用程序。

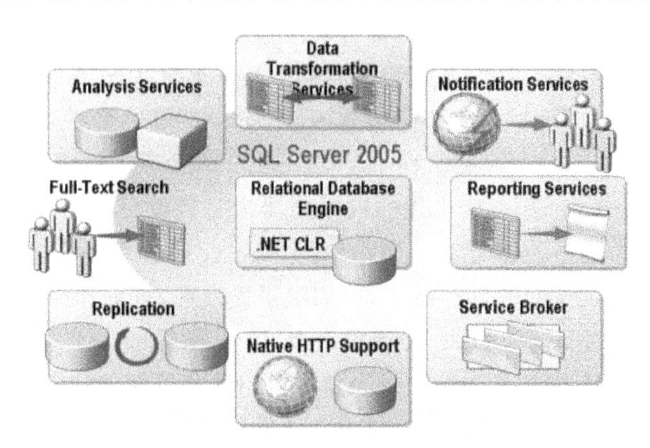

图 7-2 SQL Server 2005 结构

3. SQL Server 2008：基于 SQL Server 2005，并提供了更可靠的加强了数据库镜像的平台。新的特性包括：

(1)可信任性—SQL Server 2008 具有更好的控制台管理界面安全性、可靠性和可扩展性，为公司提供了运行他们最关键任务的应用程序。

(2)高效性—使得公司可以降低开发和管理他们的数据基础设施的时间和成本。

(3)智能性—提供了一个全面的平台，可以在你的用户需要的时候给他发送信息。

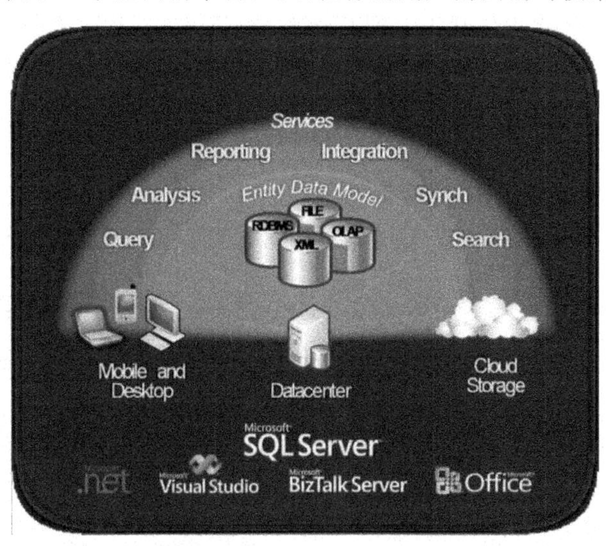

图 7-3 SQL Server 2008 结构

4. SQL Server 2012：2012 年 3 月 7 日，微软正式发布最新的 SQL Server 2012 RTM (Release－to－Manufacturing)版本。微软此次版本发布的口号是“大数据”来替代“云”的概念，微软对 SQL Server 2012 的定位是帮助企业处理每年大量的数据(Z 级别)增长。

来自微软商业平台事业部的副总裁 Ted Kummert 称：SQL Server 2012 更加可靠，更加具备可伸缩性和前所未有的高性能；而 Power View 为用户对数据的转换和勘探提供强大的交互操作能力，并协助做出正确的决策。

SQL Server 2012 主要版本包括新的商务智能版本，增加 Power View 数据查找工具和数据质量服务。企业版本则提高安全性可用性，从大数据到 StreamInsight 复杂事件处理，再到新的可视化数据和分析工具等，都将成为 SQL Server 2012 最终版本的一部分。

5. SQL Server 2014：2014 年 4 月 16 日，微软 CEO 萨蒂亚·纳德拉宣布正式推出“SQL Server 2014”。SQL Server 2014 中内置的内存处理功能实现突破性发展，以加快用户的业务并实现更具有竞争力的新转型方案。Microsoft 为直接内置在 SQL Server 中的 OLTP、数据仓库和分析功能提供全面的内存技术，可加快事务处理、查询和深入分析。

另外，SQL Server 2014 还针对云备份和灾难恢复提供新的混合解决方案，利用 Windows Server 2012 R2 中的新功能提供企业级可用性和可伸缩性，其性能可预测，基础结构成本减少。SQL Server 2014 还继续提供业内领先的商业智能功能，可与 Excel 等熟悉的工具集成，从而更快速地对数据进行深入分析。

7.4 数据库的连接

数据库的连接一般使用两种方法：使用 JDBC－ODBC 桥实现数据库的连接和使用纯 Java JDBC 驱动程序实现数据的连接。

7.4.1 JDBC 基础

JDBC(Java DataBase Connection，Java 数据库连接)由一组用 Java 语言编写的类和接口组成。JDBC 为使用数据库及其工具的开发人员提供了一个标准的 API，使他们能够用 Java API 来编写数据库应用程序。通过使用 JDBC，开发人员可以很方便地将 SQL 语句传送给几乎任何一种数据库。

1. JDBC 概述

JDBC 是 Java 实现数据库编程的关键。它提供了标准的数据库应用程序开发接口，使程序开发人员能够很方便地使用纯 Java 语言来编写数据库应用程序。它由一组用 Java 编程语言编写的类和接口组成。

有了 JDBC，向各种关系数据库发送 SQL 语句就是一件很容易的事。而且，使用 Java 编程语言编写的应用程序，就无需考虑要为不同的平台编写不同的应用程序。将 Java 和 JDBC 结合起来将使程序员只须写一遍程序就可让它在任何平台上运行。

JDBC 由两大部分组成：一部分是访问数据库的高层接口，是提供给开发人员(包括数据库开发人员和数据库前台开发人员)的类及其方法，即 JDBC API。JDBC API 包含核心 API 和扩展 API。另一部分是访问具体数据库的驱动程序，这些驱动程序是由数据库生产厂家提供的，使 Java 程序能够与该数据库生产厂家所生产的数据库系统进行连接通信。

简单地说，JDBC 可做三件事：与数据库建立连接、向数据库发送 SQL 语句并处理结果。SQL 语句处理由 SQL 数据库引擎实现，与 JDBC 无关，各种各样的数据库操作由 SQL 语句描写，也与 JDBC 无关。因此，JDBC 主要负责传递请求，返回结果。

2. JDBC 结构

JDBC 访问数据库的过程也比较简单，它既支持数据库访问的两层模型，也支持三层模型：

(1)两层模型：

在两层模型中，Java applet 或应用程序将直接与数据库进行对话。这将需要一个 JDBC 驱动程序来与所访问的特定数据库管理系统进行通讯。用户的 SQL 语句被送往数据库中，而其结果将被送回给用户。两层模型如图 7-4 所示：

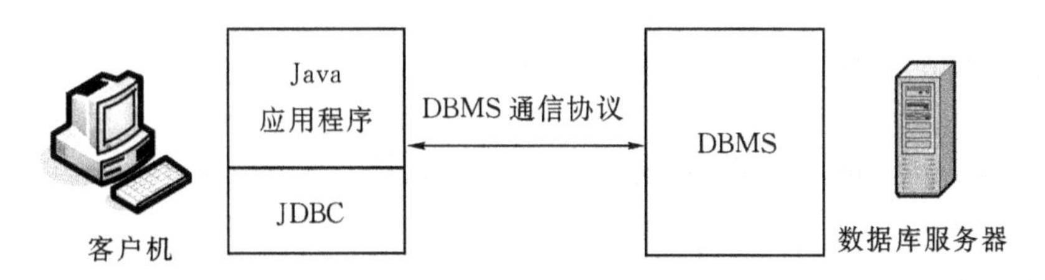

图 7-4 JDBC 数据库访问两层模型

(2)三层模型：

在三层模型中，命令先是被发送到服务的“中间层”，然后由它将 SQL 语句发送给数据库。数据库对 SQL 语句进行处理并将结果送回到中间层，中间层再将结果送回给用户。三层模型如图 7-5 所示：

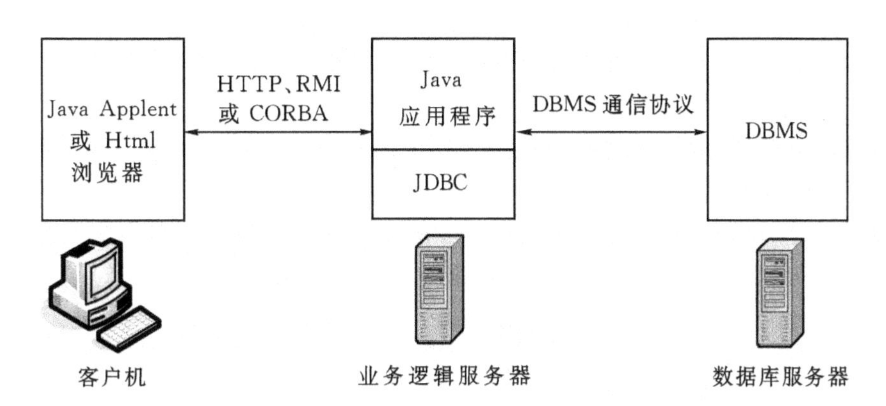

图 7-5 JDBC 数据库访问三层模型

JDBC API 是开发工具(JDK) 的组成部分，由三个部分组成：

(1)JDBC 驱动程序管理器；

(2)JDBC 驱动程序测试工具包；

(3)JDBC - ODBC 桥。

3. JDBC 与 ODBC

JDBC 与 ODBC 都是用来连接数据库的驱动程序。

ODBC 是微软公司应用广泛的访问关系数据库的 API，它具有连接几乎任何一个平台，任何一种数据库的强大功能。它建立了一组相关的规范，并提供了一组对数据库访问的标准应用程序编程接口。简单的说，ODBC 就是应用程序与数据库系统进行交互的工具。而 JDBC 与 ODBC 类似，也是一个应用程序与数据库进行通信的中介，只是他们的开发商不同而已。JDBC 是由 Sun 公司向关系型数据库系统厂商提供 JDBC 的规格与需求，然后各大厂商遵循标准规格设计出符合自己数据库产品的 JDBC 驱动程序。虽然 JDBC 与 ODBC 都可以实现类似的功能，但是他们的开发架构不同，其实现细节上也有所差异。

JDBC 应用程序接口是 Java 程序语言内针对数据存取所涉及的程序开发接口，其内部由许多类与接口构成。而 ODBC 则是由 C 语言开发的。由于两者开发平台不同，各自的特点也就传递到了这个数据库启动程序中。

JDBC 较 ODBC 来说有以下几点优点：

(1)JDBC 要比 ODBC 容易理解。

(2)JDBC 数据库驱动程序是面向对象的，完全遵循 Java 语言的优良特性。

(3)JDBC 的移植性要比 ODBC 的好。通常情况下，安装完 ODBC 驱动程序之后，还需要经过一定的配置才能够使用。

JDBC 的最大特点是它独立于具体的关系数据库。JDBC API 中定义了一些 Java 类分别用来表示与数据库的连接、SQL 语句、结果集以及其它的数据库对象，使得 Java 程序能方便地与数据库交互并处理所得的结果。而基于 ODBC 的应用程序对数据库的操作不依赖任何 DBMS，不直接与 DBMS 打交道，所有的数据库操作由对应的 DBMS 的 ODBC 驱动程序完成。也就是说，不论是 Access 还是 Oracle 数据库，均可用 ODBC API 进行访问。由此可见，ODBC 的最大优点是能以统一的方式处理所有的数据库。

一个完整的 ODBC 由下列几个部件组成：

(1)应用程序；

(2)ODBC 管理器：该程序位于 Windows 控制面板的 32 位 ODBC 内，其主要任务是管理安装的 ODBC 驱动程序和管理数据源；

(3)驱动程序管理器：驱动程序管理器包含在 ODBC32. DLL 中，对用户是透明的。其任务是管理 ODBC 驱动程序，是 ODBC 中最重要的部件。如图 7-6 所示：

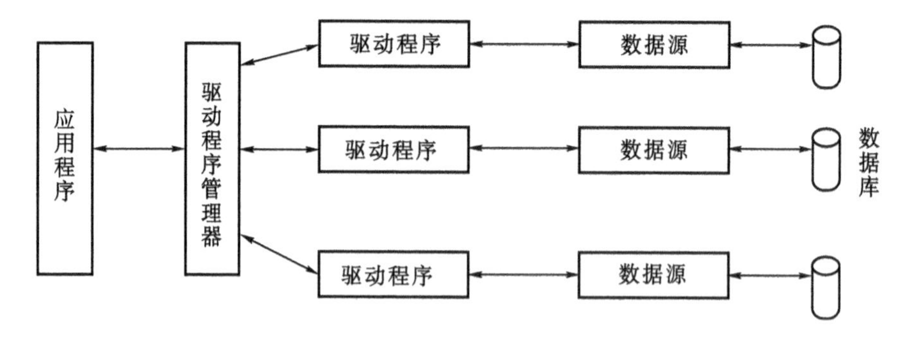

图 7-6　ODBC 模型

Java 中通过 JDBC-ODBC 桥连接方式实现 ODBC 功能调用，如图 7-7 所示：

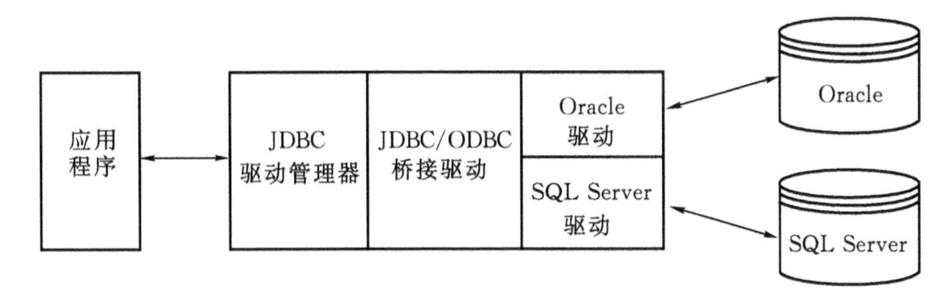

图7-7 JDBC-ODBC连接桥

4. JDBC驱动

Java.sql包的最重要的部分就是它的接口集合，因为这些接口集合定义了应用程序怎样和相关的数据库相互作用，其中一个接口就是Driver。Java应用程序员通过sql包中定义的一系列抽象类对数据库进行操作，而实现这些抽象类，实际完成操作，则是由数据库驱动器Driver运行的。“JDBC驱动器”有时指Driver实现，但更多时候指的是提供存取特有的DBMS类型的一组相关文件，这些典型的文件包含了Java.sql接口(包括Driver)的实现，以及其他需要数据库存取支持的一些类。

通常把JDBC驱动器打包成ZIP文件或JAR文件，以便从各资源网中获得驱动器。

大多数DBMS供应商都至少提供一个驱动器，而第三方也提供驱动器，通常比数据库供应商的实现方案具备提供更好的性能或者稳定性。为了在应用程序中使用JDBC驱动器，在执行应用程序时，必须将获得的JDBC驱动器添加到CLASSPATH中。例如，如果使用JdbcOdbcDriver驱动，则需要将驱动程序所在的JAR文件包含在CLASSPATH中：

```
classpath=D:\\Program Files\\Java\\jre7\\lib\\rt.jar
```

驱动器根据与提供数据库连接的方式分为4类，每种类别都含有其特有的优缺点，通常驱动器的供应商提供多种数据库JDBC驱动类型。例如，Oracle公司就为他们的DBMS同时提供类型-2和类型-4的驱动器。

JDBC驱动类型可以归结为以下几类：

类型1:JDBC-ODBC Bridge

ODBC是目前流行的数据库系统的接口标准，几乎所有的正在使用的数据库系统都提供了ODBC的驱动程序，正是如此，SUN公司在设计JDBC时就考虑到了ODBC，提供了JDBC-ODBC的桥驱动程序。

JDBC-ODBC桥加ODBC驱动程序：JDBC-ODBC桥驱动程序，将JDBC翻译成ODBC的调用，然后使用一个ODBC驱动程序与数据库进行通信。注意，必须将ODBC二进制代码加载到使用该驱动程序的每个客户机上。JDBC-ODBC桥的原理其实很简单，就是将Java程序中使用的JDBC API转换成ODBC API，通过ODBC来访问数据库系统，如图7-8所示：

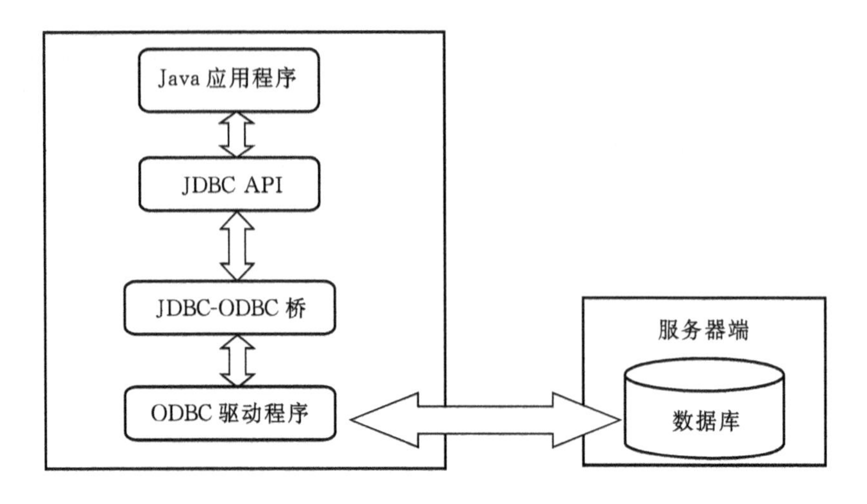

图 7-8 JDBC-ODBC 桥的工作原理

类型:2Native-API partly-Java Driver

这种驱动器将标准的 JDBC 调用转变为对数据库 API 的本地调用,该类型的驱动程序是本地部分 Java 技术性能的本机 API 驱动程序。各客户机使用的数据库可能是 Oracle、Sybase 或者 Access,但都需要在客户机上装有相应 DBMS 的驱动程序。这些驱动程序大多数都提供比使用 JDBC-ODBC 驱动程序更好的性能。此类 JDBC 驱动程序部分用 Java 编写,将 JDBC API 转换成特定数据的本地客户端的数据 API,而不需要通过 ODBC 驱动程序。本地 JDBC API Driver 驱动原理如图 7-9 所示:

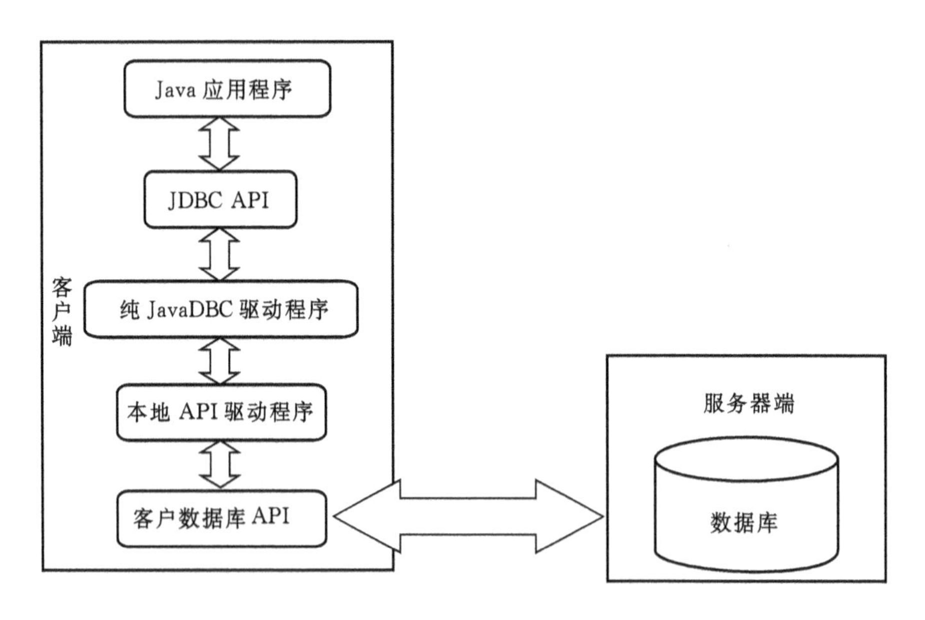

图 7-9 本地 JDBC API Driver 驱动原理

类型3:JDBC网络纯Java驱动程序

网络协议JDBC驱动程序,是将JDBC API方法调用按照一个独立于数据库系统生产厂商的网络协议,发送到中间的一台服务器上,这台服务器将这些方法调用转换成对特定数据库系统的方法使用调用,这是最为灵活的JDBC驱动程序。其工作原理如图7-10所示:

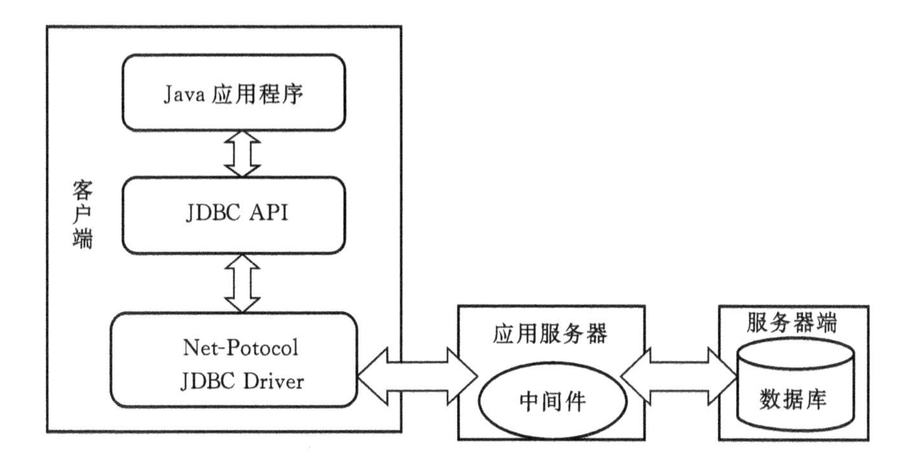

图7-10 网络协议JDBC驱动工作原理

类型4:本地协议纯Java驱动程序

本地协议纯Java驱动程序,这种类型的驱动程序将JDBC调用直接转换为DBMS所使用的专用网络协议,这将允许从客户机机器上直接调用DBMS服务器,是Internet访问的一个很实用的解决方法。纯JDBC Driver工作原理如图7-11所示:

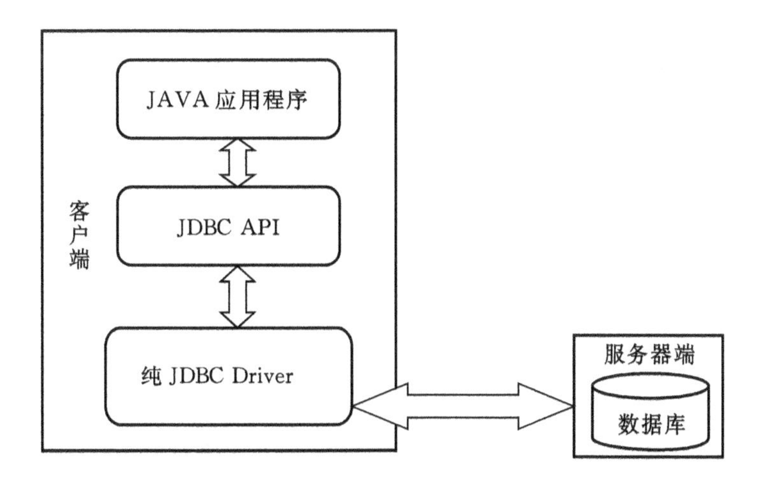

图7-11 纯JDBC Driver工作原理

下表总结了各类驱动器的优缺点：

表 7－2　Map 更新方法：可以更改 Map 内容

驱动器类型	优点	缺点
1	允许 Java 程序代码使用任何提供 ODBC 驱动程序的数据库	性能不如其他类型驱动器
2	性能通常比较好	使用本地代码，依赖于平台
3	依赖于平台	同时需要客户及其对应的服务器实现方案
4	依赖于平台	性能通常不如其他类型的驱动器

从表中可以看出第 3、4 类驱动程序将成为从 JDBC 访问数据库的首选方法。第 1、2 类驱动程序在直接的纯 Java 驱动程序还没有上市前将会作为过渡方案来使用。

7.4.2　JDBC 的主要接口和类

JDBC API 所有的类和接口都定义在 Java. sql 和 Javax. sql 这两个包中。其中，Java. sql 包中定义的类和接口采用的是 C/S 体系结构，它的功能主要针对基本数据库操作，如连接数据库，执行 SQL 语句以及准备语句和运行批处理查询结构等功能。而 Javax. sql 包同 Java. sql 包相比，为连接和管理、分布式事务处理连接提供了更好的抽象，同时引入了容器管理功能。在 JDBC 编程中，经常使用的主要类和接口如表 7－3 所示：

表 7－3　Map 更新方法：可以更改 Map 内容

接口	作用
Java. sql. DriverManager	处理驱动程序的加载和建立新数据库连接
Java. sql. Connection	处理与特定数据库的连接
Java. sql. Statement	在指定连接中处理 SQL 语句
Java. sql. Result Set	处理数据库操作结果集

其中 Java. sql. Statement 有两个子接口：

(1)Java. sql. PreparedStatement：用于预处理编译的 SQL 语句；

(2)Java. sql. CallableStatement：用于处理数据库存储功能。

1. DriverManager 类

Java. sql. DriverManager 类是 JDBC 的管理器，负责管理 JDBC 驱动程序，跟踪可用的驱动程序，并在数据库和相应驱动程序之间建立连接。另外 DriverManager 类还处理如驱动程序登录时间限制和跟踪消息的显示事物。如果要使用 JDBC 驱动程序，必须要加载 JDBC 驱动程序并向 DriverManager 注册。加载和注册驱动程序可以用 Class. forName() 方法来完成。DriverManager 类直接继承自 Java. lang. object，其主要成员方法如表 7－4 所示：

表 7-4 DriverManager 类的主要成员方法

方法	含义
Static void deregisterDriver(Driver driver)	从数据库驱动程序列表中删除指定的数据库驱动程序
Static Connection getConnection(Sting url)	通过指定的数据 URL 创建数据库连接
Static Connection getConnection (Sting url, propeties info)	通过指定的数据 URL 及属性信息创建数据连接
Static Connection getConnection(Sting url, Sting username, String password)	通过指定的数据 URL 及用户名、密码创建数据库连接
Static Driver getDriver(String URL)	通过指定的 URL 获取数据库驱动程序
Static Enumeration getDrive()	获取数据库驱动程序的枚举
Static int getLoginTimeout()	获取连接数据库是驱动程序可以等待的最长时间,以秒为单位
Static int setLoginTimeout()	设置连接数据库时驱动程序可以等待最长时间,以秒为单位
Static void registerDriver(Driver driver)	注册数据库驱动程序
Static PrintWriter getLogWriter()	取得数据库日志输出流
Static void SetLogWrite(PrintWrite out)	设置数据库日志输出流

对于简单的应用程序,程序开发人员需要在此类中直接使用的惟一方法是 DriverManager. getConnection(),该方法是用来建立与数据库的连接的。JDBC 允许用户调用 DriverManager 的方法有 getDriver、getDrivers 和 registerDriver 及 Driver 的方法 connect。但多数情况下,最好让 DriverManager 类管理建立连接的细节。

2. Connection 接口

Java. sql. Connection 接口是数据库对话的 JDBC 表示,负责建立与指定数据库的连接。Java. sql. Connection 接口提供的常用方法如下表所示:

表 7-5 Connection 接口的常用方法

方法	含义
void clearWarnings()	清除连接的所有警告信息
Statement createStatement()	创建一个 statement 对象
Statement createStatement(intresultSetType, int resultSetConcurrency)	创建一个 statement 对象,它将生成具有特定类型和并发性的结果集
void commit()	提交对数据库的改动并释放当前连接持有的数据库的锁

方法	含义
void rollback()	回滚当前事务中的所有改动并释放当前连接持有的数据库的锁
String getCatalog()	获取连接对象的当前目录名
boolean isClosed()	判断连接是否已关闭
boolean isReadOnly()	判断连接是否为只读模式
void setReadOnly()	设置连接的只读模式
void close()	立即释放连接对象的数据库和 JDBC 资源

3. Statement 接口

Statement 用于在已经建立的连接基础上向数据库发送 SQL 语句的对象。它只是一个接口的定义，其中包括了执行 SQL 语句和获取返回结果的方法。实际上有 3 种 Statement 对象：Statement、PreparedStatement（继承自 Statement ）和 CallableStatement（继承自 PreparedStatement）。它们都作为在给定连接上执行 SQL 语句的容器，每个都专用于发送特定类型的 SQL 语句：Statement 对象用于执行不带参数的简单 SQL 语句，提供了执行语句和获取结果的基本方法；PreparedStatement 对象用于执行带或不带 IN 参数的预编译 SQL 语句；CallableStatement 对象用于执行对数据库存储过程的调用，添加了处理 OUT 参数的方法。

创建 statement 对象的方法如下：Statement stmt = con. createStatement()；

Statement 接口定义中包括的方法如表 7-6 所示：

表 7-6　Statement 接口的方法

方法	含义
void addBatch(String sql)	在 Statement 语句中增加用于数据库操作的 SQL 批处理语句
void cancel()	取消 Statement 中的 SQL 语句指定的数据库操作命令
void clearBatch()	清除 Statement 中的 SQL 批处理语句
void clearWarnings()	清除 Statement 语句中的操作引起的警告
void close()	关闭 Statement 语句指定的数据库连接
boolean execute(String sql)	执行 SQL 语句
int[] executeBatch()	执行多个 SQL 语句
ResultSet executeQuery(String sql)	进行数据库查询，返回结果集
int executeUpdate(String sql)	进行数据库更新
Connection getConnection()	获取对数据库的连接
int getFetchDirection()	获取从数据库表中获取行数据的方向
int getFetchSize()	获取返回的数据库结果集行数
int getMaxFieldSize()	获取返回的数据库结果集的最大字段数

方法	含义
int getMaxRows()	获取返回的数据库结果集的最大行数
boolean getMoreResults()	获取 Statement 的下一个结果
int getQueryTimeout()	获取查询超时设置
ResultSet getResultSet()	获取结果集
int getUpdateCount()	获取更新记录的数量
void setCursorName(String name)	设置数据库 Cursor 的名称
void setFetchDirection(int dir)	设置数据库表中获取行数据的方向
void setFetchSize(int rows)	设置返回的数据库结果集行数
void setMaxFieldSize(int max)	设置最大字段数
void setMaxRows(int max)	设置最大行数
void setQueryTimeout(int seconds)	设置查询超时时间

值得注意的是，Statement 接口提供了 3 种执行 SQL 语句的方法：executeQuery、executeUpdate 和 execute。使用哪一个方法，由 SQL 语句所产生的内容决定。executeQuery 方法用于产生单个结果集的 SQL 语句，如 SELECT 语句；executeUpdate 方法用于执行 INSERT、UPDATE、DELETE 及 DDL(数据定义语言)语句，例如 CREATE TABLE 和 DROP TABLE，executeUpdate 的返回值是一个整数，表示它执行的 SQL 语句所影响的数据库中的表的行数(更新计数)。Execute 方法用于执行返回多个结果集或多个更新计数的语句。PreparedStatement 接口继承了 Statement 接口，但 PreparedStatement 语句中包含了经过预编译的 SQL 语句，因此可以获得更高的执行效率。在 PreparedStatement 语句中可以包含多个用“?”代表的字段，在程序中可以利用 setXXX 方法设置该字段的内容，从而增强了程序设计的动态性。PreparedStatement 接口的主要成员方法及其含义如表 7-7 所示：

表 7-7　PreparedStatement 接口的主要方法

方法	含义
void addBatch(String sql)	在 Statement 语句中增加用于数据库操作的 SQL 批处理语句
void clearparameters()	清除 PreparedStatement 中的设置参数
ResultSet executeQuery(String sql)	执行 SQL 查询语句
ResultSetMetaData getMetaData()	进行数据库查询，获取数据库元数据
void setArray(int index, Array x)	设置为数组类型
void setAsciiStream(int index, InputStream stream, int length)	设置为 ASCII 输入流
void setBigDecimal(int index, BigDecimal x)	设置为十进制长类型

方法	含义
void setBinaryStream(int index, InputStream stream, int length)	设置为二进制输入流
void setCharacterStream(int index, InputStream stream, int length)	设置为字符输入流
void setBoolean(int index, boolean x)	设置为逻辑类型
void setByte(int index, byte b)	设置为字节类型
void setBytes(int byte[] b)	设置为字节数组类型
void setDate(int index, Date x)	设置为日期类型
void setFloat(int index, float x)	设置为浮点类型
void setInt(int index, int x)	设置为整数类型
void setLong(int index, long x)	设置为长整数类型
voidsetRef(int index, int ref)	设置为引用类型
void setShort(int index, short x)	设置为短整数类型
void setString(int index, String x)	设置为字符串类型
void setTime(int index, Time x)	设置为时间类型

PreparedStatement 与 Statement 的区别在于它构造的 SQL 语句不是完整的语句，而需要在程序中进行动态设置。这一方面增强了程序设计的灵活性；另一方面，由于 PreparedStatement 语句是经过预编译的，因此它构造的 SQL 语句的执行效率比较高。所以对于某些使用频繁的 SQL 语句，用 PreparedStatement 语句比用 Statement 具有明显的优势。

使用 PreparedStatement 对象增加数据表记录与使用 Statement 类似，只是创建 SQL 语句时，可以带参数（以“?”表示）。插入时通过更改参数实现记录的更新。

【例 7-1】 PreparedStatement 对象使用

```
1:     String sql = "insert into xsda(classID,name,sex,birthDate,isMember,
       addre ss,resume) values(?,?,?,?,?, ?, '')";
2:     PrepareStatment pstmt = ConnectServer. con. prepareStatement(sql);
3:     pstmt. setInt(1, 14);
4:     pstmt. setString(2, '黄少军');
5:     pstmt. setString(3, '男');
6:     pstmt. setString(4, '1987-4-10');
7:     pstmt. setString(5, '上海');
8:     pstmt. setInt(6, 0);
9:     int rowCount = pstmt. executeUpdate();
10:    if(rowCount>0) System. out. println("成功插入记录");
```

CallableStatement 对象用于执行数据库已存储过程的调用。在 CallableStatement 对象中，有一个通用的成员方法 call，这个方法用于以名称的方式调用数据库中的存储过程。在数据库调用过程中，可以通过设置 IN 参数向调用的存储过程提供执行所需的参数。另外，在存储过程的调用中，通过 OUT 参数获取已存储过程的执行结果。

CallableStatement 接口的主要成员方法及其含义如表 7-8 所示：

表 7-8　CallableStatement 接口的主要方法

方法	含义
Array getArray(int I)	获取数组
BigDecimal getBigDecimal(int index, int scale)	获取十进制小数
boolean getBoolean(int index)	获取逻辑类型
byte getByte(int index)	获取字节类型
Date getDate(int index) Date getDate(int index, Calendar cal)	获取日期类型
double getDouble(int index)	获取日期类型双精度类型
float getFloat(int index)	获取日期类型浮点类型
int getint(int index)	获取日期类型整数类型
long getLong(int index) Object getObject(int index)	获取日期类型长整数类型
Object getObject(int index, Map map)	获取对象类型
Ref getRef(int I)	获取日期类型 Ref 类型
short getShort(int index)	获取日期类型短整数类型
String getString(int index)	获取日期类型字符串类型
Time getTime(int index) Time getTime(int index, Calendar cal)	获取时间类型
void registerOutputParameter(int index) void registerOutputParameter(int index, int type) void registerOutputParameter(int index, int type, int scale)	注册输出参数

CallableStatement 对象是用 Connection 的 prepareCall 方法创建的。下例创建 CallableStatement 的实例，其中含有对已储存过程 getTestData 调用。该过程有两个变量，但不含结果参数：

```
CallableStatement cstmt = con. prepareCall("{call getTestData(?, ?)}");
```

其中？占位符为 IN、OUT 还是 INOUT 参数，取决于已储存过程 getTestData。

将 IN 参数传给 CallableStatement 对象是通过 setXXX 方法完成的。该方法继承自 PreparedStatement。所传入参数的类型决定了所用的 setXXX 方法(例如，用 setFloat 来传入 float 值等)。

如果已储存过程返回 OUT 参数，则在执行 CallableStatement 对象以前必须先注册每个 OUT 参数的 JDBC 类型(这是必须的，因为某些 DBMS 要求 JDBC 类型)。注册 JDBC 类型是用 registerOutParameter 方法来完成的。语句执行完后，CallableStatement 的 getXXX 方法将取回参数值。正确的 getXXX 方法是为各参数所注册的 JDBC 类型所对应的 Java 类型。换言之，registerOutParameter 使用的是 JDBC 类型(因此它与数据库返回的 JDBC 类型匹配)，而 getXXX 将之转换为 Java 类型。

【例 7-2】 CallableStatement 对象的 OUT 参数使用

```
CallableStatement cstmt = con. prepareCall("{call getTestData(?, ?)}");
cstmt. registerOutParameter(1, Java. sql. Types. TINYINT);
cstmt. registerOutParameter(2, Java. sql. Types. DECIMAL, 3);
cstmt. executeQuery();
byte x = cstmt. getByte(1);
Java. math. BigDecimal n = cstmt. getBigDecimal(2, 3);
```

CallableStatement 与 ResultSet 不同，它不提供用增量方式检索 OUT 值的特殊机制，CallableStatement 只能获得一行符合检索条件的值。

上述代码先注册 OUT 参数，执行由 cstmt 所调用的已储存过程，然后检索在 OUT 参数中返回的值。方法 getByte 从第一个 OUT 参数中取出一个 Java 字节，而 getBigDecimal 从第二个 OUT 参数中取出一个 BigDecimal 对象(小数点后面带三位数)。

4. ResultSet 接口

结果集(ResultSet)用来暂时存放数据库查询操作获得的结果。它包含了符合 SQL 语句中条件的所有行，并且它提供了一套 get 方法对这些行中的数据进行访问。ResultSet 类的主要成员方法及其含义如表 7-9 所示：

表 7-9 ResultSet 的主要方法

方法	含义
boolean absolute(int row)	将指针移动到结果集对象的某一行
void afterLast()	将指针移动到结果集对象的末尾
void beforeFirst()	将指针移动到结果集对象的头部
boolean first()	将指针移动到结果集对象的第一行
Array getArray(int row)	获取结果集中的某一行并将其存入一个数组
boolean getBoolean(int columnIndex)	获取当前行中某一列的值，返回一个布尔型值
byte getByte(int columnIndex)	获取当前行中某一列的值，返回一个字节型值
short getShort(int columnIndex)	获取当前行中某一列的值，返回一个短整型值
int getInt(int columnIndex)	获取当前行中某一列的值，返回一个整型值
long getLong(int columnIndex)	获取当前行中某一列的值，返回一个长整型值
double getDouble(int columnIndex)	获取当前行中某一列的值，返回一个双精度型值
float getFloat(int columnIndex)	获取当前行中某一列的值，返回一个浮点型值
String getString(int columnIndex)	获取当前行中某一列的值，返回一个字符串
Date getDate(int columnIndex)	获取当前行中某一列的值，返回一个日期型值
Object getObject(int columnIndex)	获取当前行中某一列的值，返回一个对象

方法	含义
Statement getStatement()	获得产生该结果集的 Statement 对象
URL getURL(int columnIndex)	获取当前行中某一列的值，返回一个 Java. net. URL 型值
boolean isBeforeFirst()	判断指针是否在结果集的头部
boolean isAfterLast()	判断指针是否在结果集的末尾
boolean isFirst()	判断指针是否在结果集的第一行
boolean isLast()	判断指针是否在结果集的最后一行
boolean last()	将指针移动到结果集的最后一行
boolean next()	将指针移动到当前行的下一行
boolean previous()	将指针移动到当前行的前一行

从表中可以看出，ResultSet 类不仅提供了一套用于访问数据的 get 方法，还提供了很多移动光标(cursor)的方法。cursor 是 ResultSet 维护的指向当前数据行的指针。最初它位于第一行之前，因此第一次访问结果集时通常调用 next 方法将指针置于第一行上，使它成为当前行。随后每次调用 next 指针向下移动一行。

7.4.3 Java 中的 JDBC 对象

Java 语言也提供了一些应用程序中可以直接使用的对象。这些对象大多是在进行数据库编程时必须用到的，都是数据库中特定的数据类型。通过这些对象程序员可以直接参与数据库中的相应对象操作。

1. Date 对象

这类对象的父类是 Java 语言中通用的 Date 对象，是一个通常意义上的日期类型的对象，通过定义这个类，在 JDBC 中可以用来作为识别 SQL Date 的标志。

2. DriverManager 对象

该对象提供了连接数据库的另一种方式，它主要用来管理 JDBC 的 Driver 对象，连接数据库。通过这个对象的定义可以设定特有的数据库驱动程序和连接信息。

3. DriverPropetyInfo 对象

该对象主要提供给一些对 Java 语言非常熟悉的程序员来使用，高级程序员可以通过 DriverProertyInfo 对象管理 Driver 对象中的特定属性。一般程序员可以通过方法 getDriverProerties 来对 Driver 对象中特定的属性进行管理和设置。

4. SQLPermission 对象

该对象用来防止系统在处理 DriverManager 中的方法时抛出异常。如果不使用这个类来定义一个 SQLPermission 对象，那么我们在处理 DriverManager 时就会抛出一个 Java. lang. SecurityException 的异常，它称为系统超时错误。因此这个对象主要用来处理在数据连接时的异常。

5. Time 对象

该对象的父类是 Java 语言中的 Date 对象。这个对象提供了在数据库操作中处理 Time 类型数据的方法。同时这个类也是一个轻量级构造器，通过它我们可以处理数据库中的时间类型数据。

6. Timestamp 对象

该对象用于从数据库中读取时间类型的数据值。同时也提供了将两个 Timestamp 对象进行比较的方法。

7. Types 对象

Types 对象中包含了一个预定义的整数列表，它继承了 Object 类的属性，用于标志 JDBC 应用程序中可用的各种数据类型。我们经常需要在 JDBC API 的方法中使用这些整数数值或识别指定的特定数据类型。

7.4.4 事务

事务是构成单一逻辑工作单位的操作集合。已提交的事务是指成功执行完毕的事务，未能成功完成的事务称为中止事务，对中止事务造成的变更需要进行撤销处理，称为事务回滚。

事务具有 ACID 4 个特性：原子性、一致性、隔离性、持久性。

在 JDBC 的事物处理中，可以应用保存点技术，对一个事物中的处理进行部分提交，事物处理并提交时应注意以下几点：

(1)开始要把 connection 设置成不自动提交；

(2)中间设定保存点；

(3)回滚的地方要使用保存点；

(4)最后进行 commit。

如下示例：

```
1:    //获取并记录事务提交状态
2:    booleanAutoCommit = conn. getAutoCommit();
3:    conn. setAutoCommit(false);
4:    //添加批处理语句
5:    stmt. executeUpdate(insertSql1);
6:    //设置保存点
7:    s1 = conn. setSavepoint();
8:    stmt. executeUpdate(insertSql2);
9:    //回滚保存点
10:   if(true){
11:   conn. rollback(s1);
12:   }
13:   //如果顺利执行则在此提交
14:   conn. commit();
15:   //恢复原有事务提交状态
16:   conn. setAutoCommit(autoCommit);
17:   //关闭连接
```

```
18:    DBUtil.closeConnection(conn);
```

7.4.5 利用 JDBC 访问数据库

使用 JDBC 访问数据库的基本步骤一般如下：

(1)加载 JDBC 驱动程序；

(2)建立数据库连接；

(3)创建 Statement 对象；

(4)执行 SQL 语句；

(5)处理返回结果；

(6)关闭创建的对象。

下面通过一个简单的例子说明 JDBC 的基本使用。

【例 7-3】 JDBC 访问数据库

```
1:    mport Java.sql.*;
2:    public class AccEmpl
3:    {
4:    public static void main(String[]args)throws Exception //主程序开始
5:    {
6:      Connection con;//数据库连接对象(代表与某数据库的一个连接)
7:      Statement stmt;//语句对象(可以接收和执行一条 SQL 语句)
8:      ResultSet rs; //结果集对象(保存查询返回的结果)
9:
10:     //加载数据库驱动程序
11:     DriverManager.registerDriver(new sun.jdbc.odbc.JdbcOdbcDrier
        ());
12:     //建立一个数据库连接(连接到某一具体数据库)
13:     con = DriverManager.getConnection("jdbc:odbc:employee") //注意
        设置 employee 数据源
14:     stmt = con.createStatement();//创建 Statement 对象
15:     rs = stmt.executeQuery("SELECT ename,brithday,sal From emp");//
        执行查询
16:     while(rs.next( )) //显示查询结果
17:     {
18:       System.out.print(rs.getString("ename") + " ");
19:       System.out.print(rs.getDate("brithday") + " ");
20:       System.out.print(rs.getInt("sal"));
21:     };
22:   }
23: }
```

从程序中可以看出,Java. sql 库提供了 JDBC 接口。

程序的第 11 句是调用 DriverManager 类的静态方法 registerDriver 注册一个数据库的驱动程序;第 13 句是调用 DriverManager 类的静态方法 getConnection 建立一个数据库连接,该方法返回一个 Connection 对象;第 15 句是利用 Connection 对象的 createStatement 创建一个 Statement 对象,该对象可以向数据库发送一条要执行的 SQL 语句;第 16 句就是利用 Statement 对象的方法执行一条查询语句,并返回一个包含查询结果 ResultSet 对象;第 17~21 句是利用 ResultSet 对象的有关方法取出结果集中的数据并在终端输出。

7.5 Java 数据库应用案例

1. 在 Java 中执行查询

利用 Connection 对象的 createStatement 方法建立 Statement 对象,再利用 Statement 对象的 executeQuery()方法执行 SQL 语句进行查询,返回结果集,最后利用形如 getXXX()的方法从结果集中读取数据。

```
import javax.swing.JOptionPane;
public class ConnectServer {
static Connection con = null;
public static boolean conn(String url, String username, String password) {
    try {
      Class.forName("com.microsoft.jdbc.sqlserver.SQLServerDriver");
    } catch (Exception e) {
      e.printStackTrace();
      return false;
    }
    try {
      con = DriverManager.getConnection(
"jdbc:microsoft:sqlserver://localhost:1433;DatabaseName = xsgl","sa", "");
    } catch (Exception e) {
      e.printStackTrace();
      return false;
    }
    return true;
  }

  public static boolean close() {
    try {
      con.close();
      con = null;
    } catch (Exception e) {
```

```
        return false;
      }
    return true;
  }
```

【例 7－4】 利用 ConnectServer 类建立连接，读取学生档案(xsda)表中的数据，显示在窗体中，并且能够前后移动记录。

```
1:   import java. awt. * ;
2:   import java. awt. event. * ;
3:   import javax. swing. * ;
4:   import java. util. * ;
5:   import java. sql. * ;
6:           public   class   StudentDataWindow   extends   JFrame
             implements ActionListener
7:   {
8:   String title[] = {"班级:","学号:","姓名:","性别:","出生日期:","团员
     否:","家庭地址:","简历:"};
9:   JTextField txtClassID = new JTextField(2);
10:  JTextField txtNo = new JTextField(2);
11:  JTextField txtName = new JTextField(10);
12:  JTextField txtSex = new JTextField(3);
13:  JTextField txtBirthDate = new JTextField(10);
14:  JTextField txtIsMember = new JTextField(2);
15:  JTextField txtAddress = new JTextField(30);
16:  JTextArea txtResume = new JTextArea();
17:  JButton next = new JButton("下一页");
18:  JButton prev = new JButton("上一页");
19:  JButton first = new JButton("首页");
20:  JButton last = new JButton("尾页");
21:  Statement stmt;
22:  ResultSet rs;
23:  StudentDataWindow()
24:  {
25:    super("学生档案信息查看窗口");
26:    setSize(450,395);
27:    try
28:    {
29:        stmt = ConnectServer. con. createStatement(ResultSet. TYPE_
```

```
         SCROLL_SENSITIVE,
30:      ResultSet. CONCUR_READ_ONLY);//创建 Statment 对象,指定记录集可滚
         动,但只读
31:        rs = stmt. executeQuery("select * from xsda"); //执行查询,返回
           结果集
32:        Container con = getContentPane();
33:        con. setLayout(new BorderLayout(0,8));//BorderLayout 水平间距 0
           垂直间距 8
34:        JPanel p[] = new JPanel[7];
35:        for(int i = 0;i<7;i + + )
36:        {
37:          p[i] = new JPanel(new FlowLayout(FlowLayout. LEFT,10,0));水平
             10 垂直 0
38:          p[i]. add(new JLabel(title[i]));
39:        }
40:        p[0]. add(txtClassID);
41:        p[1]. add(txtNo);
42:        p[2]. add(txtName);
43:        p[3]. add(txtSex);
44:        p[4]. add(txtBirthDate);
45:        p[5]. add(txtIsMember);
46:        p[6]. add(txtAddress);
47:        JPanel p1 = new JPanel(new GridLayout(7,1,0,8));//7 行 1 列水平
           间距 0 垂直间距 8
48:          JScrollPane jp = new JScrollPane ( txtResume, JScrollPane.
             VERTICAL _ SCROLLBAR _ ALWAYS, JScrollPane. HORIZONTAL _
             SCROLLBAR_NEVER);
49:        jp. setPreferredSize(new Dimension(380,80));
50:        for(int i = 0;i<7;i + + )
51:        p1. add(p[i]);
52:        JPanel p2 = new JPanel(new FlowLayout(FlowLayout. LEFT,10,0));
53:        p2. add(new JLabel(title[7]));
54:        p2. add(jp);
55:        JPanel p3 = new JPanel();
56:        p3. add(prev);
57:        p3. add(next);
58:        p3. add(first);
59:        p3. add(last);
```

```
60:         con. add(p1,"North");
61:         con. add(p2,"Center");
62:         con. add(p3,"South");
63:         next. addActionListener(this);
64:         prev. addActionListener(this);
65:         first. addActionListener(this);
66:         last. addActionListener(this);
67:         rs. first();
68:         loadData();
69:       }catch(Exception e)
70:       {
71:         e. printStackTrace();
72:       }
73:       setVisible(true);
74:     }
75:     boolean loadData()
76:     {//读结果集中数据,并设置到相应的组件
77:       try
78:       {
79:         txtNo. setText(rs. getString("no"));
80:         txtClassID. setText(rs. getString("classID"));
81:         txtName. setText(rs. getString("name"));
82:         txtSex. setText(rs. getString("sex"));
83:         txtBirthDate. setText(rs. getString("birthDate"));
84:         txtAddress. setText(rs. getString("address"));
85:         txtIsMember. setText(rs. getString("isMember"));
86:         txtResume. setText(rs. getString("resume"));
87:       }catch(SQLException e)
88:       {
89:         e. printStackTrace();
90:         return false;
91:       }
92:       return true;
93:     }
94:     public void actionPerformed(ActionEvent e)
95:     {
96:       try
97:       {
```

```
98:         if(e. getSource() = = next)
99:           rs. next(); //下一记录
100:        else if(e. getSource() = = prev)
101:          rs. previous(); //前一记录
102:        else if(e. getSource() = = first)
103:          rs. first(); //首记录
104:        else if(e. getSource() = = last)
105:          rs. last(); //尾记录
106:        loadData(); //重新读取数据
107:      }
108:      catch(Exception ee){}
109:    }
110:    public static void main(String args[])
111:    {
112:      JFrame. setDefaultLookAndFeelDecorated(true);
113:      Font font = new Font("JFrame", Font. PLAIN, 14);
114:      Enumeration keys = UIManager. getLookAndFeelDefaults(). keys();
115:      while (keys. hasMoreElements())
116:      {
117:        Object key = keys. nextElement();
118:          if (UIManager. get (key) instanceof Font) UIManager. put (key,
          font);
119:      }
120:      if(! ConnectServer. conn("jdbc:microsoft:sqlserver://localhost:
        1433;DatabaseName = xsgl","sa",""))
121:        {
122:          JOptionPane. showMessageDialog(null,"数据库连接不成功!");
123:          System. exit(0);
124:        }
125:        StudentDataWindow mainFrame = new StudentDataWindow();
126:      }
127:    }
```

为了方便,案例中的组件全部采用文本组件。在实际应用中,也经常使用其他组件。例如,性别用单选按钮。如果改成单选按钮,男和女两个单选钮要建立成组,并根据数据库中读出的数据,设置其选中状态。读者可参考下一案例。

2. 在 Java 中更新、添加和删除记录

【例 7-5】 数据的更新包括表的创建、删除及记录的增、删、改操作。本例实现了对数据的更新操作,界面上的组件更加丰富。

利用 Connection 对象的 createStatement 方法建立 Statement 对象，再利用 Statement 对象的 executeUpdate()的方法执行 update 语句，实现数据修改；执行 insert 语句，实现数据添加。

```
1:    import java. awt. * ;
2:    import java. awt. event. * ;
3:    import javax. swing. * ;
4:    import java. util. * ;
5:    import java. sql. * ;
6:    class StudentDataUpdate extends JFrame implements ActionListener
7:    {
8:      String title[] = {"班级","学号","姓名","性别","出生日期","团员否","
        家庭地址","简历"};
9:      JComboBox combClassID = new JComboBox();
10:     JTextField txtNo = new JTextField(2);
11:     JTextField txtName = new JTextField(10);
12:     JTextField txtBirthDate = new JTextField(10);
13:     JTextField txtAddress = new JTextField(30);
14:     JTextArea txtResume = new JTextArea();
15:     JRadioButton radioSexM = new JRadioButton("男",true);
16:     JRadioButton radioSexF = new JRadioButton("女",false);
17:     JCheckBox checkIsMember = new JCheckBox("",false);
18:     JButton ok = new JButton("保存");
19:     JButton cancel = new JButton("取消");
20:     Statement stmt;
21:     ResultSet rs;
22:     int No;
23:     StudentDataUpdate(int No)
24:     {
25:       this. No = No;
26:       if(No = = - 1)
27:       setTitle("添加学生档案窗口");
28:       else setTitle("修改学生档案窗口");
29:       try
30:       {
31:         Container con = getContentPane();
32:         con. setLayout(new BorderLayout(0,5)); //设置边界布局
33:        stmt = ConnectServer. con. createStatement(ResultSet. TYPE_
           SCROLL_SENSITIVE,ResultSet. CONCUR_UPDATABLE); //建立可滚动
```

```
            并且可更新的结果集
34:         rs = stmt. executeQuery("select name from classclass order by
            ID asc");
35:         while(rs. next())
36:         {
37:           //将班级信息添入到下拉列表中
38:           combClassID. addItem(rs. getString(1));
39:         }
40:         ButtonGroup bgp = new ButtonGroup(); //为单选钮分组
41:         bgp. add(radioSexM);
42:         bgp. add(radioSexF);
43:         setSize(450,410);
44:         JPanel p[] = new JPanel[7];
45:         for(int i = 0;i<7;i + + )
46:         {
47:           p[i] = new JPanel(new FlowLayout(FlowLayout. LEFT,10,0));
48:           p[i]. add(new JLabel(title[i]));
49:         }
50:         p[0]. add(combClassID);
51:         p[1]. add(txtNo);
52:         p[2]. add(txtName);
53:         p[3]. add(radioSexM);
54:         p[3]. add(radioSexF);
55:         p[4]. add(txtBirthDate);
56:         p[5]. add(checkIsMember);
57:         p[6]. add(txtAddress);
58:         JPanel p1 = new JPanel(new GridLayout(7,1,0,5));
59:         for(int i = 0;i<7;i + + )
60:           p1. add(p[i]);
61:          JPanel p2 = new JPanel(new FlowLayout(FlowLayout. LEFT,10,
         0));
62:           JScrollPane jp = new JScrollPane(txtResume, JScrollPane.
           VERTICAL _ SCROLLBAR _ ALWAYS, JScrollPane. HORIZONTAL _
           SCROLLBAR_NEVER);
63:         jp. setPreferredSize(new Dimension(370,80));
64:         p2. add(new JLabel(title[7]));p2. add(jp);
65:         JPanel p3 = new JPanel();
66:         p3. add(ok);p3. add(cancel);
```

```
67:         con. add(p1,"North");
68:         con. add(p2,"Center");
69:         con. add(p3,"South");
70:         ok. addActionListener(this);
71:         cancel. addActionListener(this);
72:         if(No!  = - 1)
73:         {
74:           rs = stmt. executeQuery("select classclass. name,xsda. no,
              xsda. name, xsda. sex, xsda. birthDate, xsda. isMember,
              speciality. specialityName,xsda. ddress,xsda. resume from
              xsda, speciality, classclass where xsda. classID = class
              class. ID and xsda. speciality = speciality. specialityID
              and xsda. No =" + No);
75:          rs. first();
76:          loadData();
77:          txtNo. setEditable(false);
78:         }
79:         rs. close();
80:       }catch(Exception e)
81:       {
82:         e. printStackTrace();
83:       }
84:       setVisible(true);
85:     }
86:     boolean loadData()
87:     { //将数据填到组件
88:       try
89:       {
90:         combClassID. setSelectedItem(rs. getString(1));
91:         txtNo. setText(rs. getString(2));
92:         txtName. setText(rs. getString(3));
93:         if(rs. getString(4). equals("男"))
94:           radioSexM. setSelected(true);
95:         else
96:           radioSexF. setSelected(true);
97:         txtBirthDate. setText(rs. getString(5));
98:         if(rs. getString(6). toUpperCase(). equals("Y"))
99:           checkIsMember. setSelected(true);
```

```
100:        else
101:          checkIsMember. setSelected(false);
102:        txtAddress. setText(rs. getString(8));
103:        txtResume. setText(rs. getString(9));
104:      }catch(SQLException e)
105:        {
106:          e. printStackTrace();
107:          return false;
108:        }
109:      return true;
110:    }
111:      public void actionPerformed(ActionEvent e)
112:      {
113:        try
114:        {
115:          if(e. getSource() = = ok)
116:          {
117:            String sex,isMember;
118:            int classID;
119:                Statement stmt = ConnectServer. con. createStatement
                    (ResultSet. TYPE_SCROLL_SENSITIVE,ResultSet. CONCUR_
                    UPDATABLE);
120:            ResultSet rs = stmt. executeQuery("select id from classclass
            where name = '" + combClassID. getSelectedItem() + "'");
121:            rs. first();
122:            classID = rs. getInt(1);
123:            if(radioSexM. isSelected())
124:              sex = "男";
125:            Else
126:              sex = "女";
127:            if(checkIsMember. isSelected())
128:              isMember = "Y";
129:            Else
130:              isMember = "N";
131:            String sql;
132:            if(No = = - 1)
133:            {
134:              //添加记录
```

```
135:    sql =" insert into xsda (classID, name, sex, birthDate, isMember,
        address,resume)";
136:             sql = sql +" values(" + classID + ",'" + txtName. getText()
              +"','" + sex;
137:               sql = sql +"','" + txtBirthDate. getText ( ) +"','" +
               isMember +"','";
138:              sql = sql + txtAddress. getText ( ) +"','" + txtResume.
              getText() +"')";
139:           }
140:           else
141:           {
142:             //修改记录
143:             sql ="update xsda set classID =" + classID;
144:             sql = sql +",Name ='" + txtName. getText();
145:       sql = sql +"', sex ='" + sex +"', birthDate ='" + txtBirthDate.
        getText();
146:              sql = sql +"',isMember ='" + isMember ;
147:        sql = sql +"',address ='" + txtAddress. getText();
148:            sql = sql +"',resume ='" + txtResume. getText() +"' where no ="
             + No;
149:            }
150:            stmt. executeUpdate(sql); //执行 SQL 语句
151:          }
152:          else if(e. getSource() = = cancel)
153:              dispose();
154:        }catch(Exception ee)
155:        {
156:            ee. printStackTrace();
157:        }
158:    }
159:   public static void main(String args[])
160:   {
161:     JFrame. setDefaultLookAndFeelDecorated(true);
162:     Font font = new Font("JFrame", Font. PLAIN, 14);
163:     Enumeration keys = UIManager. getLookAndFeelDefaults(). keys();
164:     while (keys. hasMoreElements())
165:     {
166:       Object key = keys. nextElement();
```

```
167:        if(UIManager.get(key) instanceof Font)UIManager.put(key, font);
168:      }
169:    if(! ConnectServer.conn("jdbc:microsoft:sqlserver://localhost:
        1433;DatabaseName=xsgl","sa","1"))
170:      {
171:        JOptionPane.showMessageDialog(null,"数据库连接不成功!");
172:        System.exit(0);
173:      }
174:      //new StudentDataUpdate(-1);
175:      //添加新记录的调用方法
176:      new StudentDataUpdate(2);
177:      //修改学号为2的记录
178:      }
179:  }
```

使用PreparedStatement对象删除数据表记录，与使用Statement类似，只是创建SQL语句时，可以带参数(以"?"表示)。

```
1:    String sql = "delete from where name = ?";
2:    PreparedStatment pstmt = ConnectServer.con.prepareStatement(sql);
3:    pstmt.setString(1, '黄小华');
4:    int rowCount = pstmt.executeUpdate();
5:    if(rowCount>0)System.out.println("成功删除记录");
```

7.6 本章小结

本章简单介绍了Java数据库编程的一个接口——JDBC接口。JDBC为程序员编写数据库应用程序提供了统一的接口，提供了简单易用的编程方式。编写数据库应用程序的核心是SQL语句的设计。在设计SQL语句之前，首先要理解Java数据库中SQL类和接口的基本功能，理解访问数据库的主要步骤。

7.7 习题7

1. Java中，JDBC是指什么？(　)

A. Java程序与数据库连接的一种机制

B. Java程序与浏览器交互的一种机制

C. Java类库名称

D. Java类编译程序

2. 在利用JDBC连接数据库时，为建立实际的网络连接，不必传递的参数是(　)

A. URL B. 数据库用户名 C. 密码 D. 请求时间

3. J2ME是为嵌入式和移动设备提供的Java平台，它的体系结构由( )组成。

A. Profiles

B. Configuration

C. OptionalPackages

D. 以上都是

4. J2EE包括的服务功能有哪些？（ ）

A. 命名服务JNDI(LDAP)和事务服务JTA

B. 安全服务和部署服务

C. 消息服务JMS和邮件服务JavaMail

D. 以上都是

5. JDBC的模型对开放数据库连接(ODBC)进行了改进，它包含（ ）。

A. 一套发出SQL语句的类和方法

B. 更新表的类和方法

C. 调用存储过程的类和方法

D. 以上全部都是

答案：1. A 2. D 3. D 4. D 5. D

Java连接数据库的步骤是什么？

加载驱动(驱动：就是各个数据库厂商实现的Sun公司提出的JDBC。即对Connection等接口的实现类的jar文件)；

获取数据库连接(就是用Java连接数据库)；

操作数据库；

关闭数据库的相应资源。

第8章

移动编程

YIDONGBIANCHENG

近几年，移动开发已经成为热门话题。目前主流的平台有IOS、Android和Windows Phone三大阵营，Symbian分得少许残羹。由于Android平台的开放性，允许任何移动终端厂商加入到Android联盟中来。使其拥有更多的开发者，随着用户和应用的日益丰富，Android的平台也在逐渐走向成熟。

8.1 Android平台

8.1.1 简介

Android操作系统是Google最具杀伤力的武器之一。苹果以其天才的创新，使得iPhone在全球迅速拥有了数百万忠实“粉丝”，而Android作为第一个完整、开放、免费的手机平台，使开发者在为其开发程序时拥有更大的自由。与Widows Mobile、Symbian等厂商不同的是，Android操作系统免费向开发人员提供，这样可节省近三成成本，得到了众多厂商与开发者的拥护。Android操作系统最初由Andy Rubin开发，主要支持手机。2005年8月由Google收购注资。2007年11月，Google与84家硬件制造商、软件开发商及电信营运商组建开放手机联盟共同研发改良Android系统。随后Google以Apache开源许可证的授权方式，发布了Android的源代码。第一部Android智能手机于2008年10月发布。随后，Android逐渐扩展到平板电脑及其他领域上，如电视、数码相机、游戏机等。2011年第一季度，Android在全球智能手机的市场份额中首次超过塞班系统，跃居全球第一。2012年11月数据显示，Android占据全球智能手机操作系统市场76%的份额，中国市场占有率为90%。2013年09月24日谷歌开发的操作系统Android在迎来了5岁生日，全世界采用这款系统的设备数量已经达到10亿。

8.1.2 优势

1. 开放性

在优势方面，Android平台首先就是其开放性，开放性对于Android的发展而言，有利于积累人气，这里的人气包括消费者和厂商。而对于消费者来讲，最大的受益就是享有丰富的软件资源。同时，开放的平台也会带来更大竞争，如此一来，消费者将可以用更低的价位购得心仪的手机。

2. 不受束缚

在过去很长的一段时间，特别是在欧美地区，手机应用往往受到运营商制约，使用什么功能接入什么网络，几乎都要受到运营商的控制。自从2007年iPhone上市后，用户可以更加方便地连接网络，运营商的制约减少。随着EDGE、HSDPA这些2G至3G移动网络的逐步过渡和提升，手机随意接入网络已不是运营商口中的笑谈。

3. 低廉的成本

和其它智能操作系统不同的是，Android 是一款基于 Linux 平台的开源操作系统，从而避开了阻碍市场发展的专利壁垒，是一款完全免费的智能手机平台。与 WindowsMobile 高达 20 多美元的单台授权费相比，采用 Android 系统的终端可以有效地降低产品成本，Android 系统对第三方软件开发商也是完全开放和免费的。Android 系统承载着 Google 帝国的梦想。

4. 方便开发

Android 平台提供给第三方开发商一个十分宽泛、自由的环境，不会受到各种条条框框的阻扰，可想而知，会有多少新颖别致的软件诞生。但也有其两面性，血腥、暴力、情色方面的程序和游戏如何控制正是留给 Android 的难题之一。

5. Google 应用

Google 已经走过了 10 年的历史，从搜索巨人到对互联网的全面渗透，Google 提供的一系列服务如地图、邮件、搜索等已经成为连接用户和互联网的重要纽带，而 Android 平台手机将向用户完美地呈现这些服务。

8.2 Android 平台搭建

8.2.1 Android 开发平台概述

工欲善其事，必先利其器。一个好用的开发环境不仅能提高开发效率，也是高质量软件开发的前提，目前 Android 开发平台主要有两大阵营 Eclipse ADT 和 IntelliJ IDEA Android Studio。

理论上讲 Android Studio（Google 于 2013 年 5 月 16 日发布）比 ADT 更智能，基于 IntelliJ 使得它不论在代码提示还是运行速度上都胜 ADT 一筹。但由于 Android Studio 并不完善，且在一些团队项目中 ADT 仍是主流，本书在此仅介绍 Eclipse ADT 环境的搭建。技术总在进步，作为 Google 力推的 Android Studio，其取代 Eclipse ADT 似乎只是时间问题，对于它的使用读者可参考其它资料。

8.2.2 Eclipse ADT 开发环境搭建

在此仅针对 Windows 操作系统上 Android 开发环境的搭建作出说明，首先我们需要下载 Windows 版的 Android SDK（Software Development kit，软件开发工具包），下载地址：http://developer. android. com/sdk/index. html。选择页面下方的 USE AN EXISTING IDE 按照提示进行下载。下载完之后进行安装。安装过程比较简单，选择一个安装路径即可。这个路径我们要记住，配置 ADT 插件时需要使用。

ADT 全称是 Android Development Tools，是 Android 提供给 Eclipse 的一个插件，用来开发 Android Application。当你完成安装后，点击 Finish 会自动运行 SDK Manager，如图 8-1所示，它是用来管理 SDK 更新的一个工具，可根据自己的需要选择要下载的包，一般保持默认，选择 Install Packages 即可。

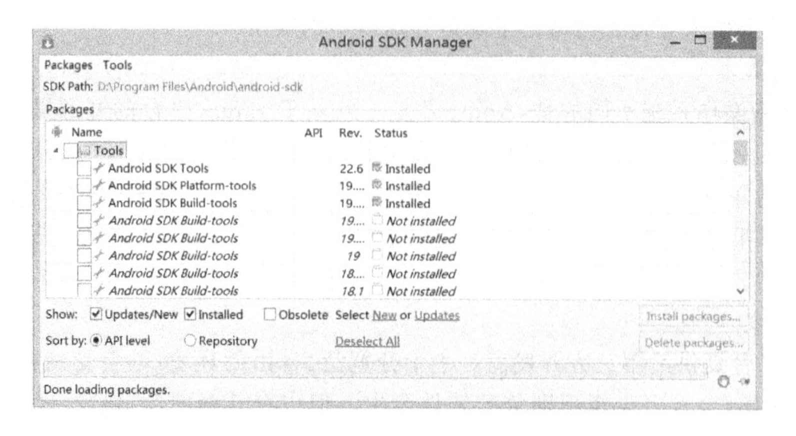

图 8-1 SDK Manager 运行界面

安装过程时间有点长，请耐心等待。接下来就是安装 ADT Plugin，使用 Eclipse 可以直接下载 ADT，方法如下：

启动 Eclipse，点击菜单栏 Help>Install New Plugin 点击 Add。如图 8-2 所示：

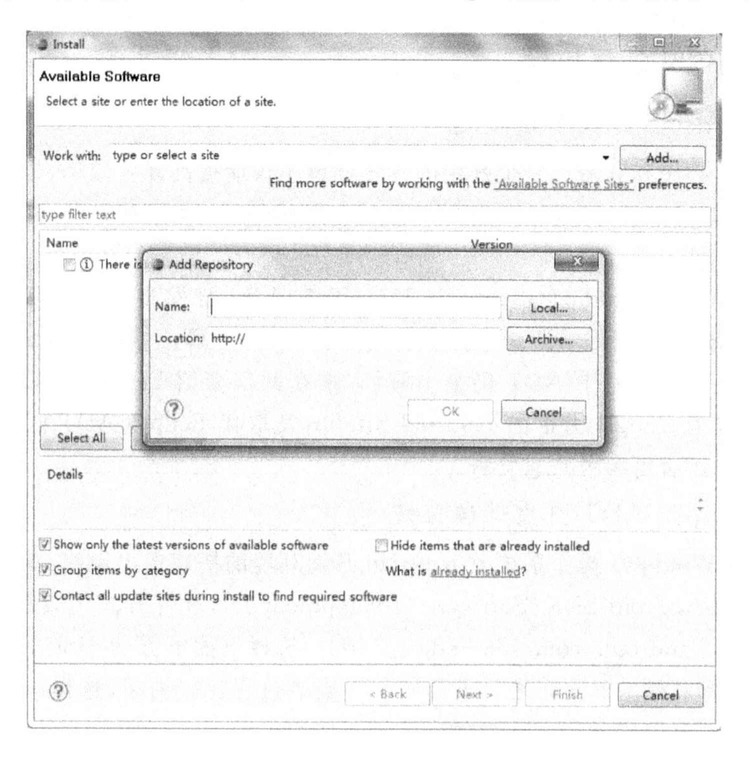

图 8-2 插件安装界面

Name 所在的输入框中输入 ADT Plugin。当然，这里也可以自己任意命名，Location 所在的输入框中输入：https://dl-ssl. google. com/android/eclipse/。如果在安装的时候出现错误，可以将 https 换成 http。

在 Available Software 对话框中勾选 Developer Tools 选择框，点击 Next 会显示一个下

载列表。依次点击 Next，勾选 I Accept 选项，出现如下界面，点击 Finish。

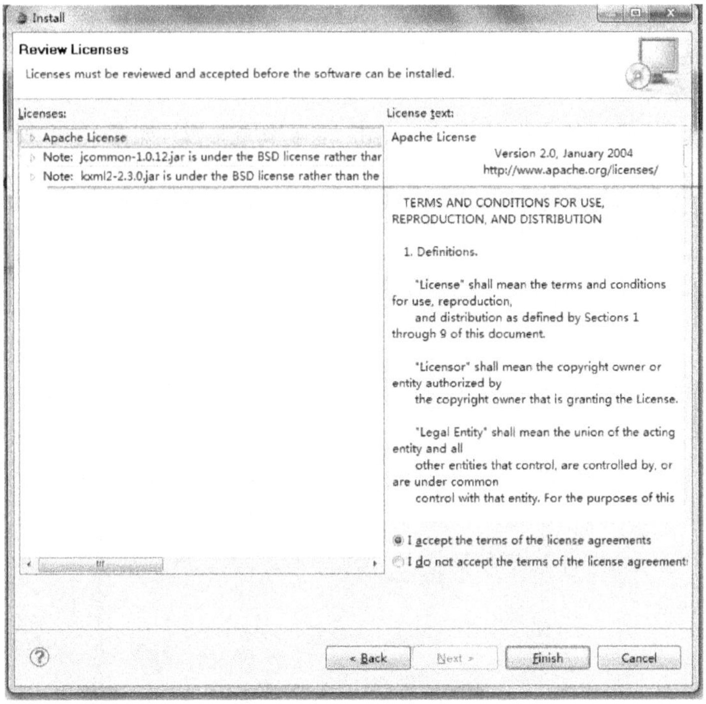

图 8-3 插件安装界面

安装完成后会重启 Eclipse。需要提示的是在安装的中间过程中会提示有未签名的插件，点击"OK"同意即可。

接下来配置 ADT。选择菜单栏 Window>Preferences，之后在右侧 SDK Location 部分输入刚才安装 Android 的路径如图 8-4 所示。

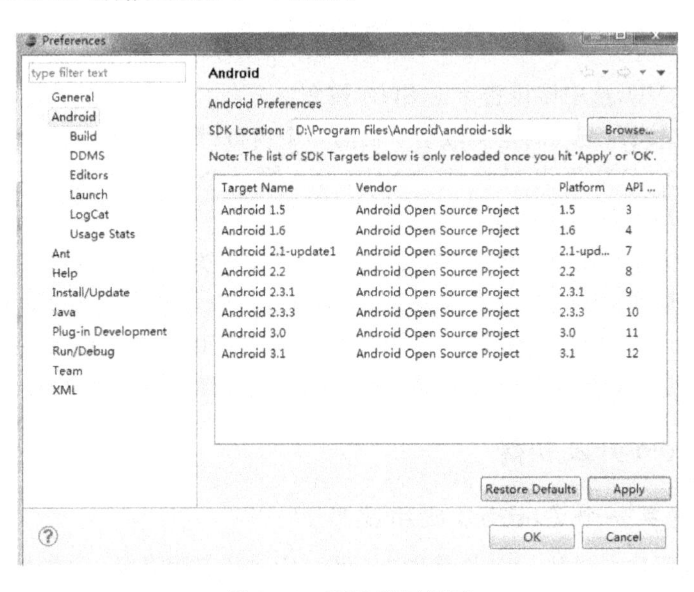

图 8-4 SDK 配置界面

点击 Apply,点击 OK。

Android 的环境已经基本配置完毕。既然安装完毕,可以看看 Android 提供的一些工具,比如:Virtual Device,用来模拟手机的工具。

点击 Eclipse 菜单栏 Window－>Android SDK and AVD Manager,在左侧窗口点击 Virtual Devices 选项,目前的 List 是空的,点击 New 新建一个,如图 8－5 所示。

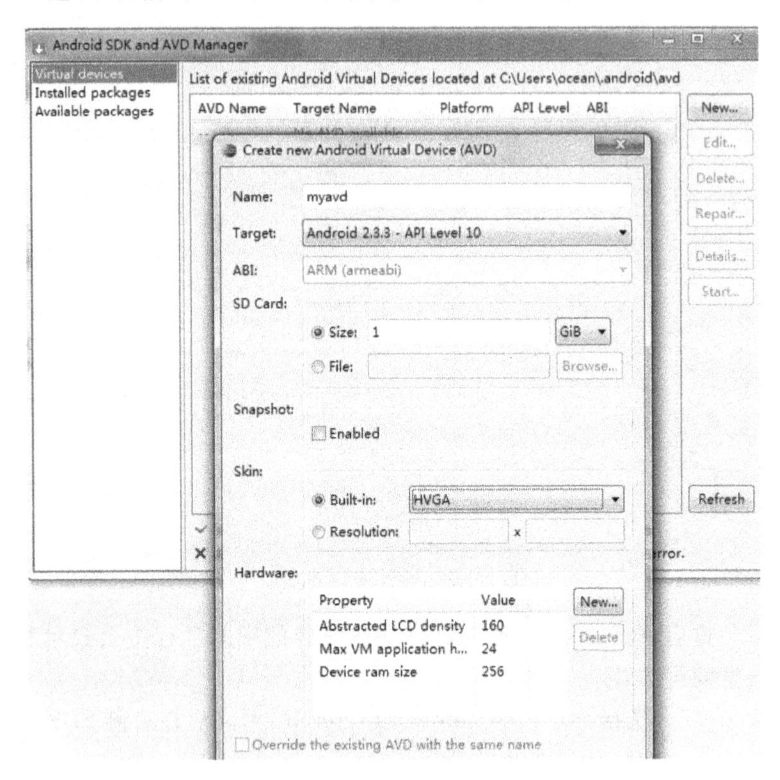

图 8－5　AVD 配置界面

点击 Create AVD,选中该设备点击 Start 按钮。

启动过程会比较长,出现的是类似于手机的一个窗口,黑色屏幕只显示 ANDROID 几个字符。手机窗口的字符消失变换成 ANDROID 的一个 LOGO,稍等片刻。到此为止 Android 的开发环境算是配置完成。

小提示:AVD 模拟器以速度慢著称,目前有许多款更方便的模拟器可以选择,如 AVD 是 Google 为了方便 Android 开发者而制作;BlueStacks 安卓模拟器是 2011 年后比较流行的一款;著名的 vmware 虚拟机和 Virtual Box 虚拟机也可以模拟安卓系统。其安装过程比较简单,感兴趣的读者可以自行查阅其它资料,本书限于篇幅在此不再赘述。

8.3　Android 开发初探

8.3.1　构建第一个 Android 应用程序

Android 应用程序可以从一个简单的“Hello World”工程开始,并以此为基础,逐步扩展,掌握 Android 某些特征。

选择 File→New→Other…→Android Project

由于需要新建一个工程项目，所以勾选 Create New Project in Workspace，并将工程文件放在磁盘中的默认路径下，如图 8－6 所示。

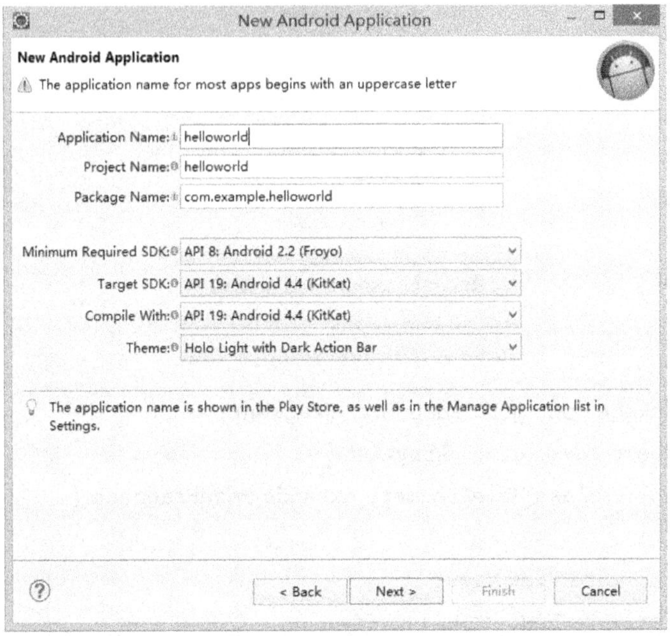

图 8－6　新建 Android 项目

小提示：Application Name 是指在 Eclipse 环境中的标题名称和在操作系统中的文件目录。也是作为显示于 Android 智能型手机、平板电脑屏幕中让使用者能看得到的名称。在此，可以使用中文命名，也可以空格或其他符号。Project Name 是指手机应用程序开发档案的文件夹名。在此，可以使用英文字母、数字命名。Package Name 是应用在系统层面的一个名字，Andriod 系统依靠这个字段的信息来判断应用是否安装。在此，我们选用 Java 程序传统的命名方式，例如："com. example. helloworld"，所有代码都将保存在同一命名空间"com. example. * "下。

8.2.2　Android 应用程序的核心文件和目录

每一个 Android 应用程序都有一系列核心文件，它们用于定义应用程序的功能，使用 Eclipse ADT 开发应用程序，必须要熟悉工程的目录结构，清楚各个目录下面放置的是什么东西，Android 工程目录主要有：src、bin、gen、和 res 等。不同的 Android 目录结构是略有不同的。

以上图 8－7 为例来介绍各级目录。

src 目录

顾名思义(src, source code)该文件夹是放项目源代码的，是 Android 工程的源程序目录。打开任一文件会看到类似如下代码：

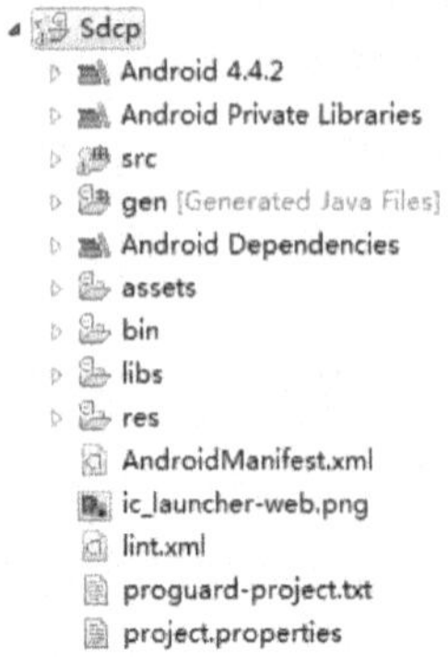

Sdcp
Android 4.4.2
Android Private Libraries
src
gen [Generated Java Files]
Android Dependencies
assets
bin
libs
res
AndroidManifest.xml
ic_launcher-web.png
lint.xml
proguard-project.txt
project.properties

图 8-7　Android 目录结构

```
1:    package com. gqp. sdcp. u1. Fragment;
2:    import Java. util. ArryList;
3:    public class HelpFragment extends BaseFragment {
4:
5:      private View view;
6:      private Listview listview;
7:      private List<String> mList;
8:      private HelpListAdapter adapter;
9:      private SdcpApp app;
10:       public View onCreateView (LayoutInflater, inflater, ViewGroup
          container,
11:       Bundle savedInstanceState){
12:     view = inflater. inflate(R. layout. help_fragment,null);
13:     //init();
14:     Init();
15:     app = (SdcpApp) getActivity(). getApplication();
16:     teturn view;
17:   }
```

bin 目录

在使用 Eclipse 开发时，可以不用关心 bin 目录。bin 目录是编译之后的字节码存放目录，编译的过程首先是编译成为 Android Java 虚拟机(Dalvik Virtual Machine)文件 classes. dex，再把该 classes. dex 文件打包成为 apk 包，apk 包是 Android 平台上安装的应用程序包，类似于 Windows 应用程序 setup. exe 安装文件。

gen 目录

该文件夹下面有个 R. Java 文件，R. Java 是在建立项目时自动生成的，这个文件是只读模式的，不能更改。R. Java 文件中定义了一个类 R，R 类中包含很多静态类，且静态类的名字都与 res 中的一个名字对应，即 R 类定义该项目所有资源的索引。

通过 R. Java 我们可以很快地查找我们需要的资源，另外编绎器也会检查 R. Java 列表中的资源是否被使用到，没有被使用到的资源不会编译进软件中，这样可以减少应用在手机占用的空间。

```
1:    package com. gqp;
2:    public final classR {
3:          public static final class anim {
4:          public static final int dialog_anim_layout = 0x7f040000;
5:          public static final int dlg_enter = 0x7f040001;
6:          public static final int dlg_exit = 0x7f040002;
7:          public static final int main_enter = 0x7f040003;
8:          public static final int main_exit = 0x7f040004;
9:          public static final int scale_dialog_dismiss = 0x7f040005;
10:         public static final int scale_dialog_show = 0x7f040006;
11:         public static final int shake = 0x7f040007;
12:         public static final int slide_in_from_bottom = 0x7f040008;
13:         public static final int slide_in_from_top = 0x7f040009;
14:         public static final int slide_out_to_bottom = 0x7f04000a;
```

Android 文件夹(如本例中的 Android 4.4.2)

该文件夹下包含 android. jar 文件，这是一个 Java 归档文件，其中包含构建应用程序所需的所有的 Android SDK 库(如 Views、Controls)和 APIs。通过 android. jar 将自己的应用程序绑定到 Android SDK 和 Android Emulator，这里允许使用所有 Android 的库和包，且使你的应用程序在适当的环境中调试。

assets 目录

包含应用系统需要使用到的诸如 mp3、视频类的文件。

res 目录

资源目录，包含在项目中的资源文件将编译到应用程序里。向此目录添加资源时，会被 R. Java 自动记录。新建一个项目，res 目录下一般会有三个子目录：drawable、layout、values。在程序中可以通过类似 R. layout. main，R. ldrawable. main 等来访问相应的资源(结合 gen 目录中的 R. Java 来理解)。

drawable：包含一些应用程序可以用的图标文件(* . png、* . jpg)。

layout：界面布局文件(main. xml)与 WEB 应用中的 HTML 类似。其文件结构类似于如下代码：

```
1:    <? xml version = "1.0" encoding = "utf - 8"? >
2:     <LinearLayout xmlns:andriod = "http://schemas. andriod. com/apk/
       res/andriod"
```

```
3:          android:orientation = "vertical"
4:          android:layout_width = "fill_parent"
5:          android:layout_height = "fill_parent"
6:          aandroid:background = "@drawable/activity_main_bg"
7:          >
8:          <FrameLayout
9:          android:layout_width = "full_parent"
10:         android:layout_height = "full_parent"
11:         android:orientation = "vertical"
12:       >
13:     <FrameLayout
14:         android:id = "@ + id/tab_content"
15:         android:layout_width = "full_parent"
16:         android:layout_height = "full_parent"
17:       />
18:     <include
19:       layout = "@layout/main_bottom_tab"
20:       />
21:     </FrameLayout>
22:     </LinearLayout>
```

values:软件上需要显示的各种文字。可以存放多个 *. xml 文件,还可以存放不同类型的数据。比如:arrays. xml、colors. xml、dimens. xml、styles. xml 等。

AndroidManifest. xml

项目的总配置文件,记录应用中所使用的各种组件。(如下代码所示)这个文件列出了应用程序所提供的功能,在这个文件中,可以指定应用程序使用到的服务(如电话服务、互联网 服务、短信服务、GPS 服务等等)。另外,当新添加一个 Activity 的时候,也需要在这个文件中进行相应配置,只有配置好后,才能调用此 Activity。AndroidManifest. xml 将包含如下设置:application permissions、Activities、intent filters 等。(详见表 8 - 1)

```
1:      <? xml version = "1.0" encoding = "utf - 8"? >
2:       <manifest xmlns:android = "http://schemas. android. com/apk/res/
        android"
3:        package = "com. gqp. sdcp"
4:        android:sharedUserId = "com. gqp. sdcp. plugin"
5:        android:versionCode = "16"
6:        android:versionName = "1.0.16" >
7:      <! —android:installLocation = "preferExternal"—>
8:        <uses - sdk
```

```
9:          android:minSdkVersion = "8"
10:         android:targetSdkVersion = "17" />
11:       <uses - permission android:name = "android. permission. INTERNET"
          />
12:       <permission
13:         android:name = "com. gqp. sdcp. permission. JPUSH_MESSAGE"
14:         android:protectionLevel = "signature" />
15:       <! —Required 一些系统要求的权限,如访问网络等—>
16:        <uses - permission android:name = "com. gqp. sdcp. permission.
           JPUSH_MESSAGE" />
17:       <uses - permission android:name = "android. permission. RECEIVE_
          USER_PRESENT" />
18:     <uses - permission android:name = "android. permission. WAKE_LOCK"
        />
19:     <application
20:         android:name = "com. gqp. sdcp. app. SdcpApp"
21:         android:allowBackup = "true"
22:         android:icon = "@drawable/icon"
23:         android:label = "@string/app_name"
24:         android:theme = "@style/AppTheme" >
25:         <activity
26:           android:name = "com. gqp. sdcp. ui. MainActivity"
27:           android:launchMode = "singleTask"
28:           android:label = "@string/app_name" >
29:         </activity>
30:     </application>
31:     </manifest>
```

表 8-1 AndroidManfest. xml 根节点描述内容

manifest	根节点,描述了 package 中所有的内容。
xmlns:android	包含命名空间的的声明。使得 android 的各种标准属性能在文件中使用,提供了大部分元素中的数据。
package	声明应用程序包。
application	包含 package 中 application 级别组件声明的根节点。此元素包含 application 的一些全局和默认的属性,如标签、图标、主题、必要的权限等。一个 manifest 能包含至多一个此元素。
android:icon	应用程序图标

android:label	应用程序名字
activity	用来与用户交互的主要工具。Activity 是用户打开一个应用程序的初始页面，大部分被使用到的其他页面也由不同的 activity 所实现，并声明在另外的 activity 中。每一个 activity 必须有一个<activity>标签对应，无论它给外界使用还是只用于自己的包中。如果这个 activity 没有对应的标签，用户不能运行它。且为了支持运行时查找 activity，可包含一个或多个<intent-filter>来描述 activity 所支持的操作。
android:name	应用程序默认启动的 activity
intent-filter	声明了指定的一组组件支持的 intent 值从而形成了 intent filter。除了能在此元素下指定不同类型的值，属性也能放在这里，来描述一个操作所需的唯一的标签。图标和其他信息。
action	组件支持 intent action
category	组件支持 intent category。这里指定了应用程序默认启动的 activity
uses-sdk	该应用程序所使用的 SDK 版本

project.properties

记录项目中所需要的环境信息，比如 Android 的版本等。

本例中的 default.properties 文件代码如下所示，代码中的注释已经把 default.properties 解释得很清楚了：

```
# This file is automatically generated by Android Tools.
# Do not modify this file —YOUR CHANGES WILL BE ERASED!
#
# This file must be checked in Version Control Systems.
#
# To customize properties used by the Ant build system edit
# "ant.properties", and override values to adapt the script to your
# project structure.
#
# To enable ProGuard to shrink and obfuscate your code, uncomment this (available
  properties: sdk.dir, user.home):
# proguard.config=${sdk.dir}/tools/proguard/proguard-android.txt:proguard-
project.txt
# Project target.
target=android-19
android.library.reference.1=../Android-PullToRefresh
android.library.reference.2=../wheel
```

8.3.3 为 Android 应用程序添加日志记录

在你深入了解 Android 的各个特性之前，需要熟悉日志记录，它是一个用于调试和学习 Android 的重要资源，Android 的日志记录存在于 androi. util 包的 Log 类中。表 8-2 给出了 android. util. Log 类提供的一些实用方法。

表 8-2 Log 类的主要方法

方法	说明
Log. v()	记录 Verbose 消息
Log. d()	记录调试消息
Log. i()	记录信息类消息
Log. w()	记录警告
Log. e()	记录错误

它们区别不大，只是显示颜色的不同，可以控制要显示的某一类错误，一般如果使用"断点"方式来调试程序，则使用 Log. e 比较合适，但是根据规范建议，Log. v、Log. d 信息应当只存在于开发过程中，最终版本只可以包含 Log. i、Log. w、Log. e 这三种日志信息。

在了解了 Log 类之后，我们来介绍一下如何在 Eclipse 中使用它们。Eclipse 的开发环境并没有直接跟踪对象的方法，可以使用 Google 提供的 DDMS(Dalvik Debug Monitor Service)在 Eclipse 中调试 Android 程序，DDMS 为我们提供了很多功能，下面介绍一下它的使用方法。

将 Eclipse 开发工具的工作界面切换到 DDMS 标签(若不存在，点击菜单 Window→Open Perspective→Other…在打开的窗口中选择 DDMS)如图 8-8。

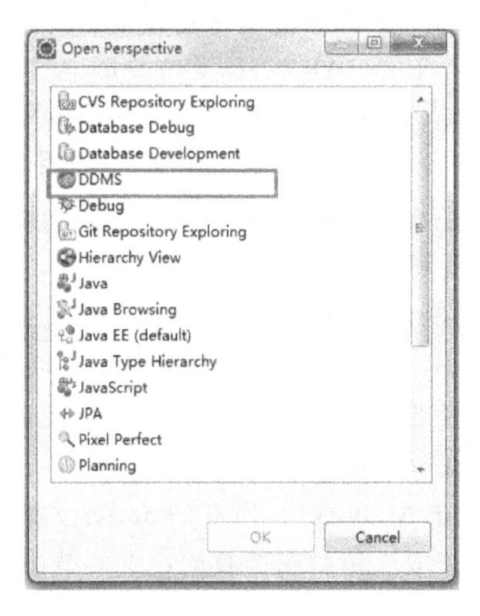

图 8-8 在 Eclipse 中显示 DDMS 标签

在 DDMS 界面中选择"Devices"标签，查看其菜单功能，可以看到 Debug Process(调试进程)、Update Threads(更新线程)、Update Heap(更新堆)、Cause GC(引起垃圾回收)、Screen Capture(屏幕截图)、Reset adb(重启 Android Debug Bridge ADB)菜单选项，如图 8-9 所示。

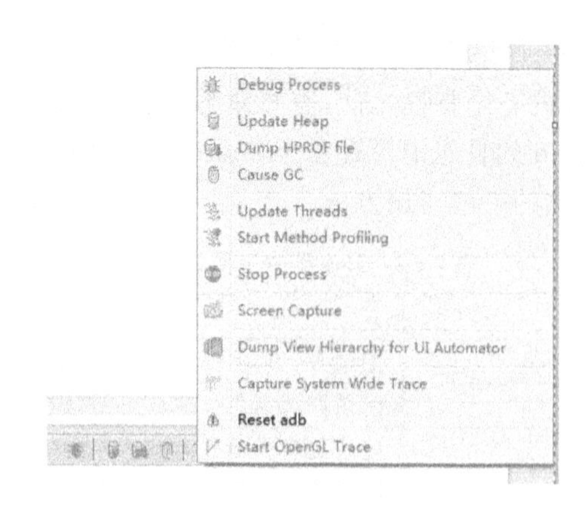

图 8-9 DDMS 中 Device 标签菜单

8.4 Android 设计进阶

8.4.1 Android 程序及其生存周期

在资源受限的情况下为移动设备开发 Android 应用程序需要你对应用程序的生存周期有一个彻底的了解。Android 也使用自己专门的术语来描述这些组成应用程序的各种组件，如 Activity 和 View。这一节将介绍 Android 应用程序功能和相互间的交互过程。

任何一个 Android 应用程序都可以看作是一组任务，每一个任务都可以被称作 Activity。Activities 是一个程序的组件之一。它的主要功能是提供界面。activity 是单独的，应用程序中的每一个 Activity 都有自己唯一的任务或目的，用于处理用户操作。对任何一个 Android 应用程序来讲，Activity 类都是其核心组成部分。许多时候，在应用程序中，将会为每个屏幕显示定义和实现一个 Activity。几乎所有的 activity 都要和用户打交道，所以 activity 类创建了一个窗口，开发人员可以通过 setContentView(View) 接口把 UI 放到 activity 创建的窗口上，当 activity 指向全屏窗口时，也可以用其他方式实现：作为漂浮窗口（通过 windowIsFloating 的主题集合），或者嵌入到其他的 activity（使用 ActivityGroup）。大部分的 Activity 子类都需要实现以下两个接口：

(1)onCreate(Bundle)接口是初始化 activity 的地方。在这儿通常可以调用 setContentView(int)设置在资源文件中定义的 UI，使用 findViewById(int) 可以获得 UI 中定义的窗口。

(2)onPause()接口是使用者准备离开 activity 的地方，在这儿，任何的修改都应该被提交（通常用于 ContentProvider 保存数据）。

为了能够使用 Context. startActivity()，所有的 activity 类都必须在 AndroidManifest.xml 文件中定义相关的“activity”项。相关属性我们在上一节中已经提过。下面我们来探讨关于 Android 生存周期的相关知识。

在系统中的 Activity 被一个 Activity 栈所管理。当一个新的 Activity 启动时，将被放置到栈顶，成为运行中的 Activity。当新的 Activity 启动时，前一个 Activity 保留在栈中，但不再放到前台，直到新的 Activity 退出为止。

Activity 有四种本质区别的状态：

(1)在屏幕的前台(Activity 栈顶),叫做活动状态或者运行状态(active or running)。

(2)如果一个 Activity 失去焦点,但是依然可见(一个新的非全屏的 Activity 或者一个透明的 Activity 被放置在栈顶),叫做暂停状态(Paused)。一个暂停状态的 Activity 依然保持活力(保持所有的状态,成员信息,和窗口管理器保持连接),但是在系统内存极端低下的时候将被杀掉。

(3)如果一个 Activity 被另外的 Activity 完全覆盖掉,叫做停止状态(Stopped)。它依然保持所有状态和成员信息,但是它不再可见,所以它的窗口被隐藏,当系统内存需要被用在其他地方的时候,Stopped 的 Activity 将被杀掉。

(4)如果一个 Activity 是 Paused 或者 Stopped 状态,系统可以将该 Activity 从内存中删除,Android 系统采用两种方式进行删除,一是要求该 Activity 结束,二是直接杀掉它的进程。当该 Activity 再次显示给用户时,它必须重新开始和重置前面的状态。

图 8-10 显示了 Activity 的重要状态转换,矩形框表明 Activity 在状态转换之间的回调接口,开发人员可以重载实现以便执行相关代码。

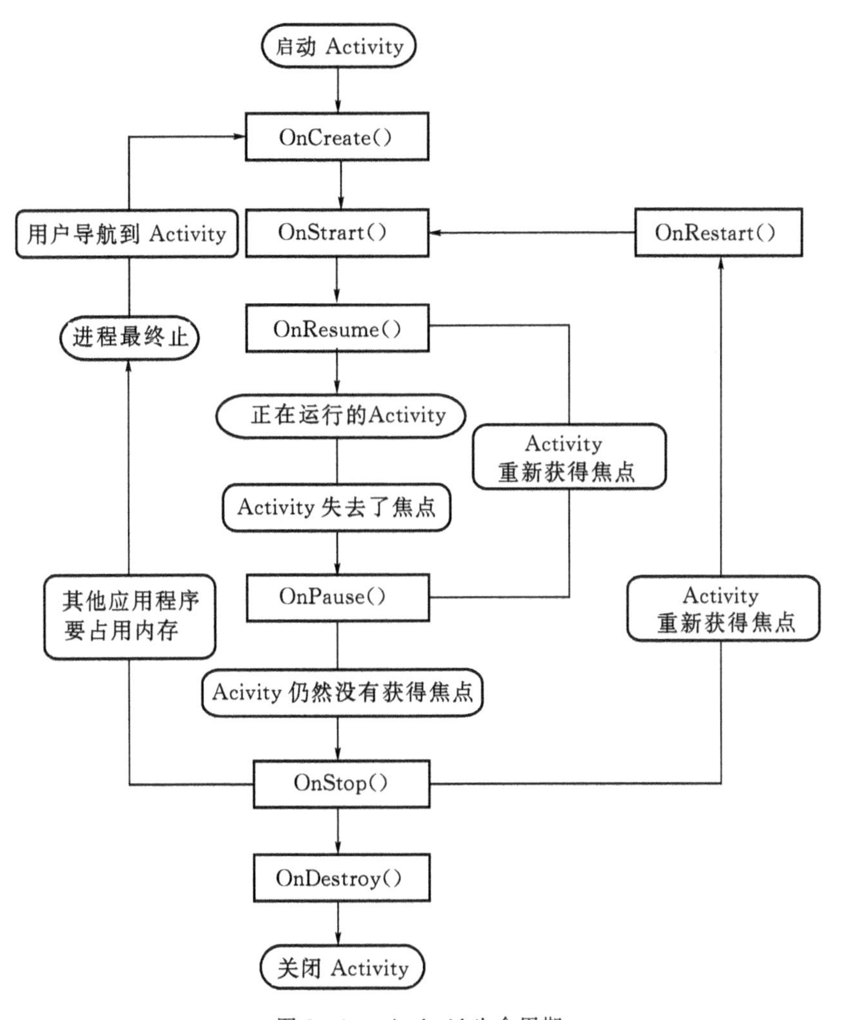

图 8-10 Android 生命周期

相关细节如表 8－3 所示：

表 8－3　Android 生命周期一览

方法	描述	可被杀死	下一个
onCreate()	在 activity 第一次被创建的时候调用。这里是你进行所有初始化设置的地方——创建视图、绑定数据至列表等。如果曾经有状态记录，则调用此方法时会传入一个包含着此 activity 以前状态的包对象作为参数。 在它之后运行的总是 onStart()。	否	onStart()
onRestart()	在 activity 停止后，在再次启动之前被调用。 在它之后运行的总是 onStart()。	否	onStart()
onStart()	当 activity 正要变得为用户所见时被调用。 当 activity 转向前台时在它之后运行的是 onResume()，在 activity 变为隐藏时，在它之后运行的是 onStop()。	否	onResume() or onStop()
onResume()	在 activity 开始与用户进行交互之前被调用。此时 activity 位于堆栈顶部，并接受用户输入。在它之后运行的是 onPause()。	否	onPause()
onPause()	当系统将要启动另一个 activity 时调用。此方法主要用来将未保存的变化进行持久化，停止类似动画这样耗费 CPU 的动作等。这一切动作应该在短时间内完成，因为下一个 activity 必须等到此方法返回后才会继续。 当 activity 重新回到前台在它之后运行的是 onResume()。当 activity 变为用户不可见时在它之后运行的是 onStop()。	是	onResume() or onStop()
onStop()	当 activity 不再为用户可见时调用此方法。这可能发生在它被销毁或者另一个 activity(可能是现存的或者是新的)回到运行状态并覆盖了它的时候。 如果 activity 再次回到前台跟用户交互则在它之后运行的是 onRestart()，如果关闭 activity 则在它之后运行的是 onDestroy()。	是	onRestart() or onDestroy()
onDestroy()	在 activity 销毁前调用。这是 activity 接收的最后一个调用。这可能发生在 activity 结束时(调用了它的 finish() 方法)或者因为系统需要空间所以临时的销毁了此 acitivity 的实例时。你可以用 isFinishing() 方法来区分这两种情况。	是	nothing

小提示：在上表中“可被杀死”一列，标示了在方法返回后，还未执行 activity 其余代码的

任意时间里，系统是否可以杀死包含此 activity 的进程。三个方法(onPause()、onStop()和 onDestroy())被标记为“是”。onPause()是三个中的第一个，也是唯一一个在进程被杀死之前必然会调用的方法，onStop() 和 onDestroy() 有可能不被执行。因此应该用 onPause() 来将所有持久性数据(比如用户的编辑结果)写入存储之中。

在“可被杀死”一列中标记为“否”的方法在它们被调用时将保护 activity 所在的进程不会被杀死。所以只有在 onPause() 方法返回后直到 onResume() 方法被调用时，一个 activity 才处于可被杀死的状态。在 onPause()再次被调用并返回之前，它不会被系统杀死。

8.4.2 Android 界面布局

Android 的界面是由布局和组件协同完成的，如果说布局是建筑里的框架，而组件则相当于建筑里的砖瓦。组件按照布局的要求依次排列，就组成了用户所看见的界面。Android 的五大布局分别是 LinearLayout(线性布局)、FrameLayout(单帧布局)、RelativeLayout(相对布局)、AbsoluteLayout(绝对布局)和 TableLayout(表格布局)。

下面详细了解一下它们：

1. LinearLayout(线性布局)：里面只可以有一个控件，并且不能设计这个控件的位置，控件会放到左上角，线性布局分为水平线性和垂直线性，二者的属性分别为：android:orientation= "horizontal" android:orientation= "vertical"

2. RelativeLayout(相对布局)：里面可以放多个控件，但是一行只能放一个控件，

常用的 RelativeLayout 的属性有三类：

第一类 ：属性值为 true 或 false

android:layout_centerHrizontal　　水平居中
android:layout_centerVertical　　垂直居中
android:layout_centerInparent　　相对于父元素完全居中
android:layout_alignParentBottom　　贴紧父元素的下边缘
android:layout_alignParentLeft　　贴紧父元素的左边缘
android:layout_alignParentRight　　贴紧父元素的右边缘
android:layout_alignParentTop　　贴紧父元素的上边缘
android:layout_alignWithParentIfMissing　　若找不到兄弟元素以父元素做参照物

第二类：属性值必须为 id 的引用名“@id/id-name ”

android:layout_below　　在某元素的下方
android:layout_above　　在某元素的上方
android:layout_toLeftOf　　在某元素的左边
android:layout_toRightOf　　在某元素的右边
android:layout_alignTop　　本元素的上边缘和某元素的的上边缘对齐
android:layout_alignLeft　　本元素的左边缘和某元素的的左边缘对齐
android:layout_alignBottom　　本元素的下边缘和某元素的的下边缘对齐
android:layout_alignRight　　本元素的右边缘和某元素的的右边缘对齐

第三类：属性值为具体的像素值，如 30dip ，40px

android:layout_marginBottom　　离某元素底边缘的距离

android:layout_marginLeft　　　　离某元素左边缘的距离
android:layout_marginRight　　　　离某元素右边缘的距离
android:layout_marginTop　　　　离某元素上边缘的距离

3. TableLayout(表格布局):

如果和 TableRow 配合使用,很像 html 里面的 table。

表格布局不像 HTML 中的表格那样灵活,只能通过 TableRow 属性来控制它的行,而列的话里面有几个控件就是几列(一般情况)。形如:

```
<TableLayout>
    <TableRow>
        <EditText></EditText>
        <EditText></EditText>
    </TableRow>
    <TableRow>
        <EditText></EditText>
        <EditText></EditText>
    </TableRow>
</TableLayout>
```

表示两行两列的一个表格。

android:gravity="center"书面解释是权重比,其实就是让它居中显示。

4. AbsoluteLayout(绝对布局):

在此布局中子元素的 android:layout_x 和 android:layout_y 属性将生效,用于描述该子元素的坐标位置。屏幕左上角为坐标原点(0,0),第一个 0 代表横坐标,向右移动,此值增大,第二个 0 代表纵坐标,向下移动,此值增大。在此布局中的子元素可以相互重叠。在实际开发中,通常不采用此布局格式,因为它的界面代码过于刚性,以至于不能很好的适配各种终端。在此不在过多陈述。

5. FrameLayout(帧布局):

这个布局里面可以放多个控件,不过控件的位置都是相对位置。整个界面被当成一块空白备用区域,所有的子元素都不能被指定放置的位置,它们统统放于这块区域的左上角,并且后面的子元素直接覆盖在前面的子元素之上,将前面的子元素部分和全部遮挡。

小提示: LinearLayout 和 RelativeLayout 应该又是其中用的较多的两种。AbsoluteLayout 比较少用,因为它是按屏幕的绝对位置来布局的如果屏幕大小发生改变的话控件的位置也发生了改变。这个就相当于 HTML 中的绝对布局一样,一般不推荐使用。

各个布局既可以单独使用,也可以嵌套使用,读者在实际应用中应循序渐进,灵活掌握。如图 8-11 是某客户端小工具的排列界面,它的 xml 文件共达 202 行。

8.4.3 Android 基础控件及属性

Android 是一个庞大的系统,本节只介绍部分较为常用的控件,读者在掌握的基础上多加练习,逐渐进步。Android 控件数目较多,且随着版本升级,这个数目还在增加,限于篇幅

图 8-11 彩票工具界面

和本书性质，本小节简单介绍常用 EditView、TextView、CheckBox 和 RadioButton 的常用 xml 属性，button 及事件的使用将在本节第 3 小节通过实例来说明。

EditView 类继承自 TextView 类，EditView 与 TextView 最大的不同就是用户可以对 EditView 控件进行编辑，同时还可以为 EditView 控件设置监听器，用来判断用户的输入是否合法。

表 8-4 EditView 常用属性及对应方法说明

属性名称	对应方法	说明
Android:cursorVisible	setcursorVisible(boolean)	设置光标是否可见，默认可见
Android:Lines	setLines(int)	设置编辑文本的行数
Android:setMaxLines	setMaxLines(int)	设置编辑文本的最大行数
Android:MinLines	setMinLines(int)	设置编辑文本的最小行数
Android:password	setTransformationMethod(TransformationMethod)	设置文本框中的内容是否显示为密码
Android:phoneNumber	setKeyListener(KeyListener)	设置文本中的内容只能是电话号码
Android:scrollHorizontally	setHorizontallyScrolling(bool)	是否设置为水平滚动
Android:selectAllOnFocus	setSelectAllOnFocus	当文本获得焦点时自动选中全部文本内容
Android:singleLine	setTransformationMethod(TransformationMehtod)	设置文本为单行模式
Android:maxLength	setFilters(InputFilter)	设置最大显示长度

在 android 中，文本控件主要包括 TextView 控件和 EditView 控件，本节先对 TextView 控件的用法进行详细介绍。

TextView 类继承自 View 类，TextView 控件的功能是向用户显示文本的内容，但不允许编辑，而其子类 EditView 允许用户进行编辑。

表 8－5 TextView 常用属性及对应方法说明

属性名称	对应方法	说明
android:autolink	setAutoLinkMask(int)	是指是否将指定格式的文件转换为可单击的超链接显示。可选的参数值如下：noneweb：URL 连接 email：：邮箱 phone：电话号码 map：地图 all
android:gravity	setGravity(int)	设置文本的显示位置
android:Height	setHeight(int)	设置文本的高度，单位为 px
android:minHeight	setMinHeight(int)	设置文本的最小高度，单位为 px
android:maxHeight	setMaxHeight(int)	设置文本的最大高度，单位为 px
android:width	setWidth(int)	设置文本的宽度，单位为 px
android:minWidth	setMinWidth(int)	设置文本的最小宽度，单位为 px
android:maxWidth	setMaxWidth(int)	设置文本的最大宽度，单位为 px
android:hint	setHint(int)	当文本为空时显示该文本
android:text	setText(CharSequence)	设置文本内容
android:textColor	setText(ColorStateList)	设置文本颜色
android:texrSize	setTextSize(float)	设置文本大小
android:typeface	setTypeface(Typeface)	设置文本字体
android:ellipsize	setEllipse(TextUtils.TruncateAt)	设置当文字过长时，该控件如何显示。有如下信息设置：start：省略号显示在开头 end：省略号显示在结尾 middle：省略号显示在中间 marquee：以跑马灯的方式显示动画横向移动

CheckBox 和 RadioButton 控件都只有选中和未选中状态，不同的是 RadioButton 是单选按钮，需要编制到一个 RadioGroup 中，同一时刻，一个 RadioGroup 中只能有一个按钮处于选中状态。

表 8－6 为 CheckBox 和 RadioButton 常用方法及说明。

表 8－6 CheckBox 和 RadioButton 常用方法及说明

属性名称	说明
isChecked()	判断是否被选中，如果选中返回 true，否则返回 false
performClick()	调用 OnClickListener 监听器，即模拟一次单击
setChecked(boolean)	通过传入的参数设置控件状态
toggle	将控件当前的状态置反
setOnCheckedChangeListener	为控件设置 OnCheckedChangeListener 监听器

8.4.4 ListView 及 Adapter 的配合使用

ListView 是 Android 软件开发中非常重要组件之一，大多数稍复杂的软件基本都会使用 ListView，下面来介绍如何使用 ListView 组件绘制出漂亮的列表。

列表的显示需要三个元素：

1. ListVeiw 用来展示列表的 View。
2. Adapter 适配器 是用来把数据映射到 ListView 上的中介。
3. 数据 具体的将被映射的字符串、图片或者基本组件。

说到 ListView 就不得不说 Adapter 适配器，因为只有通过 Adapter 才可以把列表中的数据映射到 ListView 中。在 android 的开发中 Adapter 一共可以分为：

ArrayAdapter＜T＞、BaseAdapter、CursorAdapter、HeaderViewListAdapter、ResourceCursorAdapter、SimpleAdapter、SimpleCursorAdapter、WrapperListAdapter。

软件开发中最常用的有 ArrayAdapter＜T＞，BaseAdapter，SimpleAdapter，其中以 ArrayAdapter 最为简单，只能展示一行字。SimpleAdapter 有最好的扩充性，可以自定义各种效果。SimpleCursorAdapter 可以认为是 SimpleAdapter 对数据库的简单结合，可以方便地把数据库的内容以列表的形式展示出来。

我们从最简单的 ArrayAdapter 开始：

【例 8-1】 ArrayAdapter 应用实例

```
1: public class MyListView extends Activity {
2:   private ListView;
3:   //private List<String> data = new ArrayList<String>();
4:   @Override
5:   public void onCreate(Bundle savedInstanceState){
6:     super.onCreate(savedInstanceState);
7:     listView = new ListView(this);
8:     listView.setAdapter(new ArrayAdapter<String>(this, android.R.
       layout.simple_expandable_list_item_1,getData()));
9:     setContentView(listView);
10:  }
11:  private List<String> getData(){
12:    List<String> data = new ArrayList<String>();
13:    data.add("测试数据 1");
14:    data.add("测试数据 2");
15:    data.add("测试数据 3");
16:    data.add("测试数据 4");
17:    return data;
18:  }
19: }
```

上面代码使用了 ArrayAdapter(Context context, int textViewResourceId, List<T> objects)来装配数据,要装配这些数据就需要一个连接 ListView 视图对象和数组数据的适配器来进行两者的适配工作,ArrayAdapter 的构造需要三个参数,依次为 this,布局文件(注意这里的布局文件描述的是列表的每一行的布局,android. R. layout. simple_list_item_1 是系统定义好的布局文件只显示一行文字),数据源(一个 List 集合)。同时使用 setAdapter ()完成适配的最后工作。运行后的现实结构如图 8-12 所示:

图 8-12　运行后的现实结构

SimpleAdapter 的扩展性最好,可以定义各种各样的布局,可以放上 ImageView(图片),还可以放上 Button(按钮),CheckBox(复选框)等等。下面我们通过实例来说明一个在实际开发中常常用到的功能:从数据库中读取数据,将信息显示出来。其代码结构如图 8-13 所示。

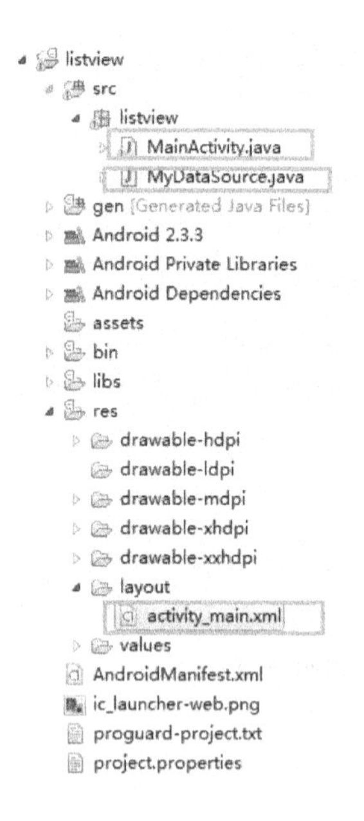

图 8-13　listview 实例中代码结构

【例 8-2】 相关代码

MainActivity. Java

```
1:    package listview;
2:    import Java. util. List;
3:    import Java. util. Map;
4:    import com. example. listview. R;
5:    import android. os. Bundle;
6:    import android. app. Activity;
7:    import android. widget. ListView;
8:    import android. widget. SimpleAdapter;
9:    import android. support. v4. app. NavUtils;
10:   public class MainActivity extends Activity {
11:   private ListView listView;
12:   private SimpleAdapter adapter;
13:   private List<Map<String, String>> data = null;
14:     @Override
15:     public void onCreate(Bundle savedInstanceState) {
16:       super. onCreate(savedInstanceState);
17:       setContentView(R. layout. activity_main);
18:       listView = (ListView)this. findViewById(R. id. listview);
19:       data = MyDataSource. getMaps();
20:       System. out. println(data + "data");
21:       adapter = new SimpleAdapter(MainActivity. this, data, R. layout.
          activity_main, new String[]{"pname","price","address"}, new int
          []{R. id. pname,R. id. price,R. id. area});
22:       listView. setAdapter(adapter);
23:     }
24:   }
```

MyDataSource. Java

```
1:    package listview;
2:    import Java. util. ArrayList;
3:    import Java. util. HashMap;
4:    import Java. util. List;
5:    import Java. util. Map;
6:    public class MyDataSource {
7:        public MyDataSource() {
8:            //TODO Auto - generated constructor stub
```

```
9:          }
10:         public static List<Map<String, String>> getMaps(){
11:             List<Map<String, String>> listMaps = new ArrayList<Map
                <String,String>>();
12:             Map<String, String> map = new HashMap<String, String>
                ();
13:             map. put("pname", "西瓜");
14:             map. put("price", "¥12.5");
15:             map. put("address", "新疆");
16:             Map<String, String> map1 = new HashMap<String, String>
                ();
17:             map1. put("pname", "大米");
18:             map1. put("price", "¥12.5");
19:             map1. put("address", "湖南");
20:             Map<String, String> map2 = new HashMap<String, String>
                ();
21:             map2. put("pname", "西瓜");
22:             map2. put("price", "¥12.5");
23:             map2. put("address", "新疆");
24:             listMaps. add(map1);
25:             listMaps. add(map2);
26:             listMaps. add(map);
27:             return listMaps;
28:         }
29:     }
```

Activity_main. xml

```
1:    <LinearLayout xmlns:android = "http://schemas. android. com/apk/
      res/android"
2:    xmlns:tools = "http://schemas. android. com/tools"
3:    android:layout_width = "match_parent"
4:    android:layout_height = "match_parent"
5:    android:orientation = "vertical">
6:    <LinearLayout
7:    android:layout_width = "match_parent"
8:    android:layout_height = "wrap_content"
9:    android:orientation = "horizontal">
10:   <TextView
```

```
11:    android:id="@+id/pname"
12:    android:layout_width="wrap_content"
13:    android:layout_height="wrap_content"
14:    android:layout_marginLeft="5dp"
15:    android:layout_weight="1"
16:    android:text="产品名称"/>
17:    <TextView
18:    android:id="@+id/price"
19:    android:layout_width="wrap_content"
20:    android:layout_height="wrap_content"
21:    android:layout_marginLeft="5dp"
22:    android:layout_weight="1"
23:    android:text="产品价格"/>
24:    <TextView
25:    android:id="@+id/area"
26:    android:layout_width="wrap_content"
27:    android:layout_height="wrap_content"
28:    android:layout_marginLeft="5dp"
29:    android:layout_weight="1"
30:    android:text="产品产地"/>
31:    </LinearLayout>
32:    <ListView
33:    android:id="@+id/listview"
34:    android:layout_width="match_parent"
35:    android:layout_height="match_parent"></ListView>
36:    </LinearLayout>
```

运行效果图：

MainActivity

产品名称	产品价格	产品产地
大米	￥12.5	湖南
西瓜	￥12.5	新疆
西瓜	￥12.5	新疆

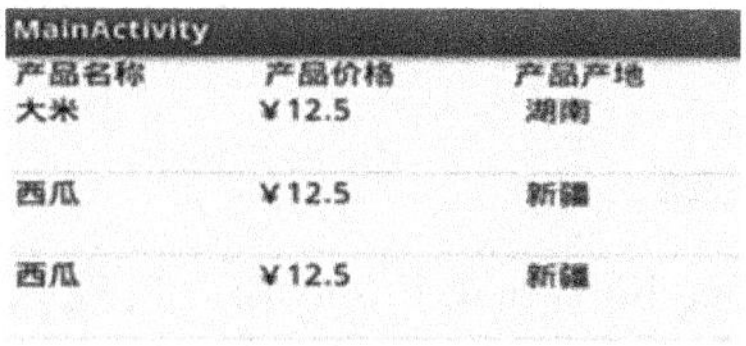

图 8-14 listview 运行效果图

小提示：适配器 Adapter 在 Android 中占据一个重要的角色，它是数据和 UI(View)之间一个重要的纽带。在常见的 View(ListView，GridView)等地方都需要用到 Adapter，图 8-15直观地表达了 Data、Adapter、View 三者的关系。

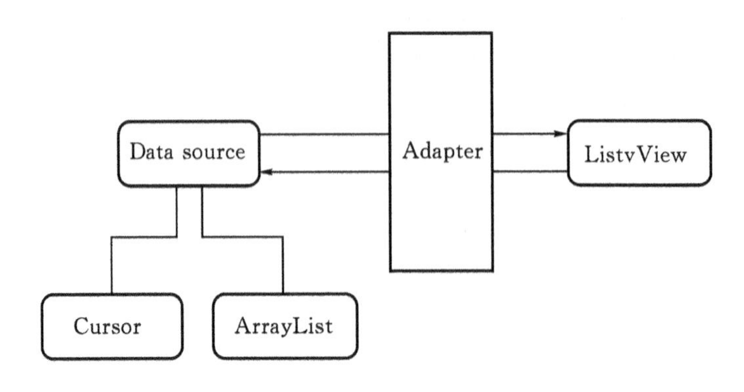

图 8-15 Adapter、数据、UI 三者关系

在实际使用中，尤其在一些较大的开发中，一般将 Adapter 适配器单独放在一个类中，方便组织与维护，图 8-16 是某客户端用到的 Adapter 适配器。

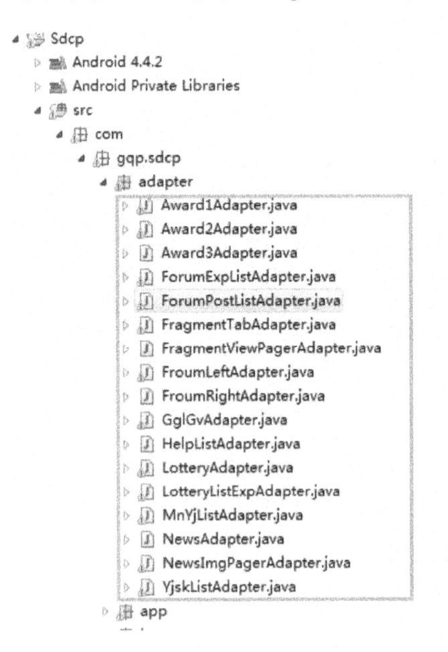

图 8-16 某客户端相关 Adapter 适配器

8.4.5 Android 事件示例

结合 8.4 节内容，本部分通过 button 及 intent 组件实现 Activity 之间的跳转，并简单来讲解一下 android 事件。Android 事件驱动机制与 Java 极其类似，建议读者在阅读实例的同时通过回忆之前所学 Java 的事件内容，来更好地理解这一部分。

【例 8-3】 Android 事件示例。

MainActivity. Java

```
1:    package com. example. q;
2:    import android. os. Bundle;
```

```
3:     import android. app. Activity;
4:     import android. content. Intent;
5:     import android. graphics. Color;
6:     import android. view. Menu;
7:     import android. view. View;
8:     import android. view. View. OnClickListener;
9:     import android. widget. Button;
10:    import android. widget. EditText;
11:    public class MainActivity extends Activity implements OnClickListener {
12:      Buttonbtn1,btn2;
13:      EditTextet;
14:      int i = 0;
15:      @Override
16:      protected void onCreate(Bundle savedInstanceState) {
17:        super. onCreate(savedInstanceState);
18:        setContentView(R. layout. first);
19:        btn1 = (Button)findViewById(R. id. btn1);
20:        btn2 = (Button)findViewById(R. id. btn2);
21:        et = (EditText)findViewById(R. id. txt1);
22:        btn1. setOnClickListener(this);//重要,设置监听
23:        btn2. setOnClickListener(this);
24:      }
25:      @Override
26:      public boolean onCreateOptionsMenu(Menu menu) {
27:        // Inflate the menu; this adds items to the action bar if it is present.
28:        getMenuInflater(). inflate(R. menu. main, menu);
29:        return true;
30:      }
31:      @Override
32:      public void onClick(View v) {
33:        // TODO Auto - generated method stub
34:        switch (v. getId()) {
35:        case R. id. btn1:
36:          i + +;
37:          et. setText("修改内容" + i + "次");
38:          et. setTextColor(Color. BLUE);
39:          switch (i) {
40:          case 2:
```

```
41:            et. setTextColor(Color. rgb(88, 00, 00));//通过颜色的改变
               来感//受按钮的点击
42:            break;
43:          case 3:
44:            et. setTextColor(Color. CYAN);
45:            break;
46:          }
47:          break;
48:        case R. id. btn2:
49:          Intent intent = new Intent(this,latter. class);
50:          startActivity(intent);
51:          break;
52:        default:
53:          break;
54:        }
55:    }
```

res/layout/lfirst. xml

```
1:      <LinearLayout xmlns:android ="http://schemas. android. com/apk/res/
        android"
2:     xmlns:tools ="http://schemas. android. com/tools"
3:     android:layout_width ="match_parent"
4:     android:layout_height ="match_parent"
5:     android:orientation ="vertical"
6:     android:paddingBottom ="@dimen/activity_vertical_margin"
7:     android:paddingLeft ="@dimen/activity_horizontal_margin"
8:     android:paddingRight ="@dimen/activity_horizontal_margin"
9:     android:paddingTop ="@dimen/activity_vertical_margin"
10:    android:background =" #AAA"
11:    tools:context =". MainActivity" >
12:    <Button android:id ="@ + id/btn1"
13:      android:layout_width ="match_parent"
14:      android:layout_height ="wrap_content"
15:      android:background ="@drawable/btn_bg"
16:      android:layout_marginBottom ="10dp"
17:      android:text ="@string/btn1_title"
18:      android:padding ="5dp"
19:      android:textSize ="15sp"
```

```
20:     android:textColor = "#FFF"/>
21:   <Button android:id = "@ + id/btn2"
22:     android:layout_width = "match_parent"
23:     android:layout_height = "wrap_content"
24:     android:background = "@drawable/btn_bg"
25:     android:text = "@string/btn2_title"
26:     android:padding = "5dp"
27:     android:textSize = "15sp"
28:     android:layout_marginBottom = "36dp"
29:     android:textColor = "#FFF"/>
30:   <EditText
31:     android:id = "@ + id/txt1"
32:     android:layout_height = "wrap_content"
33:     android:layout_width = "match_parent"
34:     android:inputType = "number"
35:     android:hint = "@string/txt_hint"
36:     android:background = "@drawable/bg_txt"
37:     android:padding = "6dp"/>
38:   <ImageView
39:     android:layout_width = "match_parent"
40:     android:layout_height = "match_parent"
41:     android:background = "@drawable/ic_launcher"/>
42:   </LinearLayout>
```

later. Java

```
1:    package com. example. q;
2:    import android. app. Activity;
3:    import android. content. Intent;
4:    import android. os. Bundle;
5:    import android. view. View;
6:    import android. view. View. OnClickListener;
7:    import android. widget. Button;
8:
9:    public class latter extends Activity {
10:     Button btn3;
11:     @Override
12:     protected void onCreate(Bundle savedInstanceState) {
13:       // TODO Auto - generated method stub
```

```
14:        super. onCreate(savedInstanceState);
15:        setContentView(R. layout. latter);
16:        btn3 = (Button)findViewById(R. id. btn3);
17:        btn3. setOnClickListener(new OnClickListener() {
18:          @Override
19:          public void onClick(View v) {
20:              // TODO Auto - generated method stub
21:                Intent intent = new Intent(latter. this,MainActivity.
                   class);
22:              startActivity(intent);
23:              finish();
24:          }});
25:    }}
```

res/layout/later. xml

```
1:     <? xml version = "1.0" encoding = "utf - 8"? >
2:      <LinearLayout xmlns:android = " http://schemas. android. com/apk/
        res/android"
3:       android:layout_width = "match_parent"
4:       android:layout_height = "match_parent"
5:       android:orientation = "vertical"
6:       android:background = " # AAA" >
7:       <Button
8:       android:id = "@ + id/btn3"
9:       android:layout_width = "match_parent"
10:      android:layout_height = "wrap_content"
11:      android:background = "@drawable/btn_bg"
12:      android:layout_marginBottom = "10dp"
13:      android:padding = "5dp"
14:      android:textSize = "15sp"
15:      android:text = "@string/btn3_title"
16:      android:textColor = " # FFF"/></LinearLayout>
```

res/values/strings. xml

```
1:     <? xml version = "1.0" encoding = "utf-8"? >
2:     <resources>
3:       <string name = "app_name">android 示例</string>
4:       <string name = "action_settings">Settings</string>
5:       <string name = "hello_world">Hello world! </string>
```

```
6:        <string name="btn1_title">修改文本框内容</string>
7:        <string name="btn2_title">点击弹出新的页面</string>
8:        <string name="txt_hint">文本框提示</string>
9:        <string name="btn3_title">点击跳回原窗口</string>
10:    </resources>
```

运行效果说明:点击"修改文本框内容"在中间文本框中显示内容修改次数,点击"点击弹出新的页面"将弹出新的窗口。效果如图 8-17 所示。

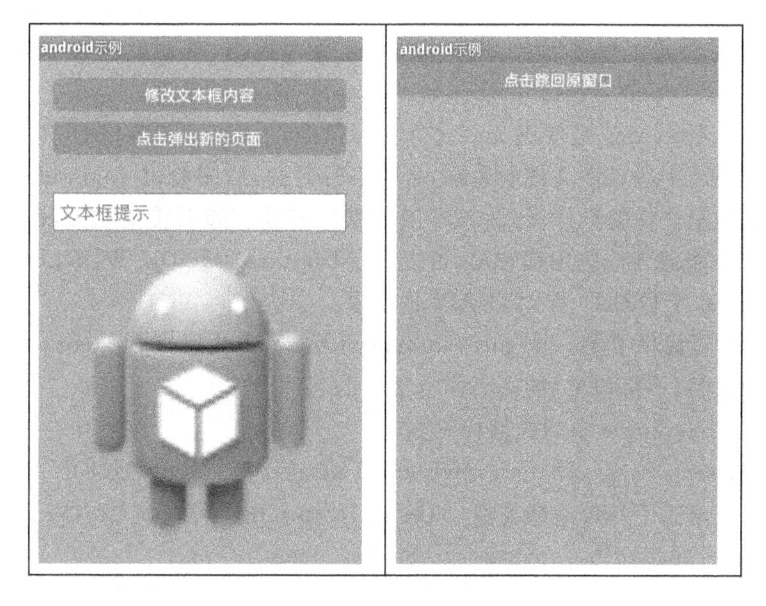

图 8-17 Android 运行效果图

本实例中涉及的控件有 button、EditText、ImageView 等,读者在熟悉之前所学知识的基础上,阅读本示例,在熟悉各控件应用及 Android 框架的结构的基础上,利用所学知识,快速掌握 Android 事件的使用。掌握基本的 Android 编程流程和规范。为之后进一步的学习打下坚实基础。

8.5 Android 高级应用

8.5.1 数据存储与访问

很多时候我们开发的软件需要对处理后的数据进行存储,以供再次访问。Android 为数据存储提供了如下几种方式:

(1)文件

(2)SharedPreferences(参数)

(3)SQLite 数据库

(4)内容提供者(Content provider)

(5)网络

由于篇幅所限，本部分仅介绍较为实用的两种：SharedPreferences 和 SQLite 数据库。对于其它几种，读者可查阅其它资料。

1. SharedPreferences

很多时候我们开发的软件需要向用户提供软件参数设置功能。例如，我们常用的 QQ，用户可以设置是否允许陌生人添加自己为好友。对于软件配置参数的保存，如果是 window 软件通常我们会采用 ini 文件进行保存，如果是 j2se 应用，我们会采用 properties 属性文件或者 xml 进行保存。如果是 Android 应用，我们最适合采用什么方式保存软件配置参数呢？Android 平台给我们提供了一个 SharedPreferences 类，它是一个轻量级的存储类，特别适合用于保存软件配置参数。使用 SharedPreferences 保存数据，其背后是用 xml 文件存放数据，文件存放在/data/data/<package name>/shared_prefs 目录下。

因为 SharedPreferences 是使用 xml 文件保存数据，getSharedPreferences(name，mode)方法的第一个参数用于指定该文件的名称，名称不带后缀，后缀会由 Android 自动加上。方法的第二个参数指定文件的操作模式，共有四种操作模式。如果希望 SharedPreferences 背后使用的 xml 文件能被其他应用读和写，可以指定 Context. MODE_WORLD_READABLE 和 Context. MODE_WORLD_WRITEABLE 权限。

另外 Activity 还提供了另一个 getPreferences(mode)方法操作 SharedPreferences，这个方法默认使用当前类(不带包名)的类名作为文件的名称。

访问 SharedPreferences 中的数据代码如下：

SharedPreferences = getSharedPreferences("itcast", Context. MODE_PRIVATE);

//getString()第二个参数为缺省值，如果 preference 中不存在该 key，将返回缺省值

String name = sharedPreferences. getString("name", "");

int age = sharedPreferences. getInt("age", 1);

如果访问其他应用中的 Preference，前提条件是：该 preference 创建时指定了 Context. MODE_WORLD_READABLE 或者 Context. MODE_WORLD_WRITEABLE 权限。如：有个<package name>为 cn. itcast. action 的应用使用下面语句创建了 preference。

getSharedPreferences("itcast", Context. MODE_WORLD_READABLE)；其他应用要访问上面应用的 preference，首先需要创建上面应用的 Context，然后通过 Context 访问 preference ，访问 preference 时会在应用所在包下的 shared_prefs 目录找到 preference ：

Context otherAppsContext = createPackageContext("cn. itcast. action", Context. CONTEXT_IGNORE_SECURITY);

SharedPreferences sharedPreferences = otherAppsContext. getSharedPreferences(" itcast", Context. MODE_WORLD_READABLE);

String name = sharedPreferences. getString("name", "");

int age = sharedPreferences. getInt("age", 0);

如果不通过创建 Context 访问其他应用的 preference，也可以通过读取 xml 文件方式直接访问其他应用 preference 对应的 xml 文件。如：

File xmlFile = new File ("/data/data/< package name >/shared _ prefs/itcast. xml");//<packagename>应替换成应用的包名。

2. 嵌入式关系型 SQLite 数据库

在 Android 平台上，集成了一个嵌入式关系型数据库—SQLite，SQLite3 支持 NULL、INTEGER、REAL(浮点数字)、TEXT(字符串文本)和 BLOB(二进制对象)数据类型，虽然它支持的类型只有五种，但实际上 sqlite3 也接受 varchar(n)、char(n)、decimal(p,s) 等数据类型，只不过在运算或保存时会转成对应的五种数据类型。SQLite 最大的特点是你可以把各种类型的数据保存到任何字段中，而不用关心字段声明的数据类型是什么。例如：可以在 Integer 类型的字段中存放字符串，或者在布尔型字段中存放浮点数，或者在字符型字段中存放日期型值。但有一种情况例外，定义为 INTEGER PRIMARY KEY 的字段只能存储 64 位整数，当向这种字段保存除整数以外的数据时，将会产生错误。另外，在编写 CREATE TABLE 语句时，可以省略跟在字段名称后面的数据类型信息，如下面语句可以省略 name 字段的类型信息：

CREATE TABLE person (personid integer primary key autoincrement, name varchar(20))

SQLite 可以解析大部分标准 SQL 语句，如：

查询语句：select * from 表名 where 条件子句 group by 分组字句 having ... order by 排序子句，如：

```
select * from person
select * from person order by id desc
select name from person group by name having count( * )>1
```

使用 SQLiteDatabase 操作 SQLite 数据库。

Android 提供了一个名为 SQLiteDatabase 的类，该类封装了一些操作数据库的 API，使用该类可以完成对数据进行添加(Create)、查询(Retrieve)、更新(Update)和删除(Delete)操作(这些操作简称为 CRUD)。对 SQLiteDatabase 的学习，我们应该重点掌握 execSQL()和 rawQuery()方法。execSQL()方法可以执行 insert、delete、update 和 CREATE TABLE 之类有更改行为的 SQL 语句；rawQuery()方法用于执行 select 语句。

SQLiteDatabase 类提供了一个重载后的 execSQL(String sql, Object[] bindArgs)方法，使用这个方法可以解决 sql 语句中的单引号问题，因为这个方法支持使用占位符参数(?)。

execSQL(String sql, Object[] bindArgs)方法的第一个参数为 SQL 语句，第二个参数为 SQL 语句中占位符参数的值，参数值在数组中的顺序要和占位符的位置对应。

SQLiteDatabase 的 rawQuery() 用于执行 select 语句，rawQuery()方法的第一个参数为 select 语句；第二个参数为 select 语句中占位符参数的值，如果 select 语句没有使用占位符，该参数可以设置为 null。

Cursor 是结果集游标，用于对结果集进行随机访问，其实 Cursor 与 JDBC 中的 ResultSet 作用很相似。使用 moveToNext()方法可以将游标从当前行移动到下一行，如果已经移过了结果集的最后一行，返回结果为 false，否则为 true。另外 Cursor 还有常用的 moveToPrevious()方法(用于将游标从当前行移动到上一行，如果已经移过了结果集的第一行，返回值为 false，否则为 true）、moveToFirst()方法（用于将游标移动到结果集的第一行，如果结果集为空，返回值为 false，否则为 true ）和 moveToLast()方法（用于将游标移动到结果集的最后一行，如果结果集为空，返回值为 false，否则为 true 。

query()方法实际上是把 select 语句拆分成了若干个组成部分，然后作为方法的输入参数，

query(table, columns, selection, selectionArgs, groupBy, having, orderBy, limit)方法各参数的含义：

table：表名。相当于 select 语句 from 关键字后面的部分。如果是多表联合查询，可以用逗号将两个表名分开。

columns：要查询出来的列名。相当于 select 语句 select 关键字后面的部分。

selection：查询条件子句，相当于 select 语句 where 关键字后面的部分，在条件子句允许使用占位符"?"。

selectionArgs：对应于 selection 语句中占位符的值，值在数组中的位置与占位符在语句中的位置必须一致，否则就会有异常。

groupBy：相当于 select 语句 group by 关键字后面的部分。

having：相当于 select 语句 having 关键字后面的部分。

orderBy：相当于 select 语句 order by 关键字后面的部分，如：personid desc, age asc;

limit：指定偏移量和获取的记录数，相当于 select 语句 limit 关键字后面的部分。

8.5.2 对话框通知(Dialog Notification)与进度对话框(ProgressDialog)

对话框通知和进度对话框在实际开发中较为常用，本部分做些简单介绍。

1. 对话框通知(Dialog Notification)

当应用需要显示一个进度条或需要用户对信息进行确认时，可以使用对话框来完成。

下面代码将打开一个的是一个如图 8-18 所示的对话框：

```
1:    new AlertDialog.Builder(HomeActivity.this)
2:        setMessage("确定要注销本次登录吗?")
3:        setPositivеButton("注销",
4:            new DialogInterface.OnClickListener() {
5:                @Override
6:                public void onClick(DialogInterface dialog,
7:                        int which) {
8:                    app.ClearLogin();
9:                    app.onCreate();
10:                   finish();
11:               }
12:               }).setNegativeButton("取消", null).create().show();
```

小提示：上述代码采用的是一个链式调用，像 setTitle()、setMessage()这些方法，他们的返回值都是当前对话框对象。

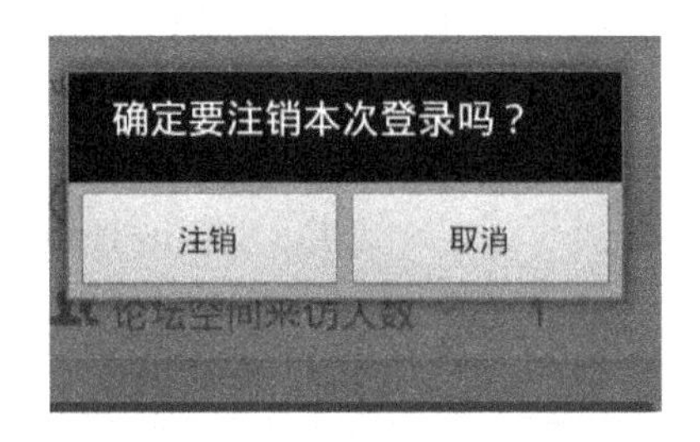

图 8-18 对话框示例

2. 进度对话框(ProgressDialog)

使用代码 ProgressDialog. show(ProgressDialogActivity. this,"请稍等","数据正在加载中... ",true),创建并显示一个进度对话框。

调用 setProgressStyle()方法设置进度对话框风格。有两种风格：

ProgressDialog. STYLE_SPINNER 旋体进度条风格（为默认风格）

ProgressDialog. STYLE_HORIZONTAL 横向进度条风格。效果如图 8-19。

图 8-19 进度对话框

8.6 本章小结

本章简单介绍了 Android 的开发技术，使读者在掌握 Java 的基础上，过渡到 Android 开发，但限于篇幅所限，及本书并非 Android 教材，故只介绍了常用的技术，由于 Android 与 Java 的相通性，读者在阅读本章过程中，若遇到不理解的地方，建议不要立即查找网络或其它资料，可运用自己已有的 Java 知识举一反三，逐渐提升自己的理解能力和学习兴趣。

8.7 习题 8

1. 退出 activity 对一些资源以及状态的操作保存，可以在生命周期的哪个函数中进行(　　)

A. onPause()　　B. onCreate()　　C. onResume()　　D. onStart()

2. 下列不属于 android 布局的是(　　)

A. FrameLayout　　B. LinearLayout　　C. BorderLayout　　D. TableLayout

3. 在 android 中使用 RadioButton 时，要想实现互斥的选择需要用的组件是(　　)

A. ButtonGroup　　B. RadioButtons　　C. CheckBox　　D. RadioGroup

4. 在多个应用中读取共享存储数据时，需要用到的 query 方法，是哪个对象的方法(　　)

A. ContentResolver　　B. ContentProvider

C. Cursor　　D. SQLiteHelper

5. 能够自动完成输入内容的组件是(　　)

A. TextView　　B. EditText

C. ImageView　　D. AutoCompleteTextView

6. 处理菜单项单击事件的方不包含(　　)

A. 使用 onOptionsItemSelected (MenuItem item)响应

B. 使用 onMeuItemSelected (int featureId, MenuItem item)响应

C. 使用 onMenuItemClick (MenuItem item)响应

D. 使用 onCreateOptionsMenu(Menu menu)响应

7. 表示下拉列表的组件是(　　)

A. Gallery　　B. Spinner　　C. GridView　　D. ListView

答案：ACDADDB

参考文献

[1]龚永罡,陈秀新. Java Web 应用开发实用教程[M]. 北京:机械工业出版社,2010.
[2]李咏梅,余元辉. JSP 应用教程[M]. 北京. 清华大学出版社,2011.